高等学校电子信息类"十三五"规划教材
应用型网络与信息安全工程技术人才培养系列教材

ASP.NET 4.0 程序设计案例教程

主 编 赵 军

副主编 李 力 霍敏霞 唐远涛

西安电子科技大学出版社

内 容 简 介

本书是作者结合长期 ASP.NET 教学经验和实践经验编写而成的。书中详细介绍了 ASP.NET 4.0 Web 程序设计的基础知识、原理和方法，通过具体案例分析和讲解，为广大读者展示了 ASP.NET 4.0 Web 开发的相关技术，帮助读者掌握在 Visual Studio.NET 平台下开发 Web 应用程序和网站的方法。全书共 11 章，内容包括：ASP.NET 4.0 概述、ASP.NET 常用内置对象、ASP.NET 服务器控件、模板页和站点导航、数据访问和数据绑定、文件操作、Web Service 技术、Ajax 技术、反射技术、三层架构以及 ASP.NET MVC 4 等。

本书以 ASP.NET 4.0 Web 网站设计为中心进行技术分析和案例讲解，可作为高等院校网络工程、计算机科学与技术、通信工程等专业本科生的教材，也可供从事 Web 应用开发工作的技术人员参考。

图书在版编目(CIP)数据

ASP.NET 4.0 程序设计案例教程 / 赵军主编. —西安：西安电子科技大学出版社，2018.7
ISBN 978-7-5606-4957-3

Ⅰ. ① A… Ⅱ. ① 赵… Ⅲ. ① 网页制作工具—程序设计—教材 Ⅳ. ① TP393.092.2

中国版本图书馆 CIP 数据核字(2018)第 132616 号

策划编辑 李惠萍
责任编辑 王伯平　阎　彬
出版发行　西安电子科技大学出版社(西安市太白南路 2 号)
电　　话　(029)88242885　88201467　　邮　编　710071
网　　址　www.xduph.com　　　　　　　电子邮箱　xdupfxb001@163.com
经　　销　新华书店
印刷单位　陕西天意印务有限责任公司
版　　次　2018 年 7 月第 1 版　　2018 年 7 月第 1 次印刷
开　　本　787 毫米×1092 毫米　1/16　印 张　18.5
字　　数　435 千字
印　　数　1～3000 册
定　　价　42.00 元

ISBN 978-7-5606-4957-3 / TP

XDUP 5259001-1

如有印装问题可调换

中国电子教育学会高教分会推荐

高等学校电子信息类"十三五"规划教材

应用型网络与信息安全工程技术人才培养系列教材

编审专家委员会名单

名誉主任：何大可（中国密码学会常务理事）

主　　任：李　飞（成都信息工程大学信息安全学院院长、教授）

副 主 任：张仕斌（成都信息工程大学信息安全学院副院长、教授）

　　　　　何明星（西华大学计算机与软件工程学院院长、教授）

　　　　　苗　放（成都大学计算机学院院长、教授）

　　　　　赵　刚（西南石油大学计算机学院院长、教授）

　　　　　李成大（成都工业学院教务处处长、教授）

　　　　　宋文强（重庆邮电大学移通学院计算机科学系主任、教授）

　　　　　梁金明（四川理工学院计算机学院副院长、教授）

　　　　　易　勇（四川大学锦江学院计算机学院副院长、成都大学计算机学院教授）

　　　　　宁多彪（成都东软学院计算机科学与技术系主任、教授）

编审专家委员：（排名不分先后）

叶安胜	黄晓芳	黎忠文	张　洪	张　蕾	贾　浩	李　飞
赵　攀	陈　雁	韩　斌	李享梅	曾令明	何林波	盛志伟
林宏刚	王海春	索　望	吴春旺	韩桂华	赵　军	陈　丁
秦　智	王中科	林春蕾	张金全	王祖俪	蔺　冰	王　敏
万武南	甘　刚	王　燚	闫丽丽	昌　燕	黄源源	张仕斌
王力洪	苟智坚	何明星	苗　放	李成大	宋文强	梁金明
宁多彪	万国根	易　勇	吴　震	唐远涛		

前　　言

　　ASP.NET 是微软公司开发的一种建立在 .NET 之上的 Web 运行环境，它是微软提出的用于创建动态 Web 内容的一种强大的服务器端技术。ASP.NET 是微软公司新体系结构 Microsoft.NET 的一部分，其中全新的技术架构使编程变得更加简单。借助于 ASP.NET，可以创造出内容丰富的、动态的、个性化的 Web 站点。ASP.NET 简单易学、功能强大、应用灵活、扩展性好，可以使用任何 .NET 兼容语言。

　　本书系统全面地介绍了有关 ASP.NET 4.0 Web 应用程序和网站开发的相关知识。ASP.NET 与其底层框架 .NET 紧密结合，为动态的 Web 开发技术提供了丰富而强大的类库资源，具有设计开发各种 Web 应用程序的能力。采用本书做教材所授的课程应在"Web 应用开发技术"、"数据库设计与应用"等课程之后开设，本课程的参考教学时数为 40～50 学时，各学校可根据学生已掌握的知识及接受能力的具体情况适当调整。

　　本书共 11 章。第 1 章为 ASP.NET 4.0 概述，主要介绍 ASP.NET 的基本概念、ASP.NET 和 .NET Framework 之间的关系以及 ASP.NET 网页设计的语法。第 2 章主要介绍在开发 Web 应用程序中需要使用的各种内置对象，对内置对象的使用进行了详细的讲解。第 3 章介绍 ASP.NET 网页在设计开发过程中常用的一些服务器控件，包括控件的属性、方法和事件等。第 4 章介绍模板页和内容页的设计与开发技术，对常见的站点导航控件进行了说明。第 5 章介绍通过 ADO.NET 和数据访问控件进行数据库的操作，并演示了各类数据绑定控件的使用。第 6 章主要介绍在 .NET 开发中如何进行文件的操作。第 7 章介绍 Web Service 技术及其应用开发。第 8 章主要介绍当前比较流行的 Web 前端技术——Ajax 技术。第 9 章主要介绍反射技术，为三层架构的设计给出技术手段。第 10 章和第 11 章是本书的重点，详细地介绍了如何在 ASP.NET 中实现三层架构和 MVC 模型。

　　本书编写组成员长期从事一线教学工作和相关领域的科研工作与工程技术工作，在计算机学科建设、课程建设、Web 应用程序开发实践方面具有丰富的经验。

作者以多年来在课堂教学和 ASP.NET 应用程序开发方面的实践经验为基础，参考了大量的资料，用通俗易懂的语言，全面系统地介绍了 ASP.NET 应用程序开发中所涉及的理论、技术和方法等。本书的一大特色是以案例为中心展开技术分析、理论介绍和程序开发综述。全书内容系统，语言叙述简练，实用性强，结构安排合理，具体架构清晰，适用于课程教学和实践教学，也可用于自学。

本书由赵军担任主编，李力、霍敏霞、唐远涛担任副主编，其中第 1、6、10、11 章由赵军编写，其他章节由李力、唐远涛和霍敏霞编写。

本书在编写过程中多次得到有关领导、同事及兄弟院校同仁、研究所的专家、朋友等的热情帮助和支持，在此表示衷心的感谢。

由于编者的专业水平和写作能力有限，书中可能还有不足和疏漏之处，恳请各位读者批评指正。

编　者

2018 年 3 月于成都

目　录

第1章　ASP.NET 4.0 概述 1
1.1　Microsoft.NET 简介 1
1.1.1　Microsoft.NET 简介 1
1.1.2　ASP.NET 技术 5
1.2　ASP.NET 开发环境 6
1.2.1　Visual Studio 2010 简介 6
1.2.2　IIS 系统简介 7
1.3　ASP.NET 网页语法简介 8
1.3.1　ASP.NET 网页扩展名 8
1.3.2　ASP.NET 页面指令 10
1.4　关于命名空间 10
1.5　案例分析 13
1.5.1　创建解决方案和 ASP.NET Web 应用程序 13
1.5.2　编译运行程序 18
本章小结 20
练习题 20

第2章　ASP.NET 常用内置对象 21
2.1　Page 内置对象 21
2.1.1　页面的生命周期 21
2.1.2　Page 对象常用属性与方法 22
2.2　Application 内置对象 23
2.2.1　Application 对象常用属性和方法 24
2.2.2　Application 对象的应用 24
2.3　Session 内置对象 25
2.3.1　Session 对象的标识 26
2.3.2　Session 常见属性和方法 26
2.3.3　Session 的存储 27
2.3.4　Session 对象的应用 28
2.4　Cookie 内置对象 29
2.5　ViewState 内置对象 31
2.5.1　ViewState 的用法 31
2.5.2　设置 ViewState 31
2.5.3　ViewState 与 Session 的对比 31
2.6　Request 内置对象 32
2.6.1　Request 对象主要属性与方法 32
2.6.2　Request 对象的应用 33
2.7　Response 内置对象 35
2.7.1　Response 常用属性与方法 35
2.7.2　Response 对象的应用 36
2.8　Server 内置对象 37
2.8.1　Server 对象的常用属性与方法 37
2.8.2　Server 对象的应用 38
本章小结 39
练习题 39

第3章　ASP.NET 服务器控件 40
3.1　服务器控件类 40
3.1.1　服务器控件的基本属性 41
3.1.2　服务器控件的事件 43
3.2　常用 Web 标准服务器控件 44
3.2.1　Label 标签控件 44
3.2.2　TextBox 控件 44
3.2.3　ImageMap 控件 46
3.2.4　Button、LinkButton 和 ImageButton 控件 49
3.2.5　CheckBox 控件和 CheckBoxList 控件 51
3.2.6　RadioButton 和 RadioButtonList 控件 53
3.2.7　DropDownList、ListBox 和 BulletedList 控件 54
3.2.8　Literal 和 Panel 控件 57
3.2.9　MultiView 和 View 控件 59
3.2.10　FileUpload 控件 59
3.2.11　Calendar 控件 62
本章小结 64

练习题 64

第4章 模板页和站点导航 65
4.1 模板页基础 65
4.1.1 创建简单的模板页 66
4.1.2 使用简单的内容页 68
4.1.3 ContentPlaceHolder 控件的默认内容 71
4.1.4 相对路径的处理 72
4.1.5 通过 Web.config 文件全局设置模板页 74
4.2 在模板页和内容页之间传递数据 75
4.2.1 使用 Page.Master 属性 76
4.2.2 使用 MasterType 指令 76
4.2.3 使用 MasterPage.FindControl 方法 ... 77
4.3 以编程方式设置模板页 77
4.4 站点导航 78
4.4.1 站点地图 78
4.4.2 SiteMapPath 控件 79
4.4.3 Menu 控件 82
4.4.4 TreeView 控件 85
本章小结 89
练习题 89

第5章 数据访问和数据绑定 90
5.1 ADO.NET 数据访问 90
5.1.1 ADO.NET 概述 90
5.1.2 建立数据库连接 91
5.1.3 连线模式访问数据库 94
5.1.4 离线模式访问数据库 97
5.2 数据绑定技术与绑定控件 100
5.2.1 数据绑定基础 100
5.2.2 数据源控件 100
5.2.3 数据绑定控件 103
5.3 使用 LINQ 107
5.3.1 LINQ 技术基础 107
5.3.2 LINQDataSource 数据源控件 108
5.3.3 使用 LINQ 实现数据访问 ... 108
本章小结 112

练习题 112

第6章 文件操作 113
6.1 System.IO 模型 113
6.1.1 文件编码 114
6.1.2 C# 的文件流 114
6.2 文件夹管理 114
6.2.1 DirectoryInfo 类 114
6.2.2 Directory 类 116
6.2.3 文件夹的相关操作 117
6.3 文件管理 119
6.3.1 FileInfo 类 119
6.3.2 File 类 121
6.3.3 文件的属性和设置 123
6.3.4 文件的相关操作 124
6.4 文件读写 126
6.4.1 FileStream 类 126
6.4.2 文本文件读写 128
6.4.3 二进制文件的读写 129
6.5 序列化和反序列化 131
6.5.1 序列化的作用 131
6.5.2 序列化及反序列化的实现 132
6.6 案例分析 133
本章小结 138
练习题 138

第7章 Web Service 技术 139
7.1 Web Service 概述 139
7.1.1 Web Service 简介 139
7.1.2 XML Web Service 工作原理 140
7.1.3 创建 XML Web Service 141
7.1.4 调用 XML Web Service 145
7.2 案例分析 147
本章小结 150
练习题 150

第8章 Ajax 技术 151
8.1 Ajax 技术简介 151
8.1.1 什么是 Ajax 151

8.1.2	Ajax 中的技术	152
8.1.3	Ajax 与传统 Web 的区别	152
8.1.4	Ajax 的特征	153
8.1.5	Ajax 的工作方式	154
8.2	Ajax 常用控件	154
8.2.1	ScriptManager 控件	154
8.2.2	UpdatePanel 控件	155
8.2.3	UpdateProgress 控件	156
8.2.4	Timer 控件	156
8.2.5	ScriptManagerProxy 控件	157
8.3	jQuery 技术	157
8.3.1	jQuery 概述	157
8.3.2	jQuery 的特点	158
8.3.3	jQuery 的下载与配置	158
8.4	案例分析	160
本章小结		162
练习题		162

第 9 章 反射技术 163

9.1	反射机制概述	163
9.2	反射相关类	164
9.3	案例分析	166
本章小结		168
练习题		168

第 10 章 三层架构 169

10.1	概述	169
10.1.1	软件架构和分层	169
10.1.2	三层架构简介	171
10.1.3	三层架构的优缺点	171
10.1.4	三层架构和 MVC	172
10.2	三层架构系统的实现	172
10.2.1	实体层	173
10.2.2	数据访问层	177
10.2.3	业务逻辑层	195
10.2.4	表示层	198
10.3	三层架构改进——依赖注入	204
10.3.1	接口的设计与实现	204
10.3.2	依赖注入	213

10.3.3	反射机制的使用	220
10.3.4	缓存及缓存依赖项跟踪	220
10.4	案例分析	221
10.4.1	数据库的设计	221
10.4.2	实体层的设计	222
10.4.3	接口层的设计	225
10.4.4	工厂层的设计	228
10.4.5	数据访问层的设计	230
10.4.6	业务逻辑层的设计	233
10.4.7	表示层的设计	235
本章小结		239
练习题		240

第 11 章 ASP.NET MVC 4 241

11.1	MVC 4 开发环境安装配置	242
11.1.1	安装 Visual Studio 2010 SP1	242
11.1.2	安装 MVC 4	243
11.2	Microsoft Web 开发平台	243
11.3	MVC 架构	244
11.4	ASP.NET MVC 4 的新特性	245
11.5	创建 ASP.NET MVC 4 应用程序	245
11.5.1	项目模板	247
11.5.2	惯例优先原则	247
11.5.3	运行程序	248
11.6	路由	249
11.7	控制器	250
11.7.1	控制器操作	251
11.7.2	操作结果	251
11.7.3	操作参数	252
11.7.4	操作过滤器	253
11.8	视图	254
11.8.1	定位视图	254
11.8.2	Razor	255
11.8.3	区分代码和标记语言	256
11.8.4	布局	257
11.8.5	部分视图	258
11.8.6	显示数据	259
11.8.7	使用 HtmlHelper	261
11.9	模型	266

11.10 访问控制 267
11.11 案例分析 268
    11.11.1 模型设计 268
    11.11.2 控制器设计 272
    11.11.3 创建视图页面 280

本章小结 285
练习题 285

参考文献 286

第 1 章　ASP.NET 4.0 概述

　　什么是 Microsoft.NET 平台？2000 年微软的白皮书是这样定义 .NET 的：Microsoft.NET 是 Microsoft XML Web Services 平台。XML Web Services 允许应用程序通过 Internet 进行通信和共享数据，而不管所采用的是哪种操作系统、设备或编程语言。Microsoft.NET 平台为创建 XML Web Services 并将这些服务集成在一起提供了可能。

　　ASP.NET 是 Microsoft.NET Framework 中重要的组成部分，是基于 .NET 的 Web 开发程序类库。它提供了大量基础实现，用于建立和部署企业级 Web 应用程序，实现服务器与客户机的交互。ASP.NET 技术能够简洁地设计和实施，完全面向对象，具有平台无关性且安全可靠、主要面向互联网等特点。此外，强大的可伸缩性和多种开发工具的支持，语言灵活，也让其具有强大的生命力。ASP.NET 以其良好的结构及扩展性、简易性、可用性、可缩放性、可管理性、高性能的执行效率、强大的工具和平台支持以及良好的安全性等特点成为目前最流行的 Web 开发技术之一。

　　本章以 .NET Framework 4.0 版本为基础，介绍 .NET Framework 基本架构、新增功能、组件、Web 开发技术以及 ASP.NET 开发环境。

本章学习目标：

- 了解 .NET Framework 技术；
- 了解 ASP.NET 4.0 新特性；
- 掌握配置 ASP.NET 4.0 服务器的方法；
- 熟悉 Visual Studio 2010 开发环境；
- 掌握配置 ASP.NET 开发环境的技术；
- 了解 IIS 服务器系统。

1.1　Microsoft.NET 简介

　　.NET Framework 技术是微软公司提供的一种致力于快速应用开发的通用编程框架，为开发者提供一种类似虚拟机技术的平台，允许开发者以通用的代码实现多种硬件架构和操作系统的应用程序，降低软件开发的成本，提高工作效率。

1.1.1　Microsoft.NET 简介

　　Microsoft.NET 框架是微软公司面向下一代移动互联网、服务器应用和桌面应用的基础开发平台，是微软为开发者提供的基本开发工具，其中包含许多有助于互联网应用迅捷开发的新技术，如图 1-1 所示。

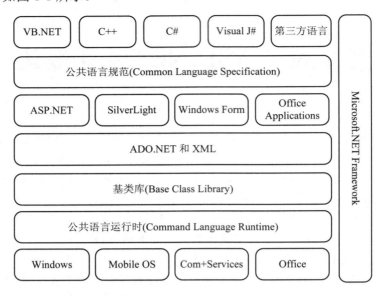

图 1-1　Microsoft.NET 开发平台

1．Microsoft.NET 的产生

在传统的软件开发工作中，开发者需要面对的是多种服务器和终端系统，包括用于个人计算机的 Windows 操作系统、用于服务器的 Windows 服务器系统、非 Windows 系统(如 FreeBSD、Linux 和 BSD)、用于平面设计的 Mac OS X 操作系统，以及各种移动终端系统(如 Windows Mobile、iOS、Android)等。

在开发基于以上这些系统的软件时，开发者需要针对不同的硬件和操作系统，编写大量实现兼容性的代码，并使用不同的方式对代码进行编译。这一系列的问题，都给软件设计和开发带来很多困难。

以 Windows 操作系统为例，目前主要使用的 Windows 操作系统内核包括 Windows 10、Windows 8、Windows 7、Windows 9X、Windows NT4、Windows NT5.0/5.1、Windows NT6.0/6.1、Windows CE、Windows Mobile 6.X 和 Windows Phone OS 等。在这些操作系统下进行软件开发，可使用的技术包括以下几种：

(1) 用于图形图像开发的 GDI、DirectX、OpenGL 等技术。
(2) 用于数据库操作的 ADO、DAO、RDO、ODBC 等技术。
(3) 用于 Web 应用开发的 ASP、JSP、PHP 等技术。
(4) 用于移动终端的 XNA、HTML 5 等技术。

以上这些技术都有各自的标准和接口，相互不兼容。有些软件开发者必须学习和使用相同的技术才能实现协作；而企业在实施开发项目时，也需要聘用指定技术的开发人员，才能实现最终的产品。

基于以上问题，微软公司在 21 世纪初开发出一种致力于敏捷而快速的软件开发框架，其更加注重平台无关化和网络透明化，以 CLR(Common Language Runtime，公共语言运行时)为基础，支持多种编程语言，这就是 Microsoft.NET 框架。

2．Microsoft.NET 的特点

Microsoft.NET 框架是一个灵活、稳定的运行服务器端程序、富互联网应用、移动终端程序和 Windows 桌面程序的软件解析工具(类似虚拟机程序)，也是软件开发的基础资源包，具有以下特点：

(1) 统一应用层接口。.NET 框架将 Windows 操作系统底层的 API(Application Programming Interface，应用程序接口)进行封装，为各种 Windows 操作系统提供统一的应用层接口，从而消除了不同 Windows 操作系统带来的不一致性。用户只需直接调用 API 进行开发，无需考虑平台。

(2) 面向对象的开发。.NET 框架使用面向对象的设计思想，更加强调代码和组件的重用性，提供了大量的类库。每个类库都是一个独立的模块，供用户调用。同时，开发者也可以自行开发类库给其他开发者使用。

(3) 支持多种语言。.NET 框架支持多种开发语言，允许用户使用符合 CLR 规范的多种编程语言开发程序，包括 C#、VB.NET、J#、C++ 等，然后再将代码转换为中间语言存储到可执行程序中。在执行程序时，通过 .NET 组件对中间语言进行编译执行。

3．Microsoft.NET 的版本

Microsoft.NET 框架与 Windows 操作系统和 Microsoft Visual Studio 集成开发环境保持着紧密的联系，发布的版本也与这两者紧密相关，如表 1-1 所示。

表 1-1　Microsoft.NET 框架版本

发布日期	版本	对应 Windows 版本	对应 Visual Studio 版本
2002 年 2 月 13 日	1.0	Windows XP	Visual Studio.NET
2003 年 4 月 24 日	1.1	Windows Server 2003	Visual Studio.NET 2003
2005 年 11 月 7 日	2.0		Visual Studio 2005
2006 年 11 月 6 日	3.0	Windows Vista/Windows Server 2008	
2007 年 11 月 19 日	3.5	Windows 7/Windows Server 2008 R2	Visual Studio 2008
2010 年 4 月 12 日	4.0		Visual Studio 2010

Microsoft.NET Framework 4.0 具有以下特性：

(1) 图表控件。在开发 .NET Framework 4.0 的应用程序时，开发者可以直接从 Visual Studio 2010 中调用之前必须从 Technet 下载的图表控件，创建更具可视化效果的数据图表。

(2) 托管扩展框架。托管扩展性框架(MEF)是 .NET Framework 4.0 中的一个新库，可以帮助开发者创建可扩展和组合的应用程序，允许开发者指定应用程序中的扩展点，为其他应用程序服务。

(3) 并行计算。针对越来越多支持多线程技术的处理器，.NET Framework 4.0 引入了一种新的编程模式，简化了应用程序和数据库开发者的编程。此模式可以帮助开发者在不使用线程或线程池时编写高效、具有可扩展性的并行计算程序。

(4) 垃圾收集。.NET Framework 4.0 改进之前版本的并行垃圾收集机制，支持从后台进行垃圾收集，从而提供更好的系统性能。

4．Microsoft.NET 的应用

在微软公司发布 .NET 框架之初，该技术仅仅是一种面向 Windows XP 和 Windows

Server 2003 桌面应用的实现方式。随着富互联网应用和移动计算技术的发展，.NET 框架不断得到增强，目前已经可以作为一种综合开发平台，应用于多种领域。

1) 桌面应用

桌面应用是 .NET 框架最基本的应用，使用 Microsoft.NET 框架，开发者可以开发基于 Windows 2000/NT5 以上版本桌面操作系统和服务器操作系统的桌面应用程序，并通过用户计算机的 .NET 组件实现本地文档和数据的操作。

使用 .NET 框架开发桌面程序，开发者只需要将精力专注于程序算法和架构的本身，不需再考虑这些桌面操作系统之间的差异，因此可以从繁杂的程序调试和兼容性测试工作中解放出来，极大地提高工作效率。

2) 服务器应用

服务器应用也是 .NET 框架的重要应用之一，使用 .NET 框架开发出的服务器应用程序名为 ASP.NET 程序。相比传统的 ASP 程序，.NET 框架将网页分成前台页面和后台系统两个模块，将页面开发层和应用逻辑层完全隔离，提高网页开发的效率和代码的重用性，增强服务器应用程序的稳定性和安全性。

3) Office 增强功能

作为微软公司提供的开发工具，Microsoft.NET 框架可以与微软公司开发的 Office 系列办公软件紧密地结合，开发应用于该软件的宏、加载项等，增强 Office 系列办公软件的功能，提高办公效率。

4) 富互联网应用

为抗衡 Adobe 公司开发的 AIR(Adobe Integrated Runtime，Adobe 集成运行时)等富互联网应用技术，微软公司提出了 SilverLight 计划，通过 .NET 框架编写基于 Web 的多媒体应用程序，通过丰富的可视化元素实现用户体验。

5) 移动应用

Microsoft.NET 框架不仅可以应用到个人计算机、工作站等平台上，还可以为一些移动计算设备提供支持，例如使用 Windows CE 操作系统的 PDA、使用 Windows Mobile 和 Windows Phone 7 等操作系统的智能手机等。开发者开发的 .NET 程序同样可以在这些设备上执行。

5．其他平台中的 .NET 框架

除了微软公司开发的桌面、服务器和移动设备操作系统外，.NET 框架还可以应用在其他几种操作系统中，通过以下几种技术实现跨平台应用。

1) SSCLI 技术

SSCLI(Microsoft Shared Source Common Language Infrastructure，微软共享源公共语言平台)是由微软公司提供的代码共享实现，可以允许在 Windows XP、FreeBSD、Mac OS X 等操作系统上执行 .NET 框架。

2) Mono

Mono 是一个开源的 .NET 框架运行时与开发库实现，由 Novell Ximian 和开源软件社区负责开发维护，目前已经实现了对 ASP.NET 和 ADO.NET 的支持，同时支持部分 Windows

Forms 库，允许在 Linux 等类 Unix 系统下开发和执行 .NET 程序。

1.1.2　ASP.NET 技术

ASP.NET 技术是 .NET 技术的一个子集，提供了大量用于开发 Web 服务端程序的类库，将这些类库封装在 System.Web.dll 文件中。

在编程实现上，这些类库存在于 System.Web 命名空间内，可以实现 Web 内容处理、扩展以及 HTTP 通道的应用程序与通信处理。另外，ASP.NET 还能够实现快速的异步数据交互，以及增强的数据库连接功能。

1．ASP.NET 的特点

ASP.NET 是 ASP 技术的后继者，提供比传统 ASP 更加强大、高效而稳定的实现。ASP.NET 具有以下特点：

(1) 高效执行。ASP.NET 技术可将开发者编写的代码编译为中间语言代码，然后再通过专用的编译器转译为服务器计算机可用的代码。相比传统的 ASP、CGI、PHP 等即时解析的语言，其执行效率更高，更加安全和稳定。

(2) 语言无关性。ASP.NET 并不是一门编程语言，其本身只是一个类库和程序集。因此，编写 ASP.NET 代码与编程语言无关，开发者可以使用多种编程语言调用 ASP.NET 的类库，例如 Visual C#、Visual Basic.NET、Jscript.NET、Perl、Python 等。

(3) 强大的适应性。ASP.NET 与 C# 程序类似，都是通过 .NET 编译工具编译为中间语言，然后再交给解释器执行，因此具有强大的适应性，只要可以安装 .NET Framework 的操作系统都可以执行 ASP.NET 程序。开发者可以将通用语言的基本库、消息机制、数据接口的处理无缝地整合到 ASP.NET 的 Web 应用中。

(4) 简化的部署方式。与在 Linux 等服务器系统中配置复杂的 Apache 服务不同，部署 ASP.NET 程序的成本更低，操作更简便。开发者可以直接从 Windows 操作系统光盘中获取 IIS 安装程序，并免费下载 .NET Framework 安装包，直接安装后即可部署 ASP.NET 程序。

(5) 便捷的管理。ASP.NET 使用基于文本格式的分级配置系统，使得应用服务器环境和 Web 应用程序的设置更加简单和方便。由于这些配置文本都是存储于非编译文档中，并且由服务器即时读取，因此大多数新的设置不需要重启服务器即可得到应用。

2．ASP.NET4.0 新特性

相比之前版本的 ASP.NET 技术，ASP.NET 4.0 基于 .NET Framework 4.0 框架，增强了以下特性：

(1) 更多项目模板。ASP.NET 4.0 相比之前的 ASP.NET 3.5，在开发工具 Visual Studio 2010 中新增了多种项目模板，增加了默认的模板页，能够方便地统一网站网页的展示。除此之外，还集成了 jQuery 类库——一个非常强大的 JavaScript 类库，使 Web 开发者可以很方便地操作 XHTML 文档。

(2) 对服务器控件的 ID 增强控制。在 ASP.NET 4.0 中，增加了 ClientIDMode 属性用于控制服务器控件的 ID 模式，当其为 ClientIDMode = "AutoID" 时与早期版本没有区别；而当其为 ClientIDMode = "Static" 时，控件的客户端 ID 不会发生变化；当其为 ClientIDMode = "Predictable" 时，控件的客户端 ID 中将增加数据行标识。

(3) ViewState 视图控制。早期的 ASP.NET 只允许统一为程序使用或禁用 ViewState 视图，而在 ASP.NET 4.0 中，允许开发者针对某个控件单独启用这个技术。

(4) SEO 优化支持。在 ASP.NET 4.0 中，允许开发者直接操作 Web 页中的 description 和 keywords 属性，动态更改 Web 页中的关键字字段信息，从而实现对搜索引擎的优化。

1.2 ASP.NET 开发环境

与传统的 ASP 技术有所区别，ASP.NET 是一种编译执行的服务器端脚本。因此在开发 ASP.NET 程序时，需要开发者使用专门的开发环境进行开发工作。同时，与开发普通的窗体应用程序不同，开发基于服务器的 ASP.NET 程序还需要获取服务器和数据库等相关支持，以进行调试操作。因此本节将详细介绍构建 ASP.NET 开发环境所使用的相关软件和系统。

1.2.1 Visual Studio 2010 简介

软件开发是一项系统工程，本身需要项目策划、项目开发和后期维护三个主要的步骤。最主要的项目开发步骤包括代码的编写、编译和调试等。在这些过程中，需要使用多种软件，例如编程语言编辑器、编译器/解释器、调试器等。

早期的开发者使用一些非常简陋的软件开发工具，随着软件开发技术的逐渐发展，越来越多的开发者趋向于使用一些集语言编辑、代码编译和调试于一体的综合性软件包，这一趋势促使 IDE 软件诞生。

IDE(Integrated Development Environment，集成开发环境)是一种综合性的软件开发辅助工具，其通常包括编程语言编辑器、编译器/解释器、自动建立工具、调试器，有时还会包含版本控制系统和一些可以设计图形用户界面的工具。在开发基于 .NET Framework 的应用程序时，最常用的开发工具就是微软公司开发的 Microsoft Visual Studio 系列。

Microsoft Visual Studio 2010 是微软公司开发的 Microsoft Visual Studio 系列 IDE 最新版本，也是目前唯一支持 .NET Framework 4.0 开发工具的 IDE。Visual Studio 2010 是一套完整的开发工具，本身包含代码编辑器、编译器/解释器、调试工具、安装包建立工具等多种工具，适合开发各种 Windows 程序，与 .NET Framework 的关系如图 1-2 所示。

Visual Studio 是一款强大的 .NET Framework 平台开发工具，也是开发 Windows 应用程序最流行的开发工具。其主要包含以下几种功能。

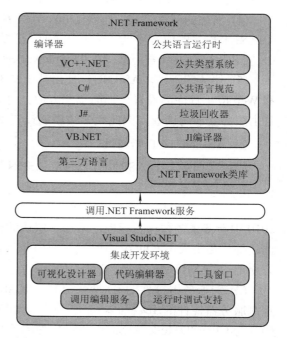

图 1-2 .NET Framework 与 Visual Studio 的关系

1．支持多种语言的代码编辑器

Visual Studio 集成开发环境作为之前多种微软提供的开发工具的集大成者,提供了功能强大的代码编辑器和文本编辑器,允许开发者编写 XHTML、HTML、CSS、JavaScript、VBScript、C#、C++、J#、VB.NET、JScript.NET 等多种编程语言的代码,并可以通过组件的方式安装更多第三方的编程语言支持模块,支持编写更多的第三方编程语言。

在编写以上各种编程语言时,Visual Studio 提供了强大的代码提示功能和语法纠正功能,降低开发者学习编程语言的成本,提高了程序开发的效率。

2．编译部署

Visual Studio 提供了强大的编程语言与中间语言编译功能,将其自身支持的多种编程语言和用户扩展的更多编程语言编译为统一的中间语言,并将其打包为程序集,发布和部署到各种服务器与终端上。

3．设计用户界面

Visual Studio 提供了功能强大的 Windows 窗体设计工具,允许开发者为 Windows 应用程序设计统一风格的窗口、对话框等人机交互界面,使用窗体控件实现软件与用户的交互。

4．团队协作

Visual Studio 提供了代码版本管理工具以及 SVN 平台等多种团队协作工具,帮助开发团队协同开发工作,管理开发进度,提高团队开发的效率。另外,用户可以使用最先进的 Team Foundation Server 服务器套件,更高效地进行版本控制、工作项跟踪、构件自动化、生产报表与规划工作簿。

5．多平台程序发布

Visual Studio 具有强大的代码编译器和解析器,可以发布基于桌面、服务器、移动终端和云计算终端的多种应用程序。在非 Windows 平台应用方面,Visual Studio 也可以开发支持最新 Web 标准的前端网页,并针对多种网页浏览器进行调试。

1.2.2 IIS 系统简介

IIS(Internet Information Services,互联网信息发布服务)是微软公司开发的一种基于 Windows NT 操作系统的 Web 发布系统。相比应用于 Windows 9x 系统的 PWS 系统和应用于多种操作系统的 Apache 系统,IIS 系统具有安装配置简单、执行效率高、运行稳定的特点。

在不同的 Windows NT 操作系统中,使用的 IIS 系统各有不同。表 1-2 列出了各种主流个人操作系统和服务器系统所使用的 IIS 系统版本类型。

在早期的 Windows NT 系统中,IIS 是一种静态的网页发布系统,也就是只支持发布简单的静态网页。自 Windows NT 4.0 SP3 系统升级为 IIS 3.0 后,该系统开始支持 ASP 技术,允许发布基于 ASP 的动态网页。

在 Windows 2000 操作系统自带的 IIS 5.0 中,默认提供了 ASP 技术的支持。同时通过安装 .NET Framework 1.0/1.1/2.0 类库之后,可以支持 ASP.NET 1.0/1.1/2.0 技术。自 Windows

XP 之后，所有的对应 IIS 系统都可以安装各种版本的 .NET Framework 类库，支持 ASP.NET 对应版本的开发。

表 1-2 运行于各主流版本操作系统的 IIS

IIS 版本	Windows 版本
IIS 1.0	Windows NT 3.51 Service Pack 3
IIS 2.0	Windows NT 4.0
IIS 3.0	Windows NT 4.0 Service Pack 3
IIS 4.0	Windows NT 4.0 Option Pack
IIS 5.0	Windows 2000
IIS 5.1	Windows XP Professional
IIS 6.0	Windows Server 2003、Windows XP Professional x64 Edition
IIS 7.0	Windows Vista、Windows Server 2008
IIS 7.5	Windows 7、Windows Server 2008 R2

1.3 ASP.NET 网页语法简介

ASP.NET 网页的创建方式与静态 HTML 网页(不包含基于服务器处理的页面)的创建方式相似，但前者包含在页面运行时由 ASP.NET 识别和处理的其他元素。

1.3.1 ASP.NET 网页扩展名

文件扩展名是操作系统用来标志文件格式的一种机制。通常来说，一个扩展名是跟在主文件名后面的，由一个分隔符分隔。例如，ASP.NET 网页的文件扩展名为.aspx，而 HTML 静态网页的文件扩展名为.htm 或者.html。.aspx 文件扩展名可使 ASP.NET 对页面进行处理。表 1-3 列出了在 ASP.NET 中的一些常见的文件类型。

表 1-3 常见文件类型

文件类型	位置	说明
.asax	应用程序根目录	通常是 Global.asax 文件，该文件包含从 HttpApplication 类派生并表示该应用程序的代码
.ascx	应用程序的根目录或子目录	Web 用户控件文件，该文件定义自定义可重复使用的用户控件
.ashx	应用程序的根目录或子目录	一般处理程序文件，该文件包含实现 IhttpHandler 接口以处理所有传入请求的代码
.asmx	应用程序的根目录或子目录	XML Web Services 文件，该文件包含通过 SOAP 方式可用于其他 Web 应用程序的类和方法
.aspx	应用程序的根目录或子目录	ASP.NET Web 窗体文件，该文件可包含 Web 控件和其他业务逻辑
.axd	应用程序的根目录	跟踪查看器文件，通常是 trace.axd

续表

文件类型	位 置	说 明
.browser	App_Browsers 子目录	浏览器定义文件，用于标识客户端浏览器的启用功能
.cd	应用程序的根目录或子目录	类关系图文件
.compile	Bin 子目录	预编译的 stub(存根)文件，该文件指向相应的程序集。可执行文件类型(.aspx、.ascx、.master 主题文件)已经预编译并放在 Bin 子目录下
.config	应用程序的根目录或子目录	通常是 web.config 配置文件，该文件包含其设置配置各种 ASP.NET 功能的 XML 元素
.cs、.jsl、.vb	App_Code 子目录；如果是 ASP.NET 页的代码隐藏文件，则与网页位于同一目录	运行时要编译的类源代码文件。类可以是 HTTP 模块、HTTP 处理程序，或者是 ASP.NET 页 HTTP 处理程序介绍的代码隐藏文件
.csproj、.vbproj、.vjproj	Visual Studio 项目目录	Visual Studio 客户端应用程序项目的项目文件
.disco、.vsdisco	App_WebReferences 子目录	XML Web Services 发现文件，用于帮助定位可用的 Web Services
.dsdgm、.dsport	应用程序根目录或子目录	分布式服务关系图(DSD)文件，该文件可以添加到任何提供或使用 Web Services 的 Visual Studio 解决方案，方便对 Web Service 交互的结构视图进行反向工程处理
.dll	Bin 子目录	已编译的类库文件，或者可以将类的源代码放在 App_Code 子目录下
.licx、.webinfo	应用程序的根目录或子目录	许可证文件。控件创作者可以通过授权方法来检查用户是否得到使用控件的授权，而帮助保护自己的知识产权
.master	应用程序的根目录或子目录	模板页，定义应用程序中引用模板页的其他网页的布局
.sdm、sdmDocument	应用程序根目录或子目录	系统定义模型(SDM)文件
.sitemap	应用程序的根目录	站点地图文件，该文件包含网站的结构。ASP.NET 中附带了一个默认的站点地图提供程序，它使用站点地图文件可以很方便地在网页上显示导航控件
.skin	App_Themes 子目录	用于确定显示格式的外观文件
.sln	Visual Web Developer 项目目录	Visual Web Developer 项目的解决方案文件
.css	应用程序根目录或子目录，或 App_Themes 子目录	用于确定 HTML 元素格式的样式表文件
.mdb、.ldb	App_Data 子目录	Access 数据库文件
.mdf	App_Data 子目录	SQL 数据库文件

1.3.2 ASP.NET 页面指令

ASP.NET 页通常包含一些指令，这些指令允许用户为相应页指定页属性和配置信息。这些指令由 ASP.NET 用作处理页面的指令，但不作为发送到浏览器标记的一部分呈现。

当使用指令时，虽然标准的做法是将指令包括在文件的开头，但是它们可以位于 .aspx 或 .ascx 文件中的任何位置。每个指令都可以包含一个或多个特定于该指令的属性(与值成对出现)。ASP.NET 中的常用指令如下：

(1) **@Page**：定义 ASP.NET 页分析器和编译器使用的页特定属性，只能包含在 .aspx 文件中。其语法为：

<%@ Page attribute = "value" [attribute = "value"…]%>

(2) **@Control**：定义 ASP.NET 页分析器和编译器使用的控件特定属性，只能包含在 .ascx 文件(用户控件)中。其语法为：

<%@ Control attribute = "value" [attribute = "value"…]%>

(3) **@Import**：将命名空间显式导入页或用户控件中，其语法为：

<%@ Import namespace = "value" %>

(4) **@Implements**：以声明的方式指示页或用户控件实现指定的 .NET Framework 接口。其语法为：

<%@ Implements inter face "inter"%>

(5) **@Register**：将别名与命名空间及类名关联起来，从而允许用户控件和自定义服务器控件在被包括到请求的页或用户控件时呈现。其语法为：

<%@ Register tagprefix = "tagprefix" Namespace = "namepace" Assembly = "assembly" %>

或

<%@ Register tagprefix = "tagprefix" Tagname = "tagname" Src = "pathname" %>

(6) **@Assembly**：以声明的方式将程序集链接到当前页或用户控件。其语法为：

<%@ Assembly Name = "assemblyname" %>

或

<%@ Assembly Src = "pathname" %>

(7) **@OutputCache**：以声明的方式控制页或用户控件的输出缓存策略。其语法为：

<%@ OutputCache Duration = "#ofseconds" Location = "Any | Client | Downstream | Server | None" Shared = "True |False" VaryByControl = "controlname" VaryByCustom = "browser | customstring" VaryByHeader = "headers" VaryByParam = "parametername" %>

(8) **@Reference**：以声明的方式将页或用户控件链接到当前页或用户控件。其语法为：

<%@ Reference page | control = "pathtofile" %>

ASP.NET 将不包含显式指令名的任何指令块(<%@ %>)都当做@Page 指令(用于页)或@Control 指令(用于用户控件)处理。

1.4 关于命名空间

命名空间(namespace)是 ASP.NET 中各种语言使用的一种代码组织的形式。通过命名空间来分类，可区别不同的代码功能。同时命名空间也是 ASP.NET 中所有类的完全名称的一部分。

命名空间不过是数据类型的一种组合方式，但命名空间中所有数据类型的名称都会自动加上该命名空间的名字作为前缀。命名空间还可以相互嵌套。例如，大多数用于一般目的的 .NET 基类位于命名空间 System 中，基于类 Array 在这个命名空间中，所以其全名是 System.Array。

把一个类型放在命名空间中，可以有效地给这个类型指定一个较长的名称，该名称包括类型的命名空间，后面是点(.)和类的名称。下面来了解在 .NET 中包含的一些常用命名空间和类的介绍，如表 1-4 所示。

表 1-4　命名空间和类说明

命名空间名称	类的名称	说　明
基础命名空间	System.Collections	包含了一些与集合相关的类型，如列表、队列、位数组、哈希表和字典等
	System.IO	包含了一些数据流类型并提供了文件和目录同步异步读写
	System.Text	包含了一些表示字符编码的类型并提供了字符串的操作和格式化
	System.Reflection	包含了一些提供加载类型、方法和字段的托管视图以及动态创建和调用类型功能的类型
	System.Threading	提供启用多线程的类和接口
图形命名空间	System.Drawing	这个主要的 GDI+ 命名空间定义了许多类型，实现基本的绘图类型(字体，钢笔，基本画笔等)和无所不能的 Graphics 对象
	System.Drawing2D	提供高级的二维和矢量图像功能
	System.Drawing.Imaging	定义了一些类型实现图形图像的操作
	System.Drawing.Text	提供了操作字体集合的功能
	System.Drawing.Printing	定义了一些类型实现在打印纸上绘制图像、和打印机交互以及格式化某个打印任务的总体外观等功能
数据命名空间	System.Data	包含了数据访问使用的一些主要类型
	System.Data.Common	包含了各种数据库访问共享的一些类型
	System.XML	包含了根据标准来支持 XML 处理的类
	System.Data.OleDb	包含了一些操作 OLEDB 数据源的类型
	System.Data.Sql	枚举安装在当前本地网络的 SQL Server 实例
	System.Data.SqlClient	包含了一些操作 MS SQL Server 数据库的类型，提供了和 System.Data.OleDb 相似的功能，但是针对 SQL 做了优化

续表一

命名空间名称	类的名称	说明
数据命名空间	System.Data.SqlTypes	提供了一些表示 SQL 数据类型的类
	System.Data.Odbc	用于 ODBC 的 .NET Framework 数据提供程序
	System.Transactions	提供了编写事务性应用程序和资源管理器的一些类
Web 命名空间	System.Web	包含启用浏览器/服务器通信的类和接口，用于管理到客户端的 HTTP 输出和读取 HTTP 请求。附加的类则提供了一些功能，用于服务器端的应用程序以及进程、Cookie 管理、文件传输、异常信息和输出缓存的控制
	System.Web.UI	包含 Web 窗体的类，包括 Page 类和用于创建 Web 用户界面的其他标准类
	System.Web.UI.HtmlControls	包含用于 HTML 特定控件的类，这些控件可以添加到 Web 窗体中以创建 Web 用户界面
	System.Web.UI.WebControls	创建 ASP.NET 服务器控件的类，当添加到窗体时，这些控件将呈现浏览器特定的 HTML 和脚本，用于创建和设备无关的 Web 用户界面
	System.Web.Mobile	生成 ASP.NET 移动应用程序所需要的核心功能，包括身份验证和错误处理
	System.Web.UI.MobileControls	包括一组 ASP.NET 服务器控件，这些控件可以针对不同的移动设备呈现应用程序
	System.Web.Services	能够使用和生成 XML Web Service 的类，这些服务是驻留在服务器中的可编程实体，并通过标准 Internet 协议公开
框架服务命名空间	System.Diagnostics	该类提供允许启动系统进程、读取和写入事件日志以及使用性能计数器监视系统性能
	System.DirectoryServices	提供的类可便于从托管代码中访问 Active Directory。此命名空间中的类可以与任何 Active Directory 服务提供程序一起使用
	System.Media	用于播放声音文件和访问系统提供的声音的类
	System.Management	提供的类用于管理一些信息和事件，它们关系到系统、设备和 WMI 基础结构所使用的应用程序
	System.Messaging	提供的类用于连接到网络上的消息队列、向队列发送消息以及从队列接收或查看消息
	System.ServiceProcess	提供的类用于安装和运行服务，服务是长期运行的可执行文件，它们不通过用户界面来运行
	System.Timers	提供基于服务器的计时器组件，用于按指定的间隔引发事件

续表二

命名空间名称	类的名称	说明
安全性命名空间	System.Security	提供公共语言运行库安全性系统的基础结构
	System.Net.Security	提供用于主机间安全通信的网络流
	System.Web.Security	包含的类用于在 Web 应用程序中实现 ASP.NET 安全性
网络命名空间	System.Net	包含的类可为当前网络上的多种协议提供简单的编程接口
	System.Net.Cache	定义了一些类和枚举，用于为使用 WebRequest 和 HttpWebRequest 类获取的资源定义缓存策略
	System.Net.Configuration	包含了以编程方式访问和更新 System.Net 命名空间的配置设置的类
	System.Net.Mime	包含了用于将电子邮件发送到 SMTP 服务器进行传送的类
	System.Net.Networkinformation	提供对网络流量数据、网络地址信息和本地计算机的地址更改通知的访问，还包含实现 Ping 实用工具的类
	System.Net.Sockets	为严格控制网络访问的开发人员提供 Windows 套接字接口的托管
配置命名空间	System.Configuration	包含用于以编程方式访问 .Net Framework 配置设置并处理配置文件中错误的类
	System.Configuration.Assemblies	包含用于配置程序集的类
	System.Configuration.Provider	包含由服务器和客户端应用程序共享，以支持可插接式模型轻松添加或移除功能的基类

1.5 案 例 分 析

1.5.1 创建解决方案和 ASP.NET Web 应用程序

在 Visual Studio 中，创建任何一个项目时，都得先创建一个解决方案。一个解决方案可以包含多个项目，而一个项目通常可以包含多个项，项可以是项目的文件和项目的其他部分，如引用、数据连接或文件夹等。

1. 使用 Visual Studio 2010 创建一个项目解决方案

在 Visual Studio 中创建解决方案非常简单，当使用 Visual Studio 创建一个新项目时，Visual Studio 就会自动生成一个解决方案。然后，可以根据需要将其他项目添加到该解决方案中。"解决方案资源管理器"提供整个解决方案的图形视图，开发应用程序时，该视图可帮助用户管理解决方案中的项目和文件。Visual Studio 将解决方案的定义分别存储在 .sln 文件和 .suo 文件中。其中，解决方案定义文件(.sln)存储定义解决方案的元数据，主要包括如下内容：① 解决方案相关项目；② 在解决方案级可用的、与具体项目不关联的项；③ 设置各种生成类型中应用的项目配置的解决方案生成配置。

通常只需要使用 Visual Studio 打开 .sln 文件就能够打开整个项目的解决方案，而 .suo 文件存储解决方案用户选项，记录所有将与解决方案建立关联的选项，以便在每次打开时，它都包含用户所做的自定义设置，例如用户的 Visual Studio 布局或者用户的项目最后编译的而又没有关掉的文件，等等。

2. 在项目解决方案里面添加一个 ASP.NET Web 应用程序项目

(1) 在解决方案资源管理器里选中已经创建好的解决方案，右击鼠标，在弹出的快捷菜单里选择"添加"→"新建项目"。

(2) 在"新建项目"窗体的"已安装的模板"列表中选择"Visual C#"节点并展开，选中"Web"列表，并在模板列表中选择"ASP.NET 空 Web 应用程序"模板，在"名称"文本框中输入 ASP.NET Web 应用程序项目的名称"HelloWorld"，在"位置"文本框中选择项目的存储路径，其他选项默认，单击"OK"按钮。这样，一个完整的 ASP.NET Web 应用程序项目便创建完成了，如图 1-3 所示。

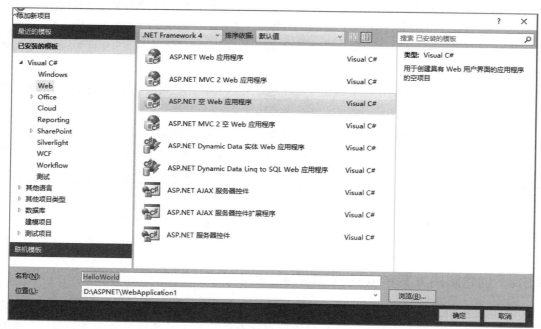

图 1-3　添加一个新的 ASP.NET Web 应用程序项目

3. ASP.NET 空 Web 应用程序与 ASP.NET Web 应用程序

上面在创建 ASP.NET Web 应用程序项目时，选择了"ASP.NET 空 Web 应用程序"模板进行创建。其实，还可以通过另外一种模板，即"ASP.NET Web 应用程序"来创建。两者的区别如下：

(1) ASP.NET 空 Web 应用程序模板。从上面的例子中可以看出，使用 ASP.NET 空 Web 应用程序模板创建的项目是一个非常干净的项目，只拥有一个 Web.config 文件。它基本上就是一个空壳子，没有任何可执行的文件。

(2) ASP.NET Web 应用程序模板。ASP.NET Web 应用程序模板正好与 ASP.NET 空 Web 应用程序模板相反，在选择 ASP.NET Web 应用程序模板创建 ASP.NET Web 应用程序项目时，会发现所创建的 ASP.NET Web 应用程序项目在其中预先生成了一些目录和文件，如图 1-4 所示。

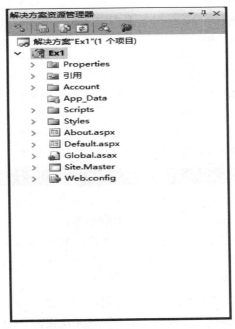

图 1-4　ASP.NET Web 应用程序目录结构

ASP.NET Web 应用程序模板包含了一个 Site.Master 模板页文件，该文件提供了网站总的布局(含有页眉、页脚等)，在 Styles 文件夹里使用了一个含有所有样式的 CSS 样式文件 Site.css。在 Scripts 文件夹里面内含了 jQuery 文件(ASP.NET Ajax 可以通过脚本管理控件来提供)。在根目录中，它还包含了基于模板页的"Default.aspx"和"About.aspx"网页。除此之外，还在 Account 文件夹内包含并实现了基于表单的认证系统的若干网页，可用来登录、注册和改变用户的密码。

4．创建 Web 页面

上面通过 Microsoft Visual Studio 2010 集成开发环境创建了一个空白解决方案和一个空白的 ASP.NET Web 应用程序项目"HelloWorld"。搭好这些项目架子之后，下面就来给这个"HelloWorld"Web 应用程序项目添加一些相关的文件。

首先，需要创建一个 Login.aspx 页面来作为本系统的入口，步骤如下：

(1) 用鼠标右击"HelloWorld"项目，在弹出的快捷菜单里选择"添加"→"新建项"选项，就会弹出一个添加新项的窗体。

(2) 展开左边的"Visual C#"列表并选中"Web"选项，这时中间的模板列表就会列出所有关于开发 ASP.NET Web 应用程序项目的模板页。因为这里开发的是一个登录页面，所以选择"Web 窗体"模板页，并命名为"Login.aspx"，将名字填在"名称"文本框里，单击"添加"按钮，这样就为"HelloWorld"项目添加了一个登录页面 Login.aspx，如图 1-5 所示。

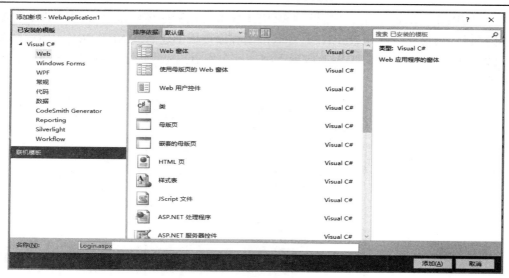

图 1-5 添加"Login.aspx"Web 窗体对话窗口

下面继续完善 Login.aspx 文件的功能，步骤如下：

(1) 打开 Login.aspx 文件，为了能够直观地看见 Web 窗体的编辑效果，在代码编辑框内选择"拆分"选项。同时，在"工具箱"里展开"标准"列表，这样就能够清楚地看见 Visual Studio 为窗体设计提供的标准服务器端控件。

(2) 在"标准"列表里选中"TextBox"控件，按住鼠标左键将其拖入 Login.aspx 页面中，在属性框里面将"TextBox"控件的"(ID)"属性设置为"txt_UserName"。继续选择一个"Button"控件拖入 Login.aspx 页面中，在属性框里面将"Button"控件的"(ID)"属性设置为"bt_Login"，将"Text"属性设置为"登录"。这样，一个简单的登录页面就算基本设计完成，如图 1-6 所示。

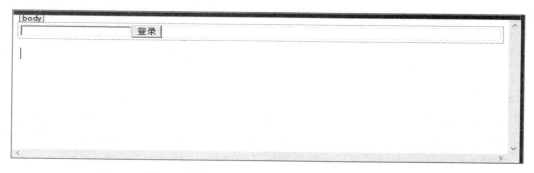

图 1-6 添加"Login.aspx"Web 窗体对话窗口

在设计中不难发现，每当向设计页面拖入一个控件的时候，Login.aspx 页面的 HTML 代码文件就会做相应的改变。当设计完 Login.aspx 时，代码中便增加了如下两行代码：

<asp:TextBox ID = "txt_UserName" runat = "server" ></asp:TextBox>

<asp:Button ID = "bt_Login" runat = "server" Text = "登录" />

用鼠标双击 Login.aspx 页面的"登录"控件，为它添加一个事件 bt_Login_Click，打开 Login.aspx.cs 文件，修改 bt_Login_Click 事件里面的代码，如下所示：

```csharp
//Login.aspx.cs
using System;
using System.Collections.Generic;
using System.Linq;
using System.Web;
using System.Web.UI;
using System.Web.UI.WebControls;
namespace HelloWorld
{
    public partial class Login : System.Web.UI.Page
    {
        protected void Page_Load(object sender, EventArgs e)
        {

        }
        protected void bt_Login_Click (object sender, EventArgs e)
        {
            //在 Session 中保存输入的用户名信息
            Session["UserName"] = txt.UserName.Text;
            //页面跳转到"Default.aspx"
            Response.Redirect("Default.aspx");
        }
    }
}
```

除了登录页面之外,还需要创建一个 Default.aspx 页面将系统所问候的信息给用户显示出来,步骤如下:

(1) 创建一个 Default.aspx 页面,并在 Default.aspx 页面里添加一个 Label 控件,该控件用于显示友好的问候语,代码如下所示:

```
<asp:Label ID = "lb_content" runat = "server"></asp:Label>
```

(2) 创建好 lb_content 控件之后,接下来就是在 Default.aspx.cs 文件中编写代码让 lb_content 控件将友好的问候语显示出来,如下所示:

```csharp
//Default.aspx.cs
using System;
using System.Collections.Generic;
using System.Web;
using System.Web.UI;
using System.Web.UI.WebControls;
namespace HelloWorld
{
```

```
public partial class Default : System.Web.UI.Page
{
    protected void Page_Load(object sender, EventArgs e)
    {
        //将问候语及用户输入的用户名赋给 lb_content 控件
        this.lb_content.Text = "欢迎你：" + Session["UserName"].ToString();
    }
}
```

1.5.2 编译运行程序

到目前为止，"HelloWorld" Web 应用程序项目基本上创建完毕，剩下的工作就是编译运行该项目了。

1. 设置启动项目和项目起始页

当一个解决方案中存在多个 Web 应用程序项目时，就需要设置其中的一个 Web 应用程序项目为启动项目。设置方法：选择需要设置的 Web 应用程序项目，右击鼠标，在弹出的快捷菜单里选择"设为启动项目"选项即可(当只有一个项目时，可不设置)。

当一个启动项目中有多个 Web 页面的时候，就需要设置其中的一个页面为项目的起始页。设置方法：选择要设置的 Web 页面并右击鼠标，在弹出的快捷菜单里选择"设为起始页"选项。在本项目中，将 Login.aspx 设置为项目的起始页。值得注意的是，Visual Studio 总是将 Default.aspx 默认为起始页，如果不设置，系统将默认为 Default.aspx 页面。

2. 编译运行"HelloWorld" Web 应用程序

设置好项目的起始页之后，按 Ctrl + F5 键就可以开始运行该 Web 项目了。注意，按 Ctrl + F5 键只运行程序，而不执行调试操作。运行结果的界面如图 1-7 所示。

在图 1-7 中，如果在文本框里不输入任何名称，直接登录，那么 Default.aspx 页面将会输出"欢迎你："，如图 1-8 所示。

图 1-7 程序运行结果界面

图 1-8 文本框无输入直接登录显示界面

如果在文本框里输入自己的名字，比如输入"李文"，那么 Default.aspx 页面将会输出"欢迎你：李文"，如图 1-9 所示。

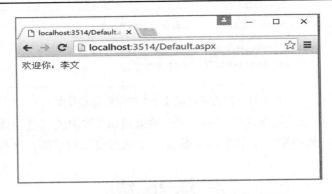

图 1-9　文本框中输入用户名后登录显示界面

3. 调试运行程序

通常，我们所编写的程序经常会在编译的时候出现一些错误或者异常而导致编译不成功；又或者是编译成功了，运行的结果却不是我们所期望的，等等。这时就需要通过调试运行程序来查找错误的原因，而不能够采取直接运行程序的方法。在调试 Web 应用程序方面，Visual Studio 提供了很好的解决方案，它与调试一般的程序一样简单。

当需要调试某个特定的网页时，只需要将其页面所在的项目设置为解决方案的启动项目，并将该页面设置为项目起始页，然后设置好断点，单击工具栏上的"启动调试"按钮或者使用快捷键"F5"就可以进行调试了。

在实际调试中，可以按照如下步骤进行：

(1) 设置调试断点。要想调试运行程序，首先就得设置一个断点以便于 Visual Studio 调试程序找到调试的入口。在这里，假设将 Login.aspx.cs 文件里的语句"Session["UserName"] = txt_UserName.Text;"设置为调试断点。设置方法：单击代码旁的边界，会出现一个红色的圆点，同时该语句的背景色也会变成红色，这样就表示已经将该句设置成了调试断点，如图 1-10 所示。注意断点可以设置在任何可执行的代码行上，但不能设置在变量声明、注释或空行上。

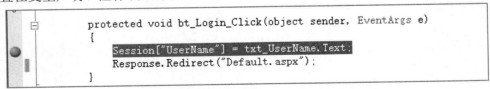

图 1-10　在代码编辑器中设置断点后的显示界面

(2) 启动调试。设置好调试断点之后，就可以单击工具栏上的"启动调试"按钮或者使用快捷键"F5"启动调试页面。这时程序运行到断点处时执行就会中断，用户将会被带回到 Visual Studio 的代码窗口，断点处的语句不会被执行，用户现在可以使用快捷键调试自己的 Web 项目程序。

(3) 查看调试结果。如图 1-11 所示，代码处于中断模式时，可以把鼠标停留在变量上查看它的当前内容，借此来验证变量是否包含预期的值。同时，可以选中变量后，在右键菜单中选择"添加监视"，将变量加入到"监视"窗口中进行查看；或者在右键菜单中选择"快速监视"，在新的窗口中进行变量值的计算。

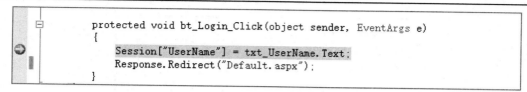

图 1-11 代码在调试过程中被中断显示界面

(4) 结束调试。可以使用单击工具栏上的"结束调试"按钮或者使用快捷键"Shift + F5"来停止程序的调试,最后别忘了取消调试断点,方法与设置调试断点一样。

本 章 小 结

本章内容以讲解 ASP.NET 4.0 的基本概念为主,要求大家掌握的 ASP.NET 4.0 程序开发的基本内容有:.NET Framework 组成及特点、ASP.NET 4.0 新特性、网页基本语法以及命名空间的使用等。

在进行 ASP.NET 4.0 程序开发的过程中,要求熟练掌握 Visual Studio 2010 开发环境,并能够对 IIS 服务器系统有基本的认识。

练 习 题

1. 简述 Microsoft.NET 的特点。
2. 什么是 ASP.NET,它的特点是什么?
3. 什么是命名空间?
4. 常见的 ASP.NET 页面指令有哪些?

第2章 ASP.NET 常用内置对象

ASP.NET 是完全面向对象的编程环境，它提供了实现编程功能的一系列的类库，这些类库既包括有界面的控件，也包括无界面的对象(内置对象)，这些对象使用户更容易收集通过浏览器发送的信息、响应浏览器以及存储用户信息。这些对象会在系统执行时自动声明初始化，并引入页面，所以可以直接使用，操作方便。

本章学习目标：

- 了解页面的生命周期；
- 掌握 Page、Server 对象用法；
- 掌握 Application、Session、ViewState 与 Cookie 对象的应用；
- 掌握 Request、Response 对象的用法。

2.1 Page 内置对象

在 .NET Framework 中，Page 类提供了 ASP.NET 应用程序从 .aspx 文件开始创建的所有对象的基本行为。Page 类在 System.Web.UI 命名空间中定义，它派生于 TemplateControl 类并实现了 IHttpHandler 接口。TemplateControl 类是一个抽象类，它为 Page 类和 UserControl 类提供通用属性和方法。

2.1.1 页面的生命周期

页面生命期分三个阶段：建立阶段，回发阶段，结束阶段。每个阶段有一个或多个子阶段，并且有一个或多个事件和步骤引发组成。

1. 建立阶段

当 HTTP 运行库实例化页面类以便为当前提供服务时，页面构造器创建一个控件树。该控件树连接到页面解析器在查看 ASPX 源文件后所创建的实际类。处理请求开始时，应设置所有的子控件和页面本征特征(如 HTTP 上下文，请求对象和响应对象)。页面生命期第一步是确定为什么运行库正在处理页面请求？其中原因有多样：正常请求、回发、跨页回发或者回叫。页面对象根据具体原因配置内部状态，并根据请求方法(GET 或 POST)准备投递的值集合(post value)。这一步完成后，页面就准备激发用户代码事件，包括 PreInit 事件、Init 事件、IntiComplete 事件，视图状态恢复，处理投递的数据，PreLoad 事件，Load 事件，处理动态创建的控件。

2. 回发阶段

回发阶段涉及把窗体数据投递到相同页面，然后使用视图状态恢复调用上下文，在服务器上最后一次生成投递页时存在的控件的同一种状态。在页面初始化已经完成并已经考虑投递的值以后，会发生某些服务器端事件，事件类型主要有检测控件状态变化、执行服务器端回发事件和 LoadComplete 事件。

3. 结束阶段

处理回发事件以后，页面准备为浏览器生成输出。结束阶段的主要事件包括 PreRender 事件、PreRenderComplete 事件、SaveStateComple 事件、Unload 事件。

Page 类常用的事件及执行的先后顺序如下：
(1) Page.PreInit：在页初始化开始时发生。
(2) Page.Init：当服务器控件初始化时发生，初始化是控件生存期的第一步。
(3) Page.InitComplete：在页初始化完成时发生。
(4) Page.PreLoad：在页 Load 事件之前发生。
(5) Page.Load：当服务器控件加载到 Page 对象中时发生。
(6) Page.LoadComplete：在页生命周期的加载阶段结束时发生。
(7) Page.PreRender：在加载 Control 对象之后、呈现之前发生。
(8) Page.PreRenderComplete：在呈现页内容之前发生。

2.1.2 Page 对象常用属性与方法

Page 类与扩展名为 .aspx 的文件相关联，这些文件在运行时被编译为 Page 对象，并缓存在服务器内存中。如果要使用代码隐藏技术创建 Web 窗体页，需要从该类派生。

在单文件页中，标记、服务器端元素以及事件处理代码全都位于同一个 .aspx 文件中。在对该页进行编译时，如果存在@Page 指令的 Inherits 属性定义的自定义基类，编译器生成和编译一个从该基类派生的新类，否则编译器将生成和编译一个从 Page 基类派生的新类。例如，如果在应用程序的根目录中创建一个名为 SamplePagel 的新 ASP.NET 网页，则随后将从 Page 类派生一个名为 ASP.SamplePagel.aspx 的新类。对于应用程序子文件夹中的页，将使用子文件夹名称作为生成的类的一部分。生成的类中包含 .aspx 页中的控件的声明以及用户添加的事件处理程序和其他自定义代码。

在生成页之后，生成的类将编译成程序集，并将该程序集加载到应用程序域，然后对该类进行实例化并执行该类，然后将输出呈现到浏览器。如果对生成类的页进行更改(无论是添加控件还是修改代码)，则已编译的类代码将失效，并生成新的类。

Page 对象常用属性见表 2-1。

第 2 章　ASP.NET 常用内置对象

表 2-1　Page 对象常用属性

属　性	说　明
Request	获取当前 Web 请求页的 HttpRequest 对象
Response	获取与该 Page 对象关联的 HttpResponse 对象
Server	获取 Server 对象，它是 HttpServerUtility 类的实例
Session	获取 ASP.NET 提供的当前 Session 对象
Validators	获取请求的页上包含的全部验证控件的集合
ViewState	获取状态信息的字典，这些信息使用户可以在同一页的多个请求间保存和还原服务器控件的视图状态
IsPostBack	该属性可以检查 .aspx 页是否为传递回服务器的页面，常用于判断页面是否为首次加载
IsValid	该属性用于判断页面中的所有输入的内容是否应经通过验证，它是一个布尔值的属性。当需要使用服务器端验证时，可以使用该属性
IsCrossPagePostBack	该属性判断页面是否使用跨页提交，它是一个布尔值的属性

Page 类中有很多属性是对象的引用，比如上面的 Request、Response、Application 和 Session 等，这样在页面中可以直接对这些对象进行访问，而无需通过 Page 对象。

Page 对象常用方法见表 2-2。

表 2-2　Page 对象常用方法

方　法	说　明
MapPath(virtualPath)	将 virtualPath 指定的虚拟路径转换成实际路径
ResolveUrl(relativeUrl)	将 relativeUrl 指定的相对路径转换成实际路径
DataBind()	将数据源连接到网页上的服务器控件上
Dispose()	释放连接到网页上的服务器控件的数据源对象
FindControl(id)	在页面上搜索标识名称为 id 的控件
Validated()	执行页面上的所有验证控件
HasControls()	判断 Page 对象是否含有控件

2.2　Application 内置对象

从 Application 这个单词词义上大致可以看出 Application 状态是整个应用程序全局的。在 ASP 时代我们通常会在 Application 中存储一些公共数据，而 ASP.NET 中 Application 的基本意义没有变：Application 的原理是在服务器端建立一个状态变量来存储所需的信息。要注意的是：首先，这个状态变量是建立在内存中的，其次是这个状态变量是可以被网站的所有页面访问的。

Application 对象用来存储变量或对象，以便在网页中再次被访问(不管是不是同一个连接者或访问者)，所存储的变量或对象的内容还可以重新调出来使用，也就是说 Application

对于同一网站来说是公用的，可以在各个用户间共享。

2.2.1 Application 对象常用属性和方法

Application 的常用属性见表 2-3。

表 2-3 Application 对象常用属性

属 性	说 明
AllKeys	获取 HttpApplicationState 集合中的访问键
Count	获取 HttpApplicationState 集合中的对象数
Add	新加一个 Application 对象的变量

Application 的常用方法见表 2-4。

表 2-4 Application 对象常用方法

方 法	说 明
Clear()	清除全部 Application 对象的变量
Get()	使用索引或者变量名称获取变量值
GetKey()	使用索引获取变量名称
Lock()	锁定全部变量
Remove()	使用变量名删除一个 Application 对象的变量
RemoveAll()	删除 Application 对象的所有变量
Set()	使用变量名更新 Application 对象变量的内容
UnLock()	解锁 Application 对象的变量

2.2.2 Application 对象的应用

1. 使用 Application 对象

1) 使用 Application 对象保存信息

要使用 Application 对象保存信息，可以使用以下语句之一：

  Application["键名"] = 值

或

  Application.Add("键名"，值)

2) 获取 Application 对象信息

要获取 Application 对象信息，可以使用以下语句之一：

  变量名 = Application["键名"]

或

  变量名 = Application.Get("键名")

3) 更新 Application 对象的值

要更新 Application 对象的值，可以使用语句：

  Application.Set("键名"，值)

4) 删除 Application 对象中的一个键

要删除 Application 对象中的一个键，可以使用语句：

  Application.Remove("键名")

5) 删除 Application 对象中的所有键

要删除 Application 对象中的所有键，可以使用以下语句之一：

  Application.RemoveAll()

或

  Application.Clear()

2．使用锁定与解锁

有可能存在多个用户同时存取同一个 Application 对象的情况，这样就有可能出现多个用户修改同一个 Application 命名对象，造成数据不一致的问题。

HttpApplicationState 类提供两种方法 Lock 和 Unlock，以解决对 Application 对象的访问同步问题，一次只允许一个线程访问应用程序状态变量。

锁定：Application.Lock()

访问：Application["键名"] = 值

解锁：Application.Unlock()

注意：Lock 方法和 UnLock 方法应该成对使用，可用于网站访问人数、聊天室等。

3．使用 Application 事件

在 ASP.NET 应用程序中可以包含一个特殊的可选文件——Global.asax 文件。Global.asax 是一个用来处理应用程序全局的文件，也称作 ASP.NET 应用程序文件，它包含用于响应 ASP.NET 或 HTTP 模块引发的应用程序级别事件的代码。打开文件，系统已经为我们定义了一些全局事件的处理方法。

在应用程序启动时运行的事件代码是：

  void Application_Start(object sender, EventArgs e){ }

在应用程序关闭时运行的事件代码是：

  void Application_End(object sender, EventArgs e){ }

在出现未处理的错误时运行的事件代码是：

  void Application_Error(object sender, EventArgs e){ }

通过上面介绍我们可以看到，这些事件是整个应用程序的事件，和某一个页面没有关系。

Application 没有类似 Session 的超时机制。也就是说，Application 中的数据只有通过手动删除或者修改才能释放内存，只要应用程序不停止，Application 中的内容就不会消失。可以使用 Cache 实现类似 Application 的功能，同时 Cache 又有丰富而强大的自我管理机制。

2.3 Session 内置对象

众所周知，HTTP 是一种无状态协议，它不能通过页面和客户端保持连接。如果用户需要增加一些信息和跳转到了另外的页面，原有的数据将会丢失，用户将无法恢复这些信息。用户需要保存信息，Session 提供了一个在服务器端保存信息的方案。它能支持任何类型对象和用户对象信息作为对象保存起来。Session 可将每一个客户端都独立地保存起来，这意味着 Session 数据存储着每个客户端的基础信息。

ASP.NET 将来自限定时间范围内的同一浏览器的请求标识为一个会话(Session)，当每个用户首次与这台 WWW 服务器建立连接时，他就与这个服务器建立了一个 Session，同时服务器会自动为其分配一个 SessionID，用以标识这个用户的唯一身份。Session 提供用于在该会话持续期间内保留变量值的方法，会话变量可以是任何有效的 .NET Framework 类型。默认情况下，将为所有 ASP.NET 应用程序启用 ASP.NET 会话状态。

Session 对象具有两个事件：Session_OnStart 事件和 Session_OnEnd 事件。Session_OnStart 事件在创建一个 Session 时被触发，Session_OnEnd 事件在用户 Session 结束时(可能是因为超时或者调用了 Abandon 方法)被调用。可以在 Global.asax 文件中为这两个事件增加处理代码。

2.3.1 Session 对象的标识

会话由一个 120 位的唯一标识符标识，这个特殊的标识符称为 SessionID，可使用 Session 的 SessionID 属性读取此标识符。ASP.NET 中利用专有算法来生成这个标识符的值，每次会话产生的标识均不相同，从而保证(统计上的)这个值是独一无二的，有足够的随机性，能够保证恶意用户不能利用逆向工程或"猜测"获得某个客户端的标识符的值。

为 ASP.NET 应用程序启用会话状态时，将检查应用程序中每个页面请求是否有浏览器发送的 SessionID 值。如果未提供任何 SessionID 值，则 ASP.NET 将启动一个新会话，并将该会话的 SessionID 值随响应一起发送到浏览器。

2.3.2 Session 常见属性和方法

Session 常见属性见表 2-5。

表 2-5 Session 常见属性

属 性	说 明
Count	获取会话状态下 Session 对象的个数
TimeOut	Session 对象的生存周期
SessionID	用于标识会话的唯一编号

Session 的常见方法见表 2-6。

表 2-6 Session 常见方法

方 法	说 明
Abandon	取消当前会话
Add	向当前会话状态集合中添加一个新项
Clear	清空当前会话状态集合中所有键和值
Remove	删除会话状态集合中的项
RemoveAll	删除所有会话状态值
RemoveAt	删除指定索引处的项

2.3.3 Session 的存储

Session 分别需要存储在客户端和服务器端。客户端只负责保存相应网站的 SessionID，而其他的 Session 信息则保存在服务器端。这就是为什么说 Session 是安全的原因。在客户端只存储 SessionID，这个 SessionID 只能被当前请求网站的客户所使用，对其他人则是不可见的；而 Session 的其他信息则是保存在服务器端，而且永远也不发送到客户端，这些信息对客户都是不可见的，服务器只会按照请求程序取出相应的 Session 信息发送到客户端。所以只要服务器不被攻破，想要利用 Session 搞破坏还是比较困难的。下面按存储位置来分别讲述 Session 的存储。

1. 在客户端的存储

SessionID 值存储在浏览器的不过期会话 Cookie 中，这是默认情况，另外也可以通过在 Web.config 文件的 sessionState 节中将 cookieless 属性设置为 true，指定不将会话标识符存储在 Cookie 中。代码如下：

```
<configuration>
    <system.web>
        <sessionState cookieless = "true" regenerateExpiredSessionId = "true" />
    </system.web>
</configuration>
```

如果设置不将 SessionID 存于 Cookie 中，ASP.NET 通过自动在页的 URL 中插入唯一的会话 ID 来保持无 Cookie 会话状态。例如：

URL: http://www.example.com/(S(lit3py55t21z5v55vlm25s55))/orderform.aspx

已被 ASP.NET 修改，以包含唯一的会话 ID lit3py55t21z5v55vlm25s55。

2. 在服务器端存储

在服务器端存储有三种常用模式，可根据需要进行配置。

(1) InProc 模式。此模式将会话状态存储在 Web 服务器上的内存中。InProc 模式是默认值，可不用在配置文件中配置，默认为达到 20 分钟即算超时，由于空间和服务器不稳定易丢失。

配置方法如下：

```
<sessionState mode = "InProc" timeout = "120" />
```

(2) StateServer 模式。此模式将会话状态存储在一个名为 ASP.NET 的状态服务的单独进程中。这确保了在重新启动 Web 应用程序时会保留会话状态，并让会话状态可用于网络场中的多个 Web 服务器。

配置方法如下：

```
<sessionState mode = "StateServer" timeout = "120" stateConnectionString = " tcpip = 127.0.0.1:42424" stateNetworkTimeout = "10" />
```

(3) SQLServer 模式。此模式将会话状态存储到一个 SQL Server 数据库中。这确保了在重新启动 Web 应用程序时会保留会话状态，并让会话状态可用于网络场中的多个 Web 服务器。SQLServer 模式需要使用 "aspnet_regsql.exe -ssadd -sstype c -d [数据库名]   -S [服务器] -U [用户名] -P [密码]"命令对数据库进行配置。

配置方法如下：

<sessionState   mode = "SQLServer"   timeout = "120"   allowCustomSqlDatabase = "true"
sqlConnectionString = "Data Source = .\sqlexpress;Initial Catalog = dnt31;Integrated Security = True" />

2.3.4 Session 对象的应用

读/写 Session 是非常简单的，我们能使用 System.Web.SessionState.HttPSessionState 这个类来与 Session 进行交互，这个类在 ASP.NET 页面内内建(提供)了 Session。下面的代码就是使用 Session 进行存储的方法：

Session["UserName"] = txtUser.Text;

接下来让我们来看看如何从 Session 读取数据：

lblWelcome.Text = "Welcome : " + Session["UserName"];

Session 也能存储其他对象，下面的例子展示了如何存储一个 DataSet 到 Session 里：

Session["DataSet"] = _objDataSet;

下面的代码展示了如何从 Session 内读取 DataSet：

```
if (Session["DataSet"] != null)
{
    //Retrieving UserName from Session
    DataSet _MyDs = (DataSet)Session["DataSet"];
}
else
{
    //Do Something else
}
```

【例 2-1】 设计网站应用程序，使用 Application，Session 统计网站的访问情况。

(1) 页面单击数。页面被访问一次 + 1，不管是否是同一个用户多次访问页面。

(2) 用户访问数。来了一个用户 + 1，一个用户打开多个页面不会影响这个数字。

应用程序设计步骤如下：

(1) 在 Visual Studio 2010 中创建一个空的网站。

(2) 在网站中添加一个新的 Web 窗体，窗体文件名称为 Default.aspx。

(3) 在网站中添加一个全局应用程序类 Global.asax。

(4) 在 Global.asax 文件中的 Application_Start 中去初始化两个变量：

```
void Application_Start(object sender, EventArgs e)
{
    Application["PageClick"] = 0;
    Application["UserVisit"] = 0;
}
```

(5) 用户访问数根据 Session 来判断，因此可以在 Session_Start 的时候去增加这个变量：
```
void Session_Start(object sender, EventArgs e)
{
    Application.Lock();
    Application["UserVisit"] = (int)Application["UserVisit"] + 1;
    Application.UnLock();
}
```
我们看到，Application 的使用方法和 Session 差不多。唯一要注意的是，Application 的作用范围是整个应用程序，可能有很多用户在同一个时间访问 Application 造成并发混乱，因此在修改 Application 的时候需要先锁定 Application，修改完成后再解锁。

(6) 页面单击数在 Default.aspx 页面 Page_Load 的时候去修改，方法如下：
```
protected void Page_Load(object sender, EventArgs e)
{   if (!IsPostBack)
    {
        Application.Lock();
        Application["PageClick"] = (int)Application["PageClick"] + 1;
        Application.UnLock();
        Response.Write(string.Format("页面访问数：
                {0}<br/>", Application["PageClick"]));
        Response.Write(string.Format("用户访问数：
                {0}<br/>", Application["UserVisit"]));
    }
}
```

2.4　Cookie 内置对象

　　Cookie 是一种能够让网站服务器把少量数据(4 KB 左右)存储到客户端的硬盘或内存，并且可以读取出来的一种技术。当你浏览某网站时，由 Web 服务器放置于用户电脑硬盘上的一个非常小的文本文件，它可以记录你的用户 id、浏览过的网页或者停留的时间等网站你想要保存的信息。当再次通过浏览器访问该网站时，浏览器会自动将属于该网站的 Cookie 发送到服务器去，服务器通过读取 Cookie，得知你的相关信息，就可以做出相应的动作。比如，显示欢迎你的小标题、不用填写账号密码直接登录等。保存的信息片断以"键/值"对的形式储存，一个"键/值"对仅仅是一条命名的数据。一个网站只能取得它放在用户电脑中的信息，它无法从其他的 Cookies 文件中取得信息，也无法得到用户电脑上的其他任何东西。Cookies 中的内容大多数经过了加密处理，因此一般用户看来只是一些毫无意义的字母数字组合，只有服务器的处理程序才知道它们真正的含义。Cookie 文件的信息是不安全的，所以 Cookie 里面的数据最好加密。

　　不同的浏览器存储的 Cookie 位置也是不一样的。浏览器保存 Cookie 数据有 2 种形式：

浏览器的内存中，浏览器所在的电脑硬盘中。

以 IE 为例查看 Cookie 在硬盘中存放位置方法如图 2-1 和图 2-2 所示。

图 2-1　Cookie 存储位置查看　　　　　图 2-2　Cookie 存储位置查看

ASP.NET 用 Cookie 内置对象封装对 Cookie 的访问，Cookie 对象是 System.Web 命名空间中 HttpCookie 类的对象。

1. 将 Cookie 写入浏览器端

下面代码在 Cookie 文件中写入键值对为 id：234，并将创建的 cookie 输入到浏览器端。

　　HttpCookie cookie = new HttpCookie("id", "234"); //创建 cookie 的实例。

　　Response.Cookies.Add(cookie);　　　　　　　//将创建的 cookie 文件输入到浏览器端

2. 读出 Cookie 中存放的数据

　　Response.Write(Request.Cookies["id"].Value);　　//读取 cookie 文件中存储的值

页面写出的数据就是 234，从这里我们就能看出 Cookie 的不安全性。所以使用的时候最好不要存放重要信息，如果就想存放，可以对其加密，再写入 Cookie 存储文件中。还有如果对其无限制的写入，会造成垃圾文件过多，所以我们可以给 Cookie 文件加一个有效期。

3. Cookie 文件的有效期设置

创建 Cookie 的实例：

　　HttpCookie cookie = new HttpCookie("id", "234");

设置 cookie 的过期时间，5 月后过期，自动清除文件：

　　cookie.Expires = DateTime.Now.AddMonths(5);

将创建的 cookie 文件输入到浏览器端：

　　Response.Cookies.Add(cookie);

读取 cookie 文件中存储的值：

　　Response.Write(Request.Cookies["id"].Value);

4. Cookie 文件的删除、销毁

给 cookie 设置一个负的时间，就删除和销毁 Cookie 文件了：

　　cookie.Expires = DateTime.Now.AddMonths(-5);

2.5 ViewState 内置对象

在 Web 窗体控件设置为 runat = "server",这个控件会被附加一个隐藏的属性_ViewState,_ViewState 存放了所有控件在 ViewState 中的状态值。ViewState 是一个名称/值的对象集合。当请求某个页面时,ASP.NET 会把所有控件的状态序列化成一个字符串,然后作为窗体的隐藏属性送到客户端,当客户端把页面回传时,ASP.NET 分析回传的窗体属性,并赋给控件对应的值。

当我们在写一个 ASP.NET 表单时,一旦标明了 form runat = server,那么 ASP.NET 就会自动在输出时给页面添加一个隐藏域:

<input type = "hidden" name = "__VIEWSTATE" value = "">

有了这个隐藏域,页面里其他所有的控件的状态,包括页面本身的一些状态都会保存到这个控件值里面。每次页面提交时一起提交到后台,ASP.NET 对其中的值进行解码,然后输出时再根据这个值来恢复各个控件的状态。

2.5.1 ViewState 的用法

ViewState 提供一个 ViewState 集合(Collection)属性。该集合是集合(Collection)类的一个实例,集合类是一个键值集合,开发人员可以通过键来为 ViewState 增加或者去除项。例如下面的代码:

ViewState ["Count"] = 2;

这句代码含义是把一个整数 2 赋值给 ViewState 集合,并且给它一个键名 Count 来标识。如果当前 ViewState 集合里没存键名 Count,那么一个新项就自动添加到 ViewState 集合里;如果存在键名 Count,则与该键名 Count 对应的值就会被替换。

在 ViewState 集合里,利用键名可以访问到与键名对应的值,这是键值集合的特性。ViewState 集合里存储的是对象(Objects),因此它可以用来处理各种数据类型。

2.5.2 设置 ViewState

如果要使用 ViewState,则在 ASPX 页面中必须要有一个服务器端窗体标记(<form runat = "server">)。窗体字段也是必需的,这样包含 ViewState 信息的隐藏字段才能被传回服务器。而且,该窗体还必须是服务器端的窗体,这样在服务器上执行该页面时,ASP.NET 页面框架才能添加隐藏字段。另外 page 的 EnableViewState 属性值必须为 true,控件的 EnableViewState 属性值也须为 true。

ViewState 可以在控件、页、程序和全局配置中设置。缺省情况下 EnableViewState 为 true。如果要禁止所有页面 ViewState 功能,可以在程序配置中把 EnableViewState 设为 false。

2.5.3 ViewState 与 Session 的对比

Session 值是保存在服务器内存上,那么可以肯定,大量的使用 Session 将导致服务器负担加重。而 ViewState 由于只是将数据存入到页面隐藏控件里,不再占用服务器资源。因此,我们可以将一些需要服务器"记住"的变量和对象保存到 ViewState 里面。而 Session 则只应该应用在需要跨页面且与每个访问用户相关的变量和对象存储上。

Session 在默认情况下 20 分钟就过期,而 ViewState 则永远不会过期。但 ViwState 并不是能存储所有的 .net 类型数据,它仅仅支持 String、Integer、Boolean、Array、ArrayList、Hashtable 以及自定义的一些类型。

ViewState 在安全性上面还是比较差,建议不要存放比较机密和敏感的信息,尽管 ViewState 可以加密,但是由于 ViewState 要保存在客户端,天生就有安全性的隐患。

使用 ViewState 会增加页面 html 的输出量,占用更多的带宽,这一点是需要我们慎重考虑的。另外,由于所有的 ViewState 都是存储在一个隐藏域里面,用户可以很容易的通过查看源码来看到这个经过 base64 编码的值,然后再经过转换就可以获取你存储其中的对象和变量值。

2.6 Request 内置对象

Request 对象主要用于获取来自客户端的数据,如用户填入表单的数据、保存在客户端的 Cookie 等。本节将围绕 Request 对象,讲解其的主要作用:读取窗体变量、读取查询字符串变量、取得 Web 服务器端的系统信息、取得客户端浏览器信息等。

2.6.1 Request 对象主要属性与方法

Request 对象的主要属性见表 2-7。

表 2-7 Request 对象的主要属性

属 性	说 明
ApplicationPath	获取服务器上 ASP.NET 应用程序的虚拟应用程序根路径
Browser	获取有关正在请求的客户端的浏览器功能的信息,该属性值为 HttpBrowserCapabilities 对象
ContentEncoding	获取或设置实体主体的字符集。该属性值为表示客户端的字符集 Encoding 对象
ContentLength	指定客户端发送的内容长度,以字节为单位
ContentType	获取或设置传入请求的 MIME 内容类型。
Cookies	获取客户端发送的 Cookie 集合,该属性值为表示客户端的 Cookie 变量的 HttpCookieCollection 对象
CurrentExecutionFilePath	获取当前请求的虚拟路径
FilePath	获取当前请求的虚拟路径
Files	获取客户端上载的文件集合。该属性值为 HttpFileCollection 对象,表示客户端上载的文件集合
Form	获取窗体变量集合
HttpMethod	获取客户端使用的 HTTP 数据传输方法(如:get、post 或 head)

续表

属 性	说 明
Item	获取 Cookies、Form、QueryString 或 ServerVariables 集合中指定的对象
Params	获取 Cookies、Form、QueryString 或 ServerVariables 项的组合集合
Path	获取当前请求的虚拟路径
PathInfo	获取具有 URL 扩展名的资源的附加路径信息
PhysicalApplicationPath	获取当前正在执行的服务器应用程序的根目录的物理文件系统路径
PhysicalPath	获取与请求的 URL 相对应的物理文件路径
QueryString	获取 HTTP 查询字符串变量集合。该属性值为：NameValueCollection 对象，它包含由客户端发送的查询字符串变量集合
RequestType	获取或设置客户端使用 HTTP 数据传输的方式(get 或 post)
ServerVariables	获取 Web 服务器变量的集合
TotalBytes	获取当前输入流的字节数
Url	获取有关当前请求 URL 的信息
UserHostAddress	获取远程客户端的 IP 主机地址

Request 对象主要方法见表 2-8。

表 2-8 Request 对象主要方法

方 法	说 明
MapPath(VirtualPath)	将当前请求的 URL 中的虚拟路径 VirtualPath 映射到服务器上的物理路径。参数 VirtualPath 指定当前请求的虚拟路径，可以是绝对路径或相对路径。该方法的返回值为由 VirtualPath 指定的服务器物理路径
SaveAs (Filename，includeHeaders)	将 http 请求保存到磁盘。参数 Filename 指定物理驱动器路径，includeHeaders 是一个布尔值，指定是否应将 HTTP 标头保存到磁盘

2.6.2　Request 对象的应用

1. 使用 Request.Form 属性读取窗体变量

HtmlForm 控件的 Method 属性的默认值为 post。在这种情况下，当用户提交网页时，表单数据将以 HTTP 标头的形式发送到服务器端。此时，可以使用 Request 对象的 Form 属性来读取窗体变量。如：txtUserName 和 txtPassword 的文本框控件，则可以通过以下形式来读取它们的值：

　　　　Request.Form["txtUserName"]；

　　　　Request.Form["txtPassword"]；

2. 使用 Request.QueryString 属性读取窗体变量

如果将 HtmlForm 控件的 Method 属性设置为 get，则当用户提交网页时，表单数据将附加在网址后面发送到服务器端。在这种情况下,可以使用 Request 对象的 QueryString 属性读取窗体变量:

  Request.QueryString["txtUserName"] ;

  Request.QueryString["txtPassword"];

3. 使用 Request.Params 属性读取窗体变量

不论 HtmlForm 控件的 Method 属性取什么值,都可以使用 Request 对象的 Params 属性来读取窗体变量的内容,如 Request.Params["txtPassword"]或者 Request.["txtPassword"],优先获取 GET 方式提交的数据,Request 会在 QueryString、Form、ServerVariable 中都按先后顺序搜寻一遍。Request.Params 是所有 post 和 get 传过来的值的集合,它依次包括 Request.QueryString、Request.Form、Request.cookies 和 Request.ServerVariable。

注意:当使用 Request.Params 的时候,这些集合项中最好不要有同名项。如果仅仅是需要 Form 中的一个数据,但却使用了 Request 而不是 Request.Form,那么程序将在 QueryString、ServerVariable 中也搜寻一遍。如果正好 QueryString 或者 ServerVariable 里面也有同名的项,那么得到的就不是想要的值了。

4. 通过服务器控件的属性直接读取窗体变量

除了以上 3 种方式之外,也可以通过服务器控件的属性来直接读取窗体变量,这是获取表单数据的最常用、最简单的方式。例如:txtUserName.Text。

【例 2-2】 使用 Request.Form 来获取表单信息。

用 Visual studio 2010 建立空网站,建一个 Web 窗体 Default.aspx,在其中定义一个表单,可以输入用户名和密码,代码如下所示:

```
<form id = "form1" runat = "server">
<div>
用户名:<asp:TextBox ID = "UserName" runat = "server"></asp:TextBox><br />
密  码:<asp:TextBox ID = "PassWord" runat = "server"></asp:TextBox><br />
<asp:Button ID = "Button1" runat = "server" Text = "提交" />
</div>
</form>
```

在 Default.aspx.cs 的 Page_Load 函数中用 Request.Form 来读取参数,并回写到客户端,代码如下:

```
protected void Page_Load(object sender, EventArgs e)
{
    if (Page.IsPostBack)
    {
        Response.Write("用户名:" + Request.Form["UserName"] + "<br/>");
        Response.Write("密码:" + Request.Form["PassWord"]);
    }
}
```

【例 2-3】 使用 Request.QueryString 来获取 Url 中的参数信息。

用 Visual studio 2010 建立空网站，建一个 Web 窗体 Default.aspx，在其中定义一个链接，代码如下所示：

```
<div>
<a href = "Default.aspx?id = 001">单击此链接传递参数</a>
</div>
```

在 Default.aspx.cs 的 Page_Load 函数中用 Request.QueryString 来获取 Url 中的参数。

```
protected void Page_Load(object sender, EventArgs e)
{
    string id = Request.QueryString["id"];
    Response.Write("ID = " + id);
}
```

2.7 Response 内置对象

Response 对象是 HttpResponse 类的一个实例。该类主要是封装来自 ASP.NET 操作的 HTTP 相应信息。Response 对象将数据作为请求的结果从服务器发送到客户浏览器中，并提供有关响应的消息。它可用来在页面中输出数据，在页面中跳转，还可以传递各个页面的参数。

2.7.1 Response 常用属性与方法

Response 对象常用属性见表 2-9。

表 2-9 Response 对象常用属性

属性	说明
Cookies	获取响应 Cookie 集合
Expires	获取或设置在浏览器上缓存的页过期之前的分钟数。如果用户在页过期之前返回同一页，则显示缓存的版本
ExpiresAbsolute	获取或设置将缓存信息从缓存中移除时的绝对日期和时间
Filter	获取或设置一个包装筛选器对象，该对象用于在传输之前修改 HTTP 实体主体
IsClientConnected	获取一个值，通过该值指示客户端是否仍连在服务器上
Output	启用到输出 HTTP 响应流的文本输出
OutputStream	启用到输出 HTTP 内容主体的二进制输出
RedirectLocation	获取或设置 HTTP "位置"标头的值
Status	设置或返回到客户端的 Status 栏
StatusCode	获取或设置返回给客户端的输出的 HTTP 状态代码
StatusDescription	获取或设置返回给客户端的输出的 HTTP 状态字符串
SuppressContent	获取或设置一个值，该值指示是否将 HTTP 内容发送到客户端

Response 对象常用方法见表 2-10。

表 2-10 Response 对象常用方法

方法	说明
Write()	向客户端发送字符串信息
Clear()	清除缓存
Flush()	强制输出缓存的所有数据
Redirect()	网页重定向
End()	终止当前页的运行
WriteFile()	读取一个文件，并且写入客户端输出流

2.7.2 Response 对象的应用

1. 将信息写入客户端网页

Response 对象可以将一些动态生成的信息插入到网页中，需要使用如下形式：Response.write()，其中不管表达式的结果是什么类型，最终都作为字符串插入到网页中。例如：

  Response.Write("专业名称列表：");
  Response.Write("<ul>");
  Response.Write("<li>计算机网络技术");
  Response.Write("<li>计算机信息管理");
  Response.Write("<li>软件技术与开发");
  Response.Write("<ul>");

2. Response 用于缓冲输出

ASP.NET 提供了缓冲机制，能够将要输出到客户端数据首先保存在服务器的缓存区域，当处理完整个 Response 响应之后再一次性地发给客户端，这样能够大大加快访问和处理数据的速度。Response 对象的 BufferOutPut 或 Buffer 属性，指示是否缓冲 Response 的输出，例如：

  Response.BufferOutput = True;
  Response.Buffer = True;

与缓冲输出对应的几个方法如下：

  Clear()： //清除缓存
  Flush()： //强制输出缓存的所有数据
  End()： //终止当前页的运行

3. 输出内容指定

浏览器请求一网页时，服务器会将一个 HTML 文档发送给客户端浏览器，服务器也可以使用 Response 对象的 ContentType 属性指明向浏览器发送的是其他类型的文档。指明发送给客户端浏览器的是什么类型的文档，可使用如下形式：

  Response.ContentType = 内容类型；
  内容类型的书写格式为："类型/子类型"。
  默认值："text/HTML"。

纯文本: "text/plain"。

Word 文档: "application/MSWord"。

图片: "image/GIF"。

4. 页面的重新定向

使用 Response 对象的 Redirect 方法可以把用户引导到指定的某个网页。形式如下：

Response.Redirect ("网页地址");

5. 停止向页面输出数据

Response.End();   //终止当前页的运行

6. 向浏览器输出文件

Response.WriteFile(FileName);

其中：FileName 指需向浏览器输出的文件名。作用是直接将文件中的内容嵌入到页面中。

2.8 Server 内置对象

Server 对象是 System.Web.HttpServerUtility 类的实例，提供对服务器上的方法和属性的访问以及进行 HTML 编码的功能。这些功能分别由 Server 对象相应的方法和属性完成。

2.8.1 Server 对象的常用属性与方法

Server 对象的常用属性见表 2-11。

表 2-11 Server 对象的常用属性

属性	说明
ScriptTimeout	获取和设置请求超时(以秒计)
MachineName	服务器的计算机名称

Server 对象的常用方法见表 2-12。

表 2-12 Server 对象的常用方法

方法	说明
Execute()	在当前请求的上下文中执行指定虚拟路径的处理程序
GetLastError()	返回前一个异常
HtmlDecode()	对 HTML 编码的字符串进行解码，并将解码输出发送到 System.IO.TextWriter 输出流
HtmlEncode()	对字符串进行 HTML 编码，并将编码输出发送到 System.IO.TextWriter 输出流
MapPath()	返回与 Web 服务器上的指定虚拟路径相对应的物理文件路径
Transfer()	终止当前页的执行，并为当前请求开始执行新页
UrlDecode()	对字符串解码，该字符串为了进行 HTTP 传输而进行解码并在 URL 中发送到服务器
UrlEncode()	编码字符串，以便通过 URL 从 Web 服务器到客户端进行可靠的 HTTP 传输
UrlPathEncode()	对 URL 字符串的路径部分进行 URL 编码，并返回已编码的字符串

2.8.2 Server 对象的应用

1. 执行其他 ASP.NET 网页

使用 Server 对象的 Execute 方法可以在当前页面中执行同一 Web 服务器上的另一页面，当该页面执行完毕后，控制流程将重新返回到原页面中发出 Server.Execute 方法调用的位置。被调用的页面应是一个 .aspx 网页，因此，通过 Server.Execute 方法调用可以将一个 .aspx 页面的输出结果插入到另一个 .aspx 页面中。Server.Execute 方法语法如下：

    Server.Execute (path);

2. 将流程控制转移到其他 ASP.NET 网页

使用 Server 对象的 Transfer 方法可以终止当前页的执行，并将执行流程转入同一 Web 服务器的另一个页面。被调用的页面应是一个 .aspx 页面，在页面跳转过程中，Request 等对象保存的信息不变，这意味着从页面 A 跳转到页面 B 后可以继续使用页面 A 中提交的数据。此外，由于 Server.Transfer 方法调用是在服务器端进行的，客户端浏览器并不知道服务器端已经执行了一次页面跳转，所以实现页面跳转后浏览器地址栏仍将保存页面 A 的 URL 信息，这样还可以避免不必要的网络通信，从而获得更好的性能和浏览效果。Server.Transfer 方法如下：

    Server.Transfer(path);

参数 path 指定在服务器上要执行的新页的 URL 路径，在此 URL 后面也可以附加一些查询字符串变量的名称/值对。

3. 将虚拟路径转换为物理文件路径

在 Web 窗体页中经常需要访问文件或文件夹，此时往往要求将虚拟路径转换为物理文件路径。MapPath 方法将指定的相对或虚拟路径映射到服务器上相应的物理目录上。Web 服务器中的多个 Web 应用程序一般都按照各自不同的功能存放于不同的目录中。

使用虚拟目录后，客户端仍然可以利用虚拟路径存取网页，这就是互联网用户在浏览器中常见的网页的 URL，但此时用户无法知道该网页的实际路径(实际存放位置)。但如果确实需要知道某网页文件的实际路径，则可利用 MapPath 方法。MapPath 方法的语法如下：

    Server.MapPath(Path);

注意：其中参数 Path 表示指定要映射物理目录的相对或虚拟路径。执行 MapPath 方法后，将返回与 path 相对应的物理文件路径。

4. 字符串的编码与解码

在某些情况下，可能需要在网页中显示"段落标记<p>"之类的内容，而不希望浏览器将其中的<p>解释为 HTML 语言中的段落标记。在上述场合，应当调用 Server 对象的 HtmlEncode 方法对要在浏览器中显示的字符串进行编码。

有时候，在传递参数时，是将数据附在网址后面传递，但是如果遇到一些如"#"等特殊字符的时候，就会读不到这些字符后面的参数。所以需要在传递特殊字符的时候，需先将要传递的内容先以 UrlEncode 编码，这样才可以保证所传递的值可以被顺利读到。

【例2-4】 试比较对字符串"To bold text use the <b> tag.</b>"直接输出与编码输出的不同效果。

用 Visual Studio 2010 建立空网站，新建 Web 窗体 Default.aspx，在 Default.aspx.cs 中的 Page_Load 函数写入以下代码：

```
string TestString = "To bold text use the <b> tag.</b>";
string EncodedString = Server.HtmlEncode(TestString);
Response.Write(EncodeString);
Response.Write("<hr/>");
Response.Write(TestString);
```

运行后可以看到如图 2-3 所示的效果。

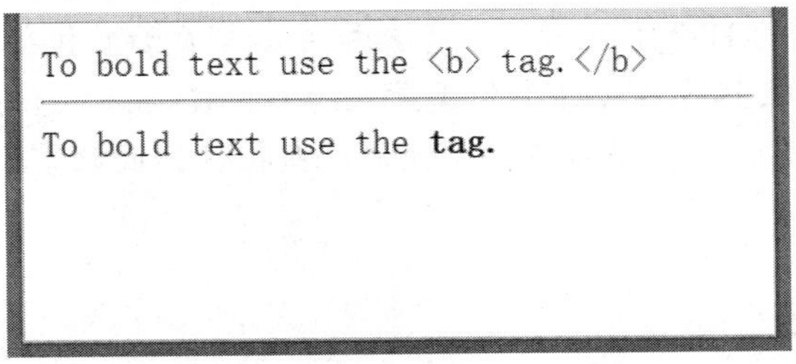

图 2-3　Server 对象用于编码效果比较界面截图

本 章 小 结

本章介绍了主要常用的 ASP.NET 内置对象。对于 Page 对象，介绍了页面生命周期，Page 对象属性与方法。对于 Application 内置对象，介绍了 Application 对象的常见属性与方法。对于 Session 内置对象，介绍了如何标识和如何存储 Session 对象，它的常用属性与方法，以及如何应用。对于 Cookie 对象，介绍了它的基本原理，存储位置，使用方法。对于 Request 和 Response 这一对内置对象，介绍了它们的常见属性与方法，以及使用方法。本章还介绍了 Server 和 ViewState 内置对象。

练 习 题

1. ASP.NET 的内置对象和控件的区别是什么？
2. Application 和 Session 共同点是什么，区别是什么？
3. 如果想把客户端信息存到客户端硬盘或内存，方便以后访问该用什么控件？
4. 编写 ASP.NET 网站，统计累计访问人数，以及同时在线人数。

第3章 ASP.NET 服务器控件

ASP.NET 4.0 服务器控件就是在服务器端解析的控件，这些控件标记有 runat = server，这些控件经处理后会生成客户端呈现代码并发送到客户端。所以本质上说，服务端控件就是 .NET 框架中的类，是在服务器端运行的。在初始化时，服务器控件会根据用户浏览器的版本生成适合浏览器的 HTML 代码。服务器控件参与页面的执行过程，并在客户端生成自己的标记呈现内容。虽然这些控件类似于常见的 HTML 元素，但是它包括了一些相对复杂的行为。在创建 ASP.NET 页面时会大量使用这些控件，因此掌握 Web 控件的相关知识非常重要。

本章学习目标：

- 掌握服务器控件的基本属性；
- 在页面中使用各种按钮服务器控件；
- 掌握列表控件的常用属性和事件；
- 熟练应用图像服务器控件。

3.1 服务器控件类

在 ASP.NET 开发中用到的控件可以分为三种：
(1) 传统 HTML 控件，比如<input type = "button"/>；
(2) HTML 服务器控件，比如<input type = "button" runat = "server"/>；
(3) ASP.NET 服务器控件，比如<asp:Button runat = "server" />。

HTML 控件在过去的页面开发中基本可以满足用户的需求，但是没有办法利用程序直接来控制它们的属性、方法和事件。而在交互性要求比较高的动态页面(需要同用户交互的页面)中需要使用 ASP.NET 4.0 提供的 Web 服务器控件，这些 Web 控件提供了丰富的功能。在熟悉了这些控件后，开发人员就可以将主要精力放在程序逻辑业务的开发上。

后面两种控件都是在服务器端运行的，它们都需要设置 id，我们可以在服务器端用 id 来自动捕获它们。本章介绍的 ASP.NET 服务器控件对应着 System.Web.UI.WebControls 类。

ASP.NET 服务器控件可分为两部分：
(1) Web 控件。这种控件用来组成与用户进行交互的页面，比如最常见的用户提交表单。这类控件包括最常用的按钮控件、文本框控件、标签控件等，还有验证用户输入的控件，以及自定义的用户控件等。使用这些控件可以组成与用户交互的接口。

(2) 数据绑定控件。在 Web 应用程序中，我们往往需要在页面中呈现一些来自于数据库、XML 文件等的数据信息。这时我们就要用到数据绑定控件来实现数据绑定和显示。这类控件包括广告控件、表格控件等，还有用于导航的菜单控件和树型控件。

3.1.1 服务器控件的基本属性

服务器控件的基类 WebControl 定义了一些可以应用于几乎所有的服务器控件的基本属性，涵盖了控件的外观、行为、布局和可访问性等方面。

1. 外观属性

ASP.NET 服务器控件的外观属性主要包括前景色、背景色、边框和字体等，这些属性一般在设计时设置，如有必要，也可以在运行时动态设置。

1) BackColor 和 ForeColor 属性

BackColor 属性：用于设置对象的背景色，其属性的设定值为颜色名称或 #RRGGBB 格式。

ForeColor 属性：用于设置对象的前景色，其属性的设定值为颜色名称或 #RRGGBB 格式。

如设置控件 Button1 的背景颜色为红色的代码是：

Button1.BackColor = Color.Red;

2) Border 属性

边框属性包括 BorderWidth、BorderColor、BorderStyle 等几个属性。其中 BorderWidth 属性可以设定 Web 控件的边框宽度，单位是像素。

如把 Label 控件的边框宽度设为 10 个像素的代码是：

<asp: Label Id = "Label1" Text = "Label1" BorderWidth = 10 Runat = "Server"/>

BorerStyle 属性用于设定对象的边框样式，见表 3-1。

表 3-1 BorderStyle 属性设定值

属性	说明
None	没有边框
Dotted	边框为虚线，点较小
Dashed	边框为虚线，点较大
Solid	边框为实线
Double	边框为实线
Ridge	在对象四周出现 3d 突起式的边框
Inset	控件呈陷入状
OutSet	控件呈突起状
Groove	在对象四周出现 3d 凹陷式边框

3) Font 属性

Font 属性设定值见表 3-2。

表 3-2　Font 属性设定值

属　性	说　明
Font-Bold	如果属性值设定为 True，则会变成粗体显示
Font-Italic	如果属性值设定为 True，则会变成斜体显示
Font-Names	设置字体的名字
Font-Size	设置字体大小，共有 9 种字体大小可供选择 Smaller，Larger，XX-Small，X-Small，Small，Medium，Large，X-Large，XX-Large
Font-Strikeout	如果属性值设定为 True，则文字中间显示一条删除线
Font-Underline	如果属性值设定为 True，则文字下面显示一条底线

2. 行为属性

服务器控件的行为属性主要包括是否可见，是否可用以及控件的提示信息。除了提示信息之外，其他的行为属性多在运行时动态设置。

1) Enabled 属性

Enabled 属性用于设置禁止控件还是使能控件。当该属性值为 False 时，控件为禁止状态。当该属性值为 True 时控件为使能状态，使能于有输入焦点的控件，用户可以对控件执行一定的操作，默认状况下，控件都是使能状态。

2) ToolTip 属性

ToolTip 属性用于设置控件的提示信息，在设置了该属性值后，当鼠标停在该控件上一小段时间后就会出现 ToolTip 属性中设置的文字，通常设置 ToolTip 属性为一些提示性文字。

3) Visible 属性

Visible 属性决定了控件是否会被显示，如果取值为 True 则将显示该控件，否则将隐藏该控件(该控件存在，只是不可见)，默认取值为 True。

3. 可访问属性

为了方便用户使用键盘访问网页，设计网页时需要支持快捷键和 Tab 键，只有这样我们设计的网页才能方便用户访问。

1) AccessKey 属性

AccessKey 属性用来为控件指定键盘的快速键，这个属性的内容为数字或是英文字母。例如设置为 "A"，则用户按下 Alt + A 组合键就会自动将焦点移动到这个控件上面。只有 IE 4.0 或者更高的版本才支持这个特性。

2) TabIndex 属性

TabIndex 属性用来设置 Tab 按钮的顺序。当用户按下 Tab 键时，输入焦点将从当前控件跳转到下一个可获得焦点的控件。合理使用 TabIndex 属性可以使用户使用程序更加容易，使程序更加人性化。如果不设置 TabIndex 属性，则默认值为 0，如果 Web 控件的 TabIndex 属性值一样，就会以 Web 控件在 ASP.NET 网页中被配置的顺序来决定。

4. 布局属性

服务器控件提供了 Width 和 Hight 属性来控制控件显示的大小，可以使用一个数值加一个度量单位设置这些属性，这些度量单位包括像素(pixels)、百分比等。在设置这些属性时，必须添加单位符号 px(像素)或%(百分比)，以指明使用的单位。例如：

<asp:Button ID = "Button1" runat = "server" Width = "200px" Height = "50px"></asp:Button>

设置了 Button1 的控件宽度为 200 像素，高度为 50 像素。

3.1.2 服务器控件的事件

在 ASP.NET 页面中，用户与服务器的交互是通过 Web 控件的事件来完成的。比如，当单击一个按钮控件时，就会触发该按钮的单击事件，如果程序员在该按钮的单击事件处理函数中编写相应的代码，服务器就会按这些代码来对用户的单击行为做出响应。

1. 服务器控件的事件模型

Web 控件事件的工作方式与传统的 HTML 标记的客户端事件的工作方式有所不同，这是因为 HTML 标记的客户端事件是在客户端引发和处理的，而 ASP.NET 页面中的 Web 控件的事件是在客户端引发的，在服务器端处理的。

Web 控件的事件模型是：客户端捕捉到事件信息后，通过 HTTP POST 将事件信息传输到服务器，而且页框架必须解释该 POST 以确定所发生的事件，然后在要处理该事件的服务器上调用代码中的相应方法。

基于以上的事件模型，Web 控件事件可能会影响到页面的性能，因此 Web 控件仅仅提供有限的一组事件，见表 3-3。

表 3-3 服务器控件事件

事 件	支持的控件	功 能
Click	Button，ImageButton	单击事件
TextChanged	TextBox	输入焦点变化
SelectedIndexChanged	DropDownList，ListBox，CheckBoxList，RadioButtonList	选择项变化

Web 控件通常不再支持经常发生的事件，如 OnMouseOver 事件等，因为这些事件如果在服务器端处理的话，就会浪费大量的资源。但 Web 控件仍然可以为这些事件调用客户端处理程序。此外，控件和网页本身在每个处理步骤都会引发生命周期事件，如 Init、Load 和 PreRender 事件，在应用程序中可以利用这些生命周期事件。

所有的 Web 事件处理函数都包括两个参数：第一个参数表示引发事件的对象，第二个参数表示包含该事件对象的特定信息，通常是 EventArgs 类型，或者 EventArgs 类型的继承类型。如按钮的单击事件处理函数代码如下：

public void Button1_Click(Object Sender, EventArgs e){}

2. 服务器控件事件的绑定

在处理 Web 控件时，需要把事件绑定到事件处理程序，事件绑定处理程序的方法有：

(1) 在 ASP.NET 页面中，在声明控件时指定该控件的事件对应的事件处理程序。例如把一个 Button 控件的 Click 事件绑定到名为 ButtonClick 的方法，其代码是：

<asp:button id = "Button1" runat = "server" text = "按钮" onclick = "ButtonClick"/>

(2) 如果控件是动态创建的，则需要使用代码动态地绑定事件到方法，例如：

Button btn = new Button;

btn.Click += new System.EventHandler(ButtonClick);

以上代码声明了一个按钮控件，并把名为 ButtonClick 的方法绑定到该控件的 Click 事件上。

3.2 常用 Web 标准服务器控件

Web 服务器控件属于 System.Web.UI.WebControls 命名空间，它们不必像 HTML 控件一样必须一一对应一个 HTML 标签，它们可代表更复杂的元素。Web 服务器控件比 HTML 服务器控件能实现更多的功能。

按照功能分，Web 服务器控件可分为 Web 标准服务器控件、数据控件、验证控件、导航控件、登录控件、Web 部件控件、ASP.NET Ajax 控件和用户控件等。

3.2.1 Label 标签控件

Label 控件在 Web 页上的固定位置显示文本，该控件对应于 HTML<span>元素。允许用户以编程的方式操作文本，例如，用户可以通过 text 属性来自定义显示的文本。 Label 控件没有任何方法和事件。

1．Label 控件语法

Label 控件的语法如下：

    <asp:Label ID = "控件名" runat = "server" Text = "名称"></asp:Label>

2．Label 控件常用属性

Label 控件常用属性为 text，用于在控件上显示文本，属性值类型为"string"，可以和内容一起嵌入 HTML 标记，从而进一步格式化文本。如果要显示静态文本，可使用 HTML 元素，不需要 Label 控件。这样可以提高网页打开的速度，只有当需要在服务器端更改文本内容或其他特性时，才使用 Label 控件。Label 控件的文本可以在设计或者运行时设置，也可以将其 Text 属性绑定到数据源，可以在网页上显示数据库信息。

3.2.2 TextBox 控件

Textbox 控件在 Web 页上显示文本框，可以通过设置 TextMode 属性来确定其是哪种类型。如果 TextMode 属性设置为 SingleLine，显示一个单行文本框，如果 TextMode 设置为 MultiLine 则显示多行文本框，如果 TextMode 属性设置为 Password，则显示为屏蔽用户输入显示的文本框，默认值为 singleLine。

1．TextBox 控件语法

    <asp:TextBox ID = "控件 ID" Text = "显示名称" runat = "server" TextMode = "SingleLine" AutoPostBack = "True" Colomns = "5" MaxLength = "最大字符数" Wrap = "True" OnTextChanged = "事件名"></asp:TextBox>

2．TextBox 控件常见属性

TextBox 控件常见属性见表 3-4。

表 3-4 TextBox 控件常见属性

属 性	说 明
AutoPostBack	该属性得到或设置一个值，表示用户改变 TextBox 控件的文本时，是否发生自动回传服务器的事件，属性值为 True 或 False，默认值是 False
Columns	该属性得到或设置文本框的宽度，类型是 int，以字符为单位
MaxLength	该属性得到或设置允许输入的最大字符数，类型为 int
ReadOnly	该属性锁定文本框，锁定后，用户无法输入任何内容，属性值为 True 或 False
TextMode	该属性得到或设置文本框的类型，可以从文本模式枚举中指定一个值，取值为"SingleLine|MultiLine|Password"，默认值为 SingleLine
Wrap	该属性得到或设置一个值，属性值为 True|False，设为 True 时，文本将在边框处自动换行，只有 TextMode 属性设为 MultiLine 时，该属性才起作用

3．TextBox 控件常用事件和方法

TextBox 控件的常用事件是 TextChanged 事件，改变 TextBox 控件的内容文本时，将生成 TextChanged 事件。

TextBox 控件的常用方法是 Focus()方法。TextBox 控件派生于 WebControl 基类，此基类中含有 Focus 方法，该方法可以将用户的光标动态放置在某个指定的窗体元素上。

【例 3-1】 TextBox 控件的 TextChanged 事件和 Focus()方法应用举例。

创建一个 WebSiteTextBox 网站，在其中创建一个 TextBoxExample.aspx 网页，在其设计视图中放入一个 TextBox 控件，并使网页运行时，光标自动移到 TextBox 控件上，使 TextBox 控件内容随着用户的输入值而改变，并给出"TextBox1 控件中的内容已改变"的提示信息。

程序设计步骤如下：

(1) 建立网站。打开 Visual Studio 2010，创建空网站。

(2) 建立"TextBoxExample.aspx"网页。

(3) 在 TextBoxExample.aspx 中添加 TextBox 控件。单击 TextBoxExample.aspx 的设计进入设计视图，从工具箱中拖动 TextBox 控件到 TextBoxExample.aspx 页面中。

(4) 在 TextBoxExample.aspx.cs 中添加如下代码：

```csharp
using System;
using System.Collections.Generic;
using System.Linq;
using System.Web;
using System.Web.UI;
using System.Web.UI.WebControls;
public partial class TextBoxExample:System.Web.UI.Page
{
    protected void Page_Load(object sender, EventArgs e)
    {
        TextBox1.Focus();
```

```
            this.TextBox1.TextChanged += new System.EventHandler(this.TextBox1_TextChanged
        );
    }
        protected void TextBox1_TextChanged(object sender, eventArgs e)
        {
            Response.Write("<script>alert('TextBox1 控件中的内容已改变')</script>");
        }
    }
```

(5) 运行网页，在 TextBox 控件中输入文字，如"李四"，按 Enter 键，则弹出"TextBox1 控件中的内容已改变"的对话框。

3.2.3 ImageMap 控件

ImageMap 控件可以创建一个图形，使其包含许多可由用户单击的区域，这些区域称为"作用点"。每一个作用点，都可以是一个单独的超链接或回发事件。在外观上 ImageMap 控件与 Image 控件相同，但功能上与 Button 控件相同。

ImageMap 控件主要由两部分组成。第一个是图像，它可以是任何标准 Web 图形格式的图形，如 gif、jpg 或 png 文件。第二个元素是一个 HotSpot(作用点)的集合。

可以为图像定义任意数量的作用点，但不需要定义足以覆盖整个图形的作用点。对于每个作用点控件，不但需要定义其形状(圆形，矩形或多边形)，而且需要定义用于指定作用点位置和大小的坐标。例如，如果创建了一个圆形的作用点，则应定义圆心的 x, y 坐标以及圆的半径。

1. ImageMap 控件语法

ImageMap 控件语法格式如下：

```
<asp:ImageMap ID = "控件名称" ImageUrl = "图像的位置" Width = "宽度" Height = "高度" AlternateText = "找不到 ImageUrl 图片时替换文字" OnClick = "Click 事件名称" HotSpotMode = "NotSet|Navigate|PostBack|Inactive" runat = "server">作用点</asp:ImageMap>
```

说明：ImageMap 控件提供了以下三种类型的作用点：

1) 圆形区域作用点

由 circleHotSpot 定义，语法格式如下：

```
<asp:CircleHotSpot HotSpotMode = "NotSet|Navigate|PostBack|Inactive" X = "30" Y = "100" Radius = "20" NavigateUrl = "http://www.microsoft.com" AlternateText = "Info"/>
```

该语法格式中，Radius 属性定义半径，X, Y 属性定义圆心坐标。

2) 矩形区域作用点

由 RactangleHotSpot 定义，语法格式如下：

```
<asp:RectangleHotSpot Top = "0" Left = "0" Buttom = "100" Right = "100" PostBackValue = "Yes" AlternateText = "Info"></asp:RectangleHotSpot>
```

该语法格式中，Left 和 Top 属性定义矩形的左上角坐标，Right 和 Buttom 属性定义矩形的右下角坐标。

3) 多边形区域作用点

由 PolygonHotSpot 定义，语法格式如下：

    <asp:PolygonHotSpot AlternateText = "Info" Coordinates = "0, 0, 150, 10, 110, 170, 200, 300, 0, 300" PostBackValue = "Yes"></asp:PolygonHotSpot>

该语法格式中，Coordinates 属性用于定义多边形各点的坐标。

ImageMap 控件提供一个 HotSpots 属性，利用此属性可以获取 ImageMap 控件的所有作用点。

2. ImageMap 控件的常用属性

ImageMap 控件的常用属性见表 3-5，其中 HotSpotMode 属性的枚举值见表 3-6。

表 3-5　ImageMap 控件常用属性

属　性	说　　明
ImageUrl	获取或设置在 ImageMap 控件中显示图像的位置
ImageAlign	获取或设置 ImageMap 控件相对于网页上其他元素的对齐方式
HotSpotMode	获取或设置单击 HotSpot 对象时 ImageMap 控件的 HotSpot 对象的默认行为。其属性枚举值为"NotSet|Navigate|PostBack|Inactive"
HotSpots	该属性对应 System.Web.UI.WebControls.HotSpot 对象集合，获取 HotSpot 对象的集合。HotSpot 类是一个抽象类，有 CircleHotSpot(圆形作用点区域)，RectangleHotSpot(方形作用点区域)，PolygonHotSpot(多边形作用点区域)3 个子类，利用这三个类型可以定制图片的作用点的形状

表 3-6　HotSpotMode 属性的枚举值

枚举值	说　　明
NotSet	表示未设置，是默认值。但默认情况下会执行定向操作，定向到指定的 url 地址，如果未指定 URL 地址，将定向到 Web 应用程序根目录
Navigate	表示跳转，单击作用点，跳转到指定的 url 地址，如果未指定 url 地址，默认将定向到 Web 应用程序根目录
PostBack	表示回发，单击作用点，触发 ImageMap 控件的 click 事件，因为所有作用点共用一个 Click 事件，所以需要设置作用点的 PostBackValue 属性，为作用点指定名称，从而来区分是哪个作用点引发了 Click 事件
Inactive	表示无操作。图形没有作用点功能，只显示一幅普通图像

3. ImageMap 控件的常用事件

Click 事件是对作用点的单击操作，通常在 HotSpotMode 为 Post 时用到。

【例 3-2】 利用 ImageMap 控件，通过添加作用点，制作一个当鼠标指针移动到作用点时，显示相应的象限划分的网页。步骤如下：

(1) 建立网站 Demo-3-1。

(2) 建立文件夹"Shared"及其目录下的"Images"目录。

(3) 将"坐标图.jpg"放置在"Images"文件夹中。

(4) 建立 Web 窗体"Default.aspx"。

(5) 在 Default.aspx 窗体中添加 ImageMap 控件。

(6) 设置 ImageMap 控件的 ImageUrl 属性为 "坐标图.jpg"。

(7) 设置 ImageMap 控件 Height 和 Width 属性分别为 300。

(8) 设置 ImageMap 的 HotSpots 属性，在集合编辑器中添加 4 个 RectangleHotSpot，分别填入四个矩形区域的名称 AlternateText，及回发值 PostBackValue，HotSpotMode 为 PostBack，以及坐标区域，HotSpots 属性的设置如图 3-1 所示。

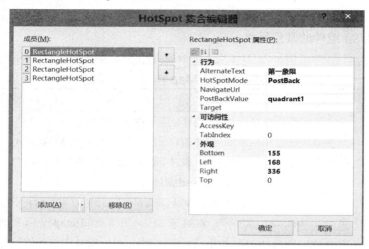

图 3-1　为 ImageMap 控件添加 HotSpot

设置完后 Default.aspx 的 ImageMap 控件代码如下：

//Default.aspx

```
<asp:ImageMap ID = "ImageMap1" runat = "server" Height = "300px" ImageUrl = "~/Shared/Images/坐标图.jpg" onclick = "ImageMap1_Click" Width = "300px">
    <asp:RectangleHotSpot AlternateText = "第一象限" HotSpotMode = "PostBack" Left = "150" Top = "0" Right = "300" Bottom = "150" PostBackValue = "quadrant1" />
    <asp:RectangleHotSpot AlternateText = "第二象限" HotSpotMode = "PostBack" Left = "0" Top = "0" Right = "150" Bottom = "150" PostBackValue = "quadrant2" />
    <asp:RectangleHotSpot AlternateText = "第三象限" HotSpotMode = "PostBack" Left = "0" Top = "150" Right = "150" Bottom = "300" PostBackValue = "quadrant3" />
    <asp:RectangleHotSpot AlternateText = "第四象限" HotSpotMode = "PostBack" Left = "150" Top = "150" Right = "300" Bottom = "300" PostBackValue = "quadrant4" />
</asp:ImageMap>
```

(9) 因为设置了不同区域的 PostBackValue 值，所以可以在 ImageMap 的 Click 事件函数中根据 ImageMapArgs 的 PostBackValue 回调参数值来判断是哪个区域被点中。如代码清单 Default.aspx.cs 所示。

//Default.aspx.cs

```
protected void ImageMap1_Click(object sender, ImageMapEventArgs e)
{
```

```
            string region = "";
            switch (e.PostBackValue)
            {
                case "quadrant1":
                    region = "第 1 限";
                    break;
                case "quadrant2":
                    region = "第 2 象限";
                    break;
                case "quadrant3":
                    region = "第 3 象限";
                    break;
                case "quadrant4":
                    region = "第 4 象";
                    break;
            };
            Response.Write(region);
        }
```

(10) 运行网页，把鼠标放在二个象限上停留，会显示由 AlternatText 指示的第二象限，点击该区域，触发 OnClick 事件，在事件处理函数中由回调参数可知是第二象限被点击。运行结果所图 3-2 所示。

图 3-2 ImageMap 运行结果

3.2.4 Button、LinkButton 和 ImageButton 控件

1．Button 控件

1）Button 控件语法

使用 Button(按钮)控件可以为用户提供向服务器发送网页的能力，该控件提供 Web 页上的可单击按钮，此按钮对应于 HTML 控件中的<input type = "submit">，Button 控件可以将窗体提交给服务器，在服务器代码中触发一个事件，可以处理此事件来响应回发。语法如下：

```
<asp: Button ID = "控件名称" Text = "按钮上的文字" CommandName = "与此按钮关联的命令" runat = "server" CommandArgument = "此按钮管理的命令参数" Onclick = "事件名称" OnCommand = "事件名称"/>
```

用户可以在网页上创建 Submit(提交)或 Command(命令)按钮。默认情况下按钮是 Submit，通过设置 CommandName 属性可以创建 Command 按钮。

2) Submit 按钮和 Command 按钮比较

Submit 按钮可以为 Click 事件提供事件处理程序，以编程的方式控制单击提交按钮时完成的动作。具有命令名称的按钮称为 Command 按钮。通过指定 CommandName 属性可以创建 Command 按钮，CommandName 属性用于以编程的方式确定单击的按钮，还可以在 CommandArgument 属性中为按钮提供命令参数。另外，还可以为 Command 事件指定事件处理程序，以编程的方式控制单击 Command 按钮时完成的动作。

可以在一个网页使用多个 Command 按钮，但一个网页上只能存在一个 Submit 按钮。

3) Button 控件常用属性

Button 控件常用属性见表 3-7。

表 3-7 Button 控件常用属性

属 性	说 明
CauseValidation	该属性获取或设置在单击 Button 控件时是否执行验证。默认值是 True，表示单击按钮时将完成所提供数据的验证。如果验证控件不验证按钮控件，则应该把该属性设置为 False
CommandArgument	获取或设置命令参数，当发生 Command 事件时，该属性将会与 CommandName 属性值一起发送到服务器作为事件处理的参数
CommandName	该属性获取或设置传递给 Command 事件的 Button 控件相关联的命令名称。当发生 Command 事件时，该属性将会与 CommandArgument 属性一起发送到服务器作为事件处理的参数
Text	该属性得到或设置按钮的标题文本

4) Button 控件常用事件

Button 控件的常用事件见表 3-8。

表 3-8 Button 控件常用事件

事 件	说 明
Click	单击 Button 按钮触发 Click 事件，此时不能指定 CommandName 和 CommandArgument 属性
Command	单击 Command 按钮生成 Command 事件，此时必须指定 CommandName 和 CommandArgument 属性

Command 事件和 Click 事件的相同之处是，都由单击 Button 控件触发。不同之处是，要激发 Command 事件，需要设置 CommandArgument、CommandName 属性值。可以对多个 Button 控件同时指定一个 Command 事件，通过 CommandName 的不同值来触发不同的操作；但 Click 事件，每一个控件只有一个方法，而且不能同用一个 Click 事件。

2．LinkButton 控件

LinkButton(超链接按钮)控件具有 Hyperlink 控件(Hyperlink 控件在 Web 页上显示链接，实现到另一页面的链接)的外观，但动作方式类似于 Button 控件。 LinkButton 控件允许在 Web 页上创建 Submit 链接按钮或 Command 链接按钮。默认情况下如果不指定 CommandName 和 CommandArgument 属性，则链接按钮是 Submit。同样，具有命令名称的按钮是 Command 链接按钮。

LinkButton 控件语法如下：

<asp: LinkButton ID = "控件名称" Text = "按钮上的文字" CommandName = "与此按钮关联的命令" CommandArgument = "此按钮管理的命令参数" Onclick = "事件名称" OnCommand = "事件名称" runat = "server" />

LinkButton 控件的常用属性、事件与 Button 控件类似，这里不再详述。

3．ImageButton 控件

ImageButton(图像按钮)控件与 Image 控件几乎一样，唯一的区别是当用户单击此控件时，将生成事件。该控件对应于 HTML 控件<input type = "image">。语法如下：

<asp: ImageButton ID = "控件名称" AlternateText = "在图像无法显示时显示的备用文本" ImageAlign = "图像的对齐方式" ImageUrl = "要显示图像的 URL" runat = "server"/>

ImageButton 控件的常用属性、事件与 Button 控件类似，这里不再详述。

3.2.5　CheckBox 控件和 CheckBoxList 控件

1．CheckBox 控件

CheckBox(复选框)控件将在 Web 页上显示复选框，让用户为给定值选择 True 或 False，对应于 HTML 控件的<input type = "checkbox">元素。

1) CheckBox 控件的语法

<asp: CheckBox ID = "控件名称" AutoPostBack = "True | False" Text = "复选框显示的文本" TextAlign = "Right" Checked = "True | False" OnCheckedChanged = "当复选框状态改变时触发的事件名称" runat = "server"/>

2) CheckBox 控件常用属性

CheckBox 控件常用属性见表 3-9。

表 3-9　CheckBox 控件常用属性

属　　性	说　　明
AutoPostBack	该属性获取或设置一个值，确定是否自动把 CheckBox 控件的状态递送服务器，默认值为 False。当递送服务器的复选框的状态发生改变时，会将其自动设置为 True
Text	该属性获取或设置与 CheckBox 控件相关联的文本标签，默认值为空字符串
TextAlign	该属性获取或设置与 CheckBox 控件相关联的文本标签的对齐方式,有效值为 Right 和 Left
Checked	该属性反映了复选框的当前状态，表示复选框是否被选中。默认值为 False，即默认情况为未选中复选框。若该属性设置为 True，则该复选框初始出现时为选中状态

3) CheckBox 控件常用事件

CheckBox 控件常用事件见表 3-10。

表 3-10　CheckBox 控件常用事件

事件	说明
CheckedChanged	当 CheckBox 控件的 Checked 属性更改时，发生 CheckedChanged 事件。但当 AutoPostBack 属性为 False 时，CheckedChanged 事件将被延迟，直到下一个递送

2．CheckBoxList 控件

CheckBoxList(复选框列表)控件与 CheckBox 控件类似，用它可以创建用户选择的多个选项，并可以通过使用数据绑定技术动态生成。此控件将创建 HTML<table>，也可以创建一个简单列表，复选框可以在任何组合中选中或未选中。使用 CheckBoxList 控件比使用多个 CheckBox 控件更方便，并且有更多的数据绑定选项。

1) CheckBoxList 控件语法

　　<asp:CheckBoxList ID = "控件名称" AutoPostBack = "True|False" CellPadding = "像素" DataSource = "数据源名称" DataTextField = "给列表项提供文本的字段名称" DataValueField = "给列表项提供值的字段名称" RepeatColumns = "整数" RepeatDirection = "Vertical ｜ Horizontal" RepeatLayout = "Flow|Table" TextAlign = "Right|Left" SelectedIndex = "索引值" OnSelectedIndexChanged = "改变选择时触发的事件名称" runat = "server">

　　<asp: ListItem Value = "选项值" Selected = "True|False">选项文字</asp: ListItem>

　　<asp: ListItem Value = "选项值" Selected = "True|False">选项文字</asp: ListItem>

　　</asp:CheckBoxList >

2) CheckBoxList 控件常用属性

CheckBoxList 控件常用属性见表 3-11。

表 3-11　CheckBoxList 控件常用属性

属性	说明
AutoPostBack	用于设置当单击 CheckBoxList 控件时，是否自动回送到服务器，该属性默认值是 False。如果是 True 表示回送，False(默认)表示不回送
CellPadding	ASP.NET 在一个不可见表格的分离单元格中创建每个复选框，CellPadding 属性得到或设置每个单元格的边框和它的内容之间的宽度。单位为像素，默认值是-1，即为没有设置
DataSource	该属性用于指定填充列表控件的数据源
DataTextField	该属性指定 DataSource 中一个字段，该字段的值对应于列表项的 Text 属性
DataValueField	该属性指定 DataSource 中一个字段，字段的值对应于列表项的 Value 属性
RepeatColumns	该属性获取或设置 CheckBoxList 控件显示选项占用几列。默认值为 0，即没有设置
RepeatDirection	该属性获取或设置一个值，表示 CheckBoxList 控件要垂直或水平显示的单元布局，它定义如何填充复选框窗格，值可以是 Vertical 或 Horizontal，默认值是 Vertical。Vertical 时，列表项以列优先排列的形式显示；Horizontal 时，列项以行优先排列的形式显示

续表

属 性	说 明
RepeatLayout	该属性获取或设置 CheckBoxList 控件中复选框的排列方式。它可以是 Flow 或 Table，默认值是 Table。当采用 Table 时，以表结构显示，属性值为 Flow 时，不以表结构显示
TextAlign	该属性获取或设置复选框的对齐方式，可以是 Right 或 Left，默认值是 Right。值为 Right，指定相关复选框的文本与控件的右侧对齐，值为 Left，指定相关复选框的文本与控件的左侧对齐
SelectedIndex	用于获取或设置列表中选定项的最低序号索引值。如果列表控件中只有一个选项被选中，则该属性表示当前选定项的索引值

3) CheckBoxList 控件常用事件和方法

CheckBoxList 控件常用事件为 SelectedIndexChanged 事件。常用的方法是 Add 方法、Remove 方法、Insert 方法和 Clear 方法。

当用户选择列表中的任意复选框时，CheckBoxList 控件都将引发 SelectedIndexChanged 事件，此事件并不导致向服务器发送窗体，但可以通过将 AutoPostBack 属性设置为真来指定此选项。

Add 方法：使用 Add 方法可以实现向 CheckBoxList 控件添加选项；Remove 方法：使用 Remove 方法，可以从 CheckBoxList 控件中删除指定的选项；Insert 方法：使用 Insert 方法，可将一个新的选项插入到 CheckBoxList 控件中；Clear 方法：使用 Clear 方法可以清空 CheckBoxList 控件中的选项。

3.2.6　RadioButton 和 RadioButtonList 控件

1. RadioButton 控件

RadioButton 控件表示一个单选按钮，此按钮和其他单选按钮一起，允许用户从一组互斥的选择中选择一个。

1) RadioButton 控件语法

<asp:RadioButton ID = "控件名称" Checked = "True | False" Text = "关联文字" GroupName = "所属组的名称" AutoPostBack = "True|False" OnCheckedChanged = "单击触发的事件名称" runat = "server" />

2) RadioButton 控件常用属性

RadioButton 控件常用属性见表 3-12。

表 3-12　RadioButton 控件常用属性

属 性	说 明
Checked	指示或设置当前按钮的当前状态。当选中时，标记为 True
Text	在单选按钮旁边显示的标签
GroupName	标识单选按钮组，一组中只能有一个按钮被选
DataTextField	该属性指定 DataSource 中一个字段，该字段的值对应于列表项的 Text 属性
DataValueField	该属性指定 DataSource 中一个字段，字段的值对应于列表项的 Value 属性
RepeatColumns	该属性获取或设置 RadioButton 控件显示选项占用几列。默认值为 0，即没有设置

3) RadioButton 控件常用事件

RadioButton 控件通常只使用一个事件,但还可以订阅许多其他事件。这里只介绍两个事件:CheckChanged 事件和 Click 事件,见表 3-13。

表 3-13 RadioButton 控件常用事件

事件	说明
CheckChanged	此事件在 RadioButton 控件状态发生改变时(如当用户在同一组不同选项上单击时)被激发。如果 AutoPostBack 属性是 False,这个事件将被延迟,直到下一个传回
Click	每次单击 RadioButton,都会引发该事件。与 CheckChanged 相比,连续单击 RadioButton 两次或多次只改变 Checked 属性一次,并且只改变以前未选中控件的 Checked 属性,故不是每次单击 RadioButton 时,都引发 CheckChanged 事件。另外,当被单击按钮的 AutoCheck 属性是 False,则该按钮不会被选中,只引发 Click 事件

2. RadioButtonList 控件

RadioButtonList 控件是一个组合在一个列表中的多个单选按钮的列表,这些单选按钮自动包含在一个组中,一次只能选中一个。此控件创建 HTML<table>或简单列表,在表结构或简单列表内实现单选按钮。RadioButtonList 控件与 CheckBoxList 控件属性相同,区别仅为 RadioButtonList 控件只允许选择一项,而 CheckBoxList 控件允许选择一项或多项,由 SelectionMode 属性确定。

1) RadioButtonList 控件语法

    <asp: RadioButtonList ID = "控件名称" AutoPostBack = "True|False" CellPadding = "像素值" CellSpacing = "像素值" DataSource = "数据源名称" DataTextField = "给列表项提供文本的字段名称" DataValueField = "给列表项提供值的字段名称" RepeatColumns = "整数" RepeatDirection = "Vertical | Horizontal" RepeatLayout = "Flow | Table" TextAlign = "Right|Left" SelectedIndex = "索引值" OnSelectedIndexChanged = "改变选择时触发的事件名称" runat = "server">

    <asp:ListItem Value = "选项值 0" Selected = "True|False">选项文字 0</asp:ListItem>

    <asp:ListItem Value = "选项值 1" Selected = "True|False">选项文字 1</asp:ListItem>

    </asp:RadioButtonList>

2) RadioButtonList 控件常用属性

RadioButtonList 控件常用属性可参照 CheckBoxList 控件常用属性。

3) RadioButtonList 控件常用事件

RadioButtonList 控件常用事件可参照 CheckBoxList 控件常用事件。

3.2.7 DropDownList、ListBox 和 BulletedList 控件

1. DropDownList 控件

DropDownList(下拉框)控件表示一个下拉单选列表。它是单选控件,而 CheckBoxList 控件是多选控件。DropDownList 控件是从 ListControl 基类继承来的,因此,可以使用 DataSource、DataTextField 和 DataValueField 属性进行数据绑定。

1) DropDownList 控件语法

    <asp:DropDownList ID = "控件名称" DataSource = "数据源名称" DataTextField = "给列表项提供

文本的字段名称" DataValueField = "给列表项提供值的字段名称" AutoPostBack = "True|False" OnSelectedIndexChanged = "改变选择时触发的事件名称" runat = "server ">

    <asp:ListItem Value = "选项值 1" Selected = "True|False">选项 l</asp:ListItem>

    <asp:ListItem Value = "选项值 2" Selected = "True|False">选项 2</asp:ListItem>

    </asp:DropDownList >

2) DropDownList 控件常用属性

DropDownList 控件常用属性见表 3-14。

表 3-14 DropDownList 控件常用属性

属 性	说 明
SelectedIndex	该属性获取或设置一个数,指定 DropDownList 控件的当前所选项。默认值是 0,表示选择的是 DropDownList 控件中的第一项

需要注意,从 WebControl 类继承的某些属性不适用于 DropDownList 控件,如 BorderColor、BorderStyle、BorderWidth 和 ToolTip。

2. ListBox 控件

ListBox(列表框)控件显示一个项目列表。ListBox 控件本质上是 CheckBoxList 和 DropDownList 控件的结合。ListBox 控件允许单个或多个选择,允许以编程的方式完成数据绑定。

1) ListBox 控件语法

    <asp:ListBox ID = "控件名称" SelectionMode = "Single|Multiple" Rows = "整数" AutoPostBack = "True | False" DataSource = "数据源名称" DataTextField = "给列表项提供文本的字段名称" DataValueField ="给列表项提供值的字段名称" OnSelectedIndexChanged = "改变选择时触发的事件名称" runat = "server">

    <asp:ListItem Value = "选项值 1" Selected = "True|False">选项 l</asp:ListItem>

    <asp:ListItem Value = "选项值 2" Selected = "True|False">选项 2</asp:ListItem>

    </asp:ListBox>

2) ListBox 控件常用属性

ListBox 控件常用属性见表 3-15。

表 3-15 ListBox 控件常用属性

属 性	说 明
Rows	此属性获取或设置可以在 ListBox 控件中显示的行数(1~2000)。默认值是 4
SelectionMode	该属性确定 ListBox 控件的选择模式,可能是 Single 或 Multiple。默认值是 Single。其中,Single 指定一次仅可选择一项;Multiple 指定通过使用 Ctrl 键,用户可以选择多项

3. BulletedList 控件

BulletedList 控件是一个能在网页上创建一个无序或有序(编号)的项列表的控件,分别呈现为 HTML 的<ul>和<ol>标记。 BulletedList 控件中的每个项目都由 ListItem 元素来定义。此控件可以指定项、项目符号或编号的外观,可以静态定义列表项或通过将控件绑定到数据源来定义列表项,也可以在用户单击项时作出响应。

1) BulletedList 控件语法

<asp:BulletedList ID = "控件名称" BulletStyle = "NotSet｜Numbered｜LowerAlpha｜UpperAlpha｜LowerRoman｜UpperRoman｜Disc｜Circle｜Square｜CustomImage" DisplayMode = "Text｜HyperLink｜LinkButton" runat = "server">

<asp:ListItem Enabled = "True｜False" Selected = "True｜False" Text = "该项的显示文本" Value = "该项的值"/>

</asp:BulletedList>

2) BulletedList 控件常用属性

BulletedList 控件常用属性见表 3-16。

表 3-16　BulletedList 控件常用属性

属　性	说　　明
BulletImageUrl	设置定制的列表项目图形符号的 URL。其值类型为"url"，在"BulletStyle"为"CustomImage"时使用
BulletStyle	设置项目符号列表样式值
DisplayMode	设置被显示的列表的类型
FirstBulletNumber	设置在有序列表中列表项目的起始数字，属性值类型为"int"
Target	设置在何处打开目标 URL。属性值可为"string｜_blank｜_parent｜_search｜_self｜_top"
Items	列表中项的集合，对应 System.Web.UI.WebControls.ListItem 对象集合

BulletStyle 属性项目符号编号样式值，对应 System.Web.UI.WebControls.BulletStyle 枚举类型值。共有以下 10 种选择项：

(1) Circle：表示项目符号编号样式设置为空圆圈"○"。

(2) CustomImage：表示项目符号编号样式设置为自定义图片，其图片由 BulletImageUrl 属性指定。

(3) Disc：表示项目符号编号样式设置为实圆圈"●"。

(4) LowerAlpha：表示项目符号编号样式设置为小写字母格式，如 a、b、c、d 等。

(5) LowerRoman：表示项目符号编号样式设置为小写罗马数字格式，如 i、ii、iii、iv 等。

(6) NotSet：表示不设置项目符号编号样式。此时将以 Disc 样式为默认样式显示。

(7) Numbered：表示设置项目符号编号样式为数字格式，如 1、2、3、4 等。

(8) Square：表示设置项目符号编号样式为实体黑方块"■"。

(9) UpperAlpha：表示设置项目符号编号样式为大写字母格式，如 A、B、C、D 等。

(10) UpperRoman：表示设置项目符号编号样式为大写罗马数字格式，如 I、II、III、IV 等。

DisplayMode 属性设置被显示的列表的类型，对应 System.Web.UI.WebControls.BulletedListDisplayMode。其共有以下 3 种选择项：

(1) Text：表示以纯文本形式来表现项目列表。

(2) HyperLink：表示以超链接形式来表现项目列表。链接文字为某个具体项 ListItem 的 Text 属性，链接目标为 ListItem 的 Value 属性。

(3) LinkButton：表示以服务器控件 LinkButton 形式来表现项目列表。此时每个 ListItem 项都将表现为 LinkButton，同时以 Click 事件回发到服务器端进行相应操作。

Items 属性对应 System.Web.UI.WebControls.ListItem 对象集合。项目符号编号列表中的每一个项均对应一个 ListItem 对象。ListItem 对象有 4 个主要属性：

(1) Enabled：该项是否处于激活状态。默认为 True。
(2) Selected：该项是否处于选定状态。默认为 True。
(3) Text：该项的显示文本。
(4) Value：该项的值。

3) BulletedList 控件常用事件

Click 事件：当 BulletedList 控件的 DisplayMode 处于 LinkButton 模式下，并且 BulletedList 控件中的某项被点击时触发此事件。触发时将被点击项在所有项目列表中的索引号(从 0 开始)作为传回参数传回服务器端。

3.2.8 Literal 和 Panel 控件

这两种控件都可作为容器控件，但二者的使用场合不同。

1. Literal 控件

Literal 控件可以作为页面上其他内容的容器，常用于向页面中动态添加内容，可以在网页上保留要显示文字的位置。如果要向网页添加静态文本，可以直接将标记添加到页面中，不需要容器。如果需要向网页添加动态文本，则必须将内容添加到容器中，较常用的容器有 Label 控件、Literal 控件、Panel 控件和 PlaceHolder 控件。

1) Literal 控件语法

格式一：

    <asp:Literal ID = "控件名称" Text = "Literal 控件的文本内容" runat = "server">

格式二：

    <asp:Literal ID = "控件名称" runat = "server">Literal 控件的文本内容</asp:Literal>

2) Literal 控件常用属性

Literal 控件常用属性见表 3-17。

表 3-17 Literal 控件常用属性

属 性	说 明
Text	得到或设置 Literal 控件的文本内容。属性值类型为 "string"
Mode	该属性用于指定控件对用户所添加的标记的处理方式。Mode 属性值为 "Encode|Transform|PassThrough" Encode：使用 HtmlEncode 方法将添加到控件中的任何标记进行编码，即将 HTML 编码转换为其文本表示形式。例如，<b>标记将呈现&lt;b&gt;。编码对于安全很有用，对防止在浏览器中执行恶意标记，显示来自不受信任的源的字符串时可以使用此设置 Transform：将对添加到控件中的任何标记进行转换，来适应请求浏览器的协议。如果需要向使用 HTML 外的其他协议的移动设备呈现内容，此设置将非常有用。Transform 会考虑到根据需要包含或删除元素。如果 Literal 控件在支持 HTML 或 XHTML 的浏览器上呈现，则不会修改该控件的内容。否则，将从控件的内容中移除不受支持的标记语言元素 PassThrough：添加控件中的任何标记都按原样呈现在浏览器中

3) Literal 控件和 Label 控件比较

Literal 控件类似 Label 控件。二者相同之处是，都是用来呈现文字的；不同之处是，Label 控件呈现一个<span>元素，而 Literal 控件不向文本中添加任何 HTML 元素，因此，Literal 控件不允许向其内容应用样式。例如，Label 控件通过在文本的外部加上<span>元素来改变输出：

      <span ID = "Label1">He is a student</span>

Literal 控件只输出文本，不输出<span>元素。当需要控件和文本直接呈现在网页中而不使用任何附加标记时，可使用 Literal 控件。

Mode 属性用来指定控件对用户所添加标记的处理方式。如果不对 Mode 属性进行设置，把一些 HTML 代码(如<b> He is a student </b>)放在输出的字符串中，Literal 控件就输出这些 HTML 代码，所用的浏览器会把文本显示为粗体。例如：

      <asp:Literal ID = "Literal1" runat = "server" Text = "<b> He is a student </b>"></asp:Literal>

显示为粗体：

      He is a student

如果将 Mode 属性设置为 Mode = "Encode"，如下所示：

      <asp:Literal Id == "Literal1" runat = "server" Mode = "Encode" Text = "<b>He is a student </b>"></asp:Literal>

则不是把文本转换为粗体，而是显示<b>元素：

      <b> He is a student </b>

注意：一般在需要动态输出文本时，才考虑使用 Label 或 Literal 控件。如果输入的文本内容不需要改变，直接在设计视图中输入静态文本即可。

2. Panel 控件

Panel 控件用作其他控件的容器，对应于 HTML<div>元素。Panel 控件可以用作静态文本和其他文本的父控件，可以向 Panel 控件添加其他控件和静态文本。

1) Panel 控件语法

      <asp:Panel ID = "控件名称" BackImageUrl = "背景图像文件的路径" HorizontalAlign = " NotSet | Center | Left | Right | Justify" Wrap = "True | False" Visible = "True | False" runat = "server" >

      其他控件

      </asp:Panel>

2) Panel 控件常用属性

Panel 控件常用属性见表 3-18。

表 3-18 Panel 控件常用属性

属 性	说 明
BackImageUrl	得到或设置背景图像的 URL，属性值类型为"url"
DefaultButton	规定 Panel 控件中默认按钮的 ID，属性值类型为"string"
Direction	规定 Panel 控件的内容显示方向,属性值为"NotSet	LeftToRight	RightToLeft"
GroupingText	规定 Panel 控件中控件组的标题，属性值类型为"string"

属　性	说　明
HorizontalAlign	得到或设置 Panel 控件内容的水平对齐方式，属性值"NotSet	Left	Center	Right	Justify"，默认为 NotSet
ScrollBars	规定 Panel 中滚动栏的位置和可见性。属性值为"None	Horizontal	Vertical	Both	Auto"
Wrap	得到或设置一个布尔值，确定内容是否在其界限内折行，属性值为"True	False"，默认值为 True

3.2.9　MultiView 和 View 控件

MultiView 和 View 控件可以制作出选项卡的效果，View(选项卡)控件可包含标记和控件的任何组合(如按钮和文本框)。MultiView 控件是一个或多个 View 控件的容器，在一个 MultiView 控件中，可以放置多个 View 控件，用户单击某一个选项卡，可以显示相应的内容。MultiView 控件一次显示一个 View 控件，而且公开该 View 控件内的标记和控件。　无论是 MultiView 控件还是 View 控件，都不会在 HTML 页面中呈现任何标记。

1．MultiView 和 View 控件语法

在一个 MultiView 控件中放置两个 View 控件语法如下：

    <asp:MultiView ID = "控件名称" runat = "server" ActiveViewIndex = "当前被激活显示的 View 控件的索引值">

        <asp: View ID = "第一个 View 控件名称" runat = "server"></asp:View>

        <asp: View ID = "第二个 View 控件名称" runat = "server"></asp:View>

    </asp:MultiView>

2．MultiView 控件常用属性

MultiView 控件常用属性见表 3-19。

表 3-19　MultiView 控件常用属性

属　性	说　明
ActiveViewIndex	此属性用于获取或设置当前被激活显示的 View 控件的索引值。属性值类型为"int"，默认值为-1，表示没有 View 控件被激活

3．MultiView 和 View 控件常用事件和方法

MultiView 和 View 控件常用事件和方法见表 3-20。

表 3-20　MultiView 控件常用事件和方法

事件或方法	说　明
ActiveViewChanged 事件	当试图切换时被激发
SetActiveView 方法	用于激活显示特定的 View 控件

3.2.10　FileUpload 控件

FileUpload(文件上传)控件显示一个文本框控件和一个浏览按钮，使用户可以选择客户

端上的文件并将它上传到 Web 服务器。用户通过在控件的文本框中输入本地计算机上文件的完整路径(如 C:\MyFiles\TestFile.txt)来指定要上传的文件。用户也可以通过单击【浏览】按钮，然后在"选择文件"对话框中定位文件来选择文件。

FileUpload 控件设计为仅用于部分页面呈现期间的回发情况，并不用于异步回发情况。在 UpdatePanel 控件内部使用 FileUpload 控件时，必须通过一个控件来上传文件，该控件是面板的一个 PostBackTrigger 对象。UpdatePanel 控件用于更新页面的选定区域而不是使用回发更新整个页面。

1. FileUpload 控件语法

```
<asp:FileUpload ID = "FileUploadl" runat = "server" />
```

2. FileUpload 控件常用属性

除了从 WebControl 类继承的标准属性，FileUpload 控件还有自身的一些属性。该控件常用属性见表 3-21。

表 3-21 FileUpload 控件常用属性

属 性	说 明
FileBytes	上传的文件内容的字节数组表示形式，属性值类型为"byte[]"
FileContent	返回一个指向上传文件的流对象，属性值类型为"stream"
FileName	返回要上传文件的名称，不包含路径信息，属性值类型为"string"
HasFile	如果是 True，则表示该控件有文件要上传，属性值类型为"bool"
PostedFile	返回已经上传文件的引用，属性值类型为"HttpPostedFile"

HttpPostedFile 对象提供了对已上传文件的单独访问。它的常用属性见表 3-22。

表 3-22 HttpPostedFile 常用属性

属 性	说 明
ContentLength	返回上传文件的按字节表示的文件大小，属性值类型为"int"
ContentType	返回上传文件的 MIME 内容类型，属性值类型为"string"
FileName	返回文件在客户端的完全限定名，属性值类型为"string"
InputStream	返回一个指向上传文件的流对象，属性值类型为"stream"

3. FileUpload 控件常用方法

该控件常用方法是 SaveAs()方法，将要上传的文件保存到服务器的指定文件路径中。

【例 3-3】 建立一个文件上传网页，运行界面如图 3-3 所示，单击"选择文件"按钮可以选择要上传的文件。要求上传的文件类型只能是".jpg"，大小不能超过 6 MB，单击"文件上传"按钮，则文件上传，在 Label 控件处显示相应的提示信息。

图 3-3 文件上传网页运行界面

程序设计步骤如下：

(1) 建立空的 Asp.Net 的网站。

(2) 建立一个文件夹"File"。

(3) 添加名称为"Default.aspx"的 Web 窗体,勾选【将代码放在单独的文件中】复选框。

(4) 在"Default.aspx"中添加 FileUpload 控件,ID 为 FileUpload1,添加 Button 控件,ID 为 Button1,添加 Label 控件,ID 为 LabelMessage。

```
<div>
    <asp:FileUpload ID = "FileUpload1" runat = "server" /><br />
    <asp:Button ID = "Button1" runat = "server" onclick = "btnFileUpload_Click" Text = "文件上传" />
    <asp:Label ID = "LabelMessage" runat = "server" Text = "Label"></asp:Label>
</div>
```

(5) 编写 Default.aspx.cs 中的代码,添加事件函数 btnFileUpload_Click,并添加为 Button1 的 Click 事件。代码如下:

```
protected void btnFileUpload_Click(object sender, EventArgs e)
{
    if (FileUpload1.HasFile)
    {
        //通过文件扩展名判断文件类型
        string fileExtention = System.IO.Path.GetExtension(FileUpload1.FileName);
        if (fileExtention != ".jpg")
        {
            LabelMessage.Text = "文件类型错误!上传文件类型应为:.jpg";
            return;
        }
        //控制上传文件大小,判断文件是否小于 6MB,
        //1024*1024*6 = 6291456 = 6MB
        if (FileUpload1.PostedFile.ContentLength < 6291456)
        {
            try
            {
                //上传文件并指定上传目录的路径
                FileUpload1.PostedFile.SaveAs(Server.MapPath("~/File/") + FileUpload1.
                    FileName);
                LabelMessage.Text = "上传成功";
            }
            catch (Exception ex)
            {
                LabelMessage.Text = "上传失败,请重新上传";
            }
        }
```

```
                else
                {
                    LabelMessage.Text = "上传文件不大于 6MB";
                }
            }
            else
            {
                LabelMessage.Text = "未选择上传文件";
            }
        }
```

(6) 运行文件上传网页。就可以看到如图 3-3 所示的运行界面，这样就可以进行相应的文件上传的操作，文件上传后放在项目的 File 文件夹内。

3.2.11 Calendar 控件

Calendar(日历)控件用于在浏览器中显示日历。该控件可显示某个月的日历，允许用户选择日期，也可以跳到前一个或下一个月。Calendar 控件是一个相当复杂的控件，具有大量的编程和格式设置选项。

1. Calendar 控件语法

<asp:Calendar ID = "控件名称" runat = "server"> </asp:Calendar>

2. Calendar 控件常用属性

Calendar 控件常用属性见表 3-23。

表 3-23　Calendar 控件常用属性

属　性	说　明
DayHeaderStyle	显示一周中某天的名称的样式
DayStyle	显示日期的样式
NextPrevStyle	显示上一月和下一月链接的样式
OtherMonthDayStyle	显示不在当前月中的日期的样式
SelectedDayStyle	选定日期的样式
SelectorStyle	月份和周的选择链接的样式
ShowDayHeader	布尔值，规定是否显示一周中各天的标头
ShowGridLines	布尔值，规定是否显示日期之间的网格线
ShowNextPrevMonth	布尔值，规定是否显示下一月和上一月链接
ShowTitle	布尔值，规定是否显示日期的标题
TitleStyle	表示日期标题的样式
TodayDayStyle	表示当天日期的样式
WeekendDayStyle	表示周末的样式

3. Calendar 控件常用事件

Calendar 控件常用事件见表 3-24。

表 3-24 Calendar 控件常用事件

事件	说明
DayRender	当为 Calendar 控件在控件层次结构中创建每一天时发生
SelectionChanged	当用户通过单击日期选择器控件选择一天、一周或整月时发生
VisibleMonthChanged	当用户单击标题标头上的上一月或下一月导航控件时发生

【例 3-4】 设计如图 3-4 所示的网页，当单击"日历"时，弹出 Calendar 控件，选择日期后，Calendar 控件消失，并把选择的日期写入到"日历"前的 TextBox 控件中。

步骤如下：

(1) 建立一个空的 Asp.Net 的网站。

(2) 添加名称为 Default.aspx 的 Web 窗体。

(3) 从工具箱中拖动 Panel 控件到 Default.aspx，ID 为 Panel1。拖动 Calendar 控件到 Panel 控件，ID 为 Calendar1。拖动 TextBox 控件到 Default.aspx，ID 为 Button1。设置 Panel 控件的属性 Visible = "False"。完成的源代码如下所示。

```
<div>
<asp:Panel ID = "Panel1" runat = "server" Visible = "False">
    <asp:Calendar ID = "Calendar1" runat = "server" onselectionchanged =
        "Calendarl_SelectionChangedl">
    </asp:Calendar>
</asp:Panel>
<asp:Label ID = "Label1" runat = "server" Text = "请选择日期"></asp:Label>
<asp:TextBox ID = "TextBox1" runat = "server"></asp:TextBox>
<asp:Button ID = "Button1" runat = "server" onclick = "Button1_Click" Text = "日历" />
</div>
```

(4) 编写 Default.aspx.cs 代码如下，将 Button 的 Click 事件函数设为 Button1_Click，将 Calandar 控件的 SelectionChanged 事件函数设为 Calendarl_SelectionChangedl。

```
protected void Button1_Click(object sender, EventArgs e)
{
    Panel1.Visible = true;
}
protected void Calendarl_SelectionChangedl(object sender, EventArgs e)
{
    TextBox1.Text = Calendar1.SelectedDate.ToShortDateString();
    Panel1.Visible = false;    //选择后，隐藏日历窗口
}
```

(5) 运行网页。点击日历按钮，则显示 Calendar 控件，选好日期后，Calendar 控件隐藏，并将选择的日期显示在 TextBox 上，如下图 3-4 所示。

图 3-4　Calendar 控件运行效果

本 章 小 结

本章首先介绍了 ASP.NET 中常用控件的种类，包括 HTML 控件、HTML 服务器控件以及 ASP.NET 服务器控件，其中 ASP.NET 服务器控件是本章介绍的重点，又可以分为 Web 服务器控件和数据绑定服务器控件。然后对服务器控件的基本属性进行了深入介绍，涵盖了控件的外观、行为、布局和可访问性等方面。最后介绍了一些常用的 Web 标准服务器控件，如 Label 标签控件、TextBox 控件、ImageMap 控件、Button 控件、CheckBox 与 CheckBoxList 控件、RadioButton 与 RadioButtonList 控件、DropDownList 控件、ListBox 控件、Literal 与 Panel 控件、FileUpload 控件和 Calender 控件。

练 习 题

1．ASP.NET 中常用的控件有几类，各自有何特点？
2．如何更改服务器控件的外观和行为？
3．利用本章介绍的服务器控件制作一个网页版计算器。

第 4 章　模板页和站点导航

在设计网站时，使用模板页可以使多个页面共享相同的内容，还可以创建通用的页面布局。例如，如果需要在整个站点页面中使用 3 列的布局方式，只需要在模板页中创建一次这个页面布局，然后将这个页面布局应用到多个页面即可。

也可以使用模板页在多个页面中显示通用内容。例如，若要在整个站点的页面中都显示标准的页头和页脚，这些标准的页头和页脚就可以在模板页中创建。

通过使用模板页，可以使网站的维护、扩展和修改工作变得更容易。假如需要在站点中增加一个新页面，同时这个页面要与其他页面的外观类似，那么只需要在新页面中应用同一个模板页即可。如果想要修改一个应用模板页的网站，也不需要修改每一个页面，那么只需要修改模板页就可以动态改变所有页面的外观。

本章首先将讲述如何创建模板页以及如何在内容页中应用模板页，其中还会介绍如何在 Web 设置文件中注册模板页，以使应用程序中的所有页面都应用同一个模板页。接下来会介绍在某个内容页中修改模板页的几种方法。例如，如何修改由模板页显示的页标题。最后将介绍如何动态加载模板页。当一个网站需要和其他网站进行品牌联合或者想让每个网站用户都可以定制网页外观时，动态加载模板页是非常有用的。

为了能够让用户快速找到自己所需要的功能页面，常常需要把系统的众多页面按照其功能分成许多导航链接菜单，并且这些菜单之间有时会根据其功能层次进行很深的嵌套。为此本章最后介绍了页面导航及其三个重要控件的使用方法。

本章学习目标：

- ➢ 了解 ASP.NET 中模板页的作用；
- ➢ 掌握 ASP.NET 中模板页的设计与应用方法；
- ➢ 掌握 ASP.NET 中主题的创建与使用方法；
- ➢ 掌握页面导航控件的使用方法。

4.1　模板页基础

为了能够满足标准化 Web 页面布局，ASP.NET 中定义了两种新的页面类型：模板页和内容页。模板页是一个页面模板，它保存网站结构的一个页面。该文件通过 .master 文件扩展名指定，并且通过内容页面的@Page 指令的 MasterPageFile 属性导入到内容页面。它们可以提供站点中所有页面都能使用的模板。实际上，它们并不保存单个页面的内容甚至页面的样式定义,而只提供站点外观的蓝图,然后将该模板与分离的 CSS 文件(如果合适)中的样式规则集连接起来。

和普通的 ASP.NET Web 页面一样,模板页中可以包含任何 HTML、Web 控件甚至代码的组合。此外,模板页还可以包含内容占位符——定义的可修改区域。每个内容页引用一个模板页并获得它的布局和内容。此外,内容页可以在任意的占位符里加入页面特定的内容。换句话说,内容页将模板页没有定义的、缺失了的内容填入模板页。

4.1.1 创建简单的模板页

【例 4-1】 创建一个简单的模板页。

要在项目中添加一个模板页的操作方法很简单,与添加 Web 窗体一样,选中项目右击鼠标,执行"添加新项"命令,会弹出一个"添加新项"对话框,如图 4-1 所示。

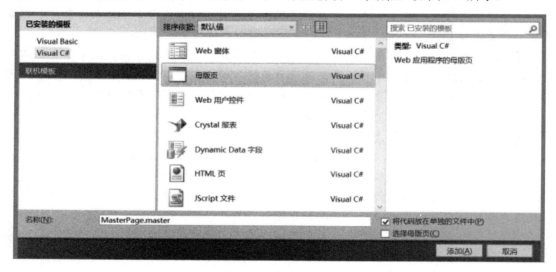

图 4-1 选择模板页

在"添加新项"对话框中选择"母板页"模板,并在"名称"文本框中输入模板页文件名称。注意模板页文件名称是以".master"后缀名结尾的。然后单击"Add"按钮,就可以在项目中看见添加的模板页。默认的模板页会自动生成部分代码,如下所示:

    <%@ Master Language = "C#" AutoEventWireup = "true" CodeFile = "MasterPage.master.cs" Inherits = "MasterPage" %>

    <!DOCTYPE html PUBLIC "-//W3C//DTD XHTML 1.0 Transitional//EN" "http://www.w3.org/TR/xhtml1/DTD/xhtml1-transitional.dtd">

    <html xmlns = "http://www.w3.org/1999/xhtml">

    <head runat = "server">

        <title></title>

        <asp:ContentPlaceHolder id = "head" runat = "server">

        </asp:ContentPlaceHolder>

    </head>

```
        <body>
            <form id = "form1" runat = "server">
            <div>
                <asp:ContentPlaceHolder id = "ContentPlaceHolder1" runat = "server">
                </asp:ContentPlaceHolder>
            </div>
            </form>
        </body>
        </html>
```

在上面代码中，模板页文件的第一行就是使用@Master 指令。@Master 指令非常类似于@Page 指令，指令用于 master 页面(.master)，如下所示：

```
<%@ Master Language = "C#" AutoEventWireup = "true" CodeFile = "MasterPage.master.cs" Inherits = "MasterPage" %>
```

同时，会发现默认的模板页有两个 ContentPlaceHolder 控件。第一个 ContentPlaceHolder 控件定义在<head>区域，它让内容页面能够增加页面元数据库，如搜索关键字和样式表链接等，第二个 ContentPlaceHolder 控件定义在<body>区域，它代表页面显示的内容。它以一个轮廓不明显的方框的形式出现在页面上。如果单击它的内部或把鼠标停留在它上方，ContentPlaceHolder 的名字就会出现在提示里。要创建更加复杂的页面布局，可以添加其他标记以及 ContentPlaceHolder 控件。

通过上述代码所示的结果，可以发现模板页与普通的 Web 窗体大致存在着两处区别：

(1) Web 窗体都是以@Page 指令开始，页面后缀名为".aspx"，而模板页则是以@Master 指令开始的，页面后缀名为".master"。

(2) 模板页可以使用 ContentPlaceHolder 控件，ContentPlaceHolder 控件是内容页可以插入内容的页面部分，Web 窗体则不能够使用 ContentPlaceHolder 控件。

到现在为止，已经大致地介绍了模板页的基础内容。为了能够加深理解，下面就来在上面创建的默认模板页中添加一些简单的代码，如下所示：

```
        <%@ Master Language = "C#" AutoEventWireup = "true" CodeFile = "MasterPage.master.cs" Inherits = "MasterPage" %>
        <!DOCTYPE html PUBLIC "-//W3C//DTD XHTML 1.0 Transitional//EN" "http://www.w3.org/TR/xhtml1/DTD/xhtml11-transitional.dtd">
        <html xmlns = "http://www.w3.org/1999/xhtml">
        <head id = "Head1" runat = "server">
            <title></title>
        </head>
        <body>
            <form id = "form1" runat = "server">
            <div style = "background-color:#cccccc; height:30px; text-align:left;">
                <asp:ContentPlaceHolder id = "Top" runat = "server">
                </asp:ContentPlaceHolder>
```

```
            </div>
            <div style = "text-align:left;">
                <asp:ContentPlaceHolder id = "Main" runat = "server">
                </asp:ContentPlaceHolder>
            </div>
            <div style = "height:30px; text-align:center;">
                copyright(c)
            </div>
        </form>
    </body>
</html>
```

在上面代码清单中，添加了两个 ContentPlaceHolder 控件。其中，控件 Top 用于内容页插入导航菜单，控件 Main 则应用于内容页插入页面主内容。设计效果见图 4-2。

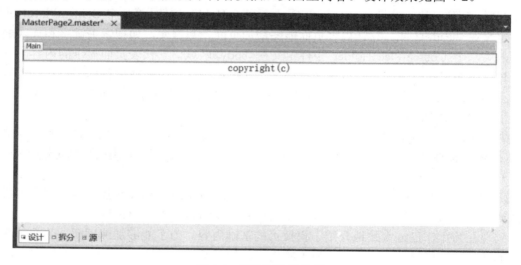

图 4-2　模板页设计效果

值得注意的是，模板页不能够作为单独的页面直接运行。因此，只能够在设计器里查看它的设计效果，而不能够像普通的 Web 窗体那样运行起来进行浏览。要使用模板页，必须创建一个关联的内容页。

4.1.2　使用简单的内容页

【例 4-2】　利用例 4-1 所创建的模板页创建如图 4-6 所示的内容页。

创建模板页的内容页的方法与创建普通的 Web 页面一样，即选中项目右击鼠标，执行"添加新项"命令，在弹出的"添加新项"对话框中选择 Web 窗体，并勾选"选择母版页"选项，如图 4-3 所示。

勾选"选择母版页"后，点击"添加"按钮，弹出对话框让选择用哪个母版页，如图 4-4 所示。

第 4 章 模板页和站点导航 · 69 ·

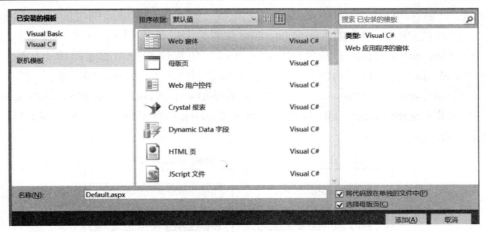

图 4-3 创建使用模板页的 Web 窗体

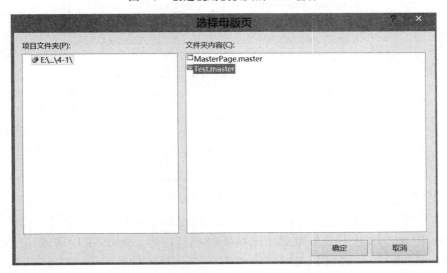

图 4-4 为内容页选择使用的模板页

选择好 Test.master 母版页后，就生成一个内容页，代码如下所示：

<%@ Page Title = "" Language = "C#" MasterPageFile = "~/Test.master"

AutoEventWireup = "true" CodeFile = "Default.aspx.cs" Inherits = "_Default" %>

<asp:Content ID = "Content1" ContentPlaceHolderID = "Top" Runat = "Server">

</asp:Content>

<asp:Content ID = "Content2" ContentPlaceHolderID = "Main" Runat = "Server">

</asp:Content>

在上面的代码中，@Page 指令的 MasterPageFile 是一个非常重要的属性，它指定了要使用的模板页的文件名称。这里的 MasterPageFile 属性以路径"~/"开头，即它指定网站的根文件夹。如果只指定文件名，ASP.NET 会为模板页检查预定义的子文件夹(叫做 MasterPages)。如果还没有创建这个文件夹或者模板页不在那里，它接下来会检查 Web 的根文件夹。

当然，只设置@Page 指令的 MasterPageFile 属性还不足以把普通的页面转变成内容页。除了定义内容页@Page 指令的 MasterPageFile 属性之外，还必须为内容页定义要插入的一个或多个 ContentPlaceHolder 控件的内容，并编写所有这些控件需要的功能代码。要为 ContentPlaceHolder 控件提供内容，就要在内容页里面用到 Content 控件，如语句：

"<asp:Content ID = "Content1" ContentPlaceHolderID = "Top" runat = "server"></asp:Content>"

模板页的 ContentPlaceHolder 控件和内容页 Content 控件具有一对一的关系，这种对应关系见图 4-5。

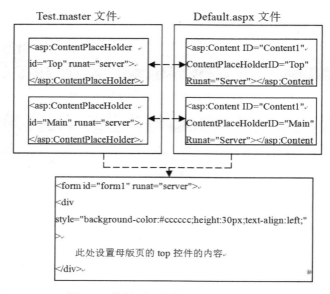

图 4-5 模板页和内容页的对应关系

如图 4-5 所示，对于模板页里的每个 ContentPlaceHolder 控件，内容页会提供一个对应的 Content 控件，除非不准备为那个区域提供任何内容。ASP.NET 通过匹配模板页的 ContentPlaceHolder 控件的 id 以及对应内容页的 Content 控件的 ContentPlaceHolderID 属性来把内容页的 Content 控件关联到适当的模板页的 ContentPlaceHolder 控件上。如果在内容页的 Content 控件里引用了一个不存在的模板页的 ContenPlaceHolder 控件的 id，那么在运行时就会得到一个错误的报告。

其实，通过上面的选择模板页来添加内容页，系统会自动根据模板页的 ContentPlaceHolder 控件生成相应的 Content 控件，而无须手动在内容页里添加 Content 控件。创建好内容页之后，就可以直接在内容页 Content 控件里面为模板页的 ContentPlaceHolder 控件添加相关的页面内容，代码如下所示：

<%@ Page Title = "" Language = "C#" MasterPageFile = "~/Test.master"
AutoEventWireup = "true" CodeFile = "Default.aspx.cs" Inherits = "_Default" %>
<asp:Content ID = "Content1" ContentPlaceHolderID = "Top" Runat = "Server">
　　.NET Framework 简介
</asp:Content>
<asp:Content ID = "Content2" ContentPlaceHolderID = "Main" Runat = "Server">

.NET Framework 技术是微软公司提供的一种致力于快速应用开发的通用编程框架，为开发者提供一种类似虚拟机技术的平台，允许开发者以通用的代码实现多种硬件架构和操作系统的应用程序，降低软件开发的成本，提高工作效率。
Microsoft.NET 框架是微软公司面向下一代移动互联网、服务器应用和桌面应用的基础开发平台，是微软为开发者提供的基本开发工具，其中包含许多有助于互联网应用迅捷开发的新技术。

    </asp:Content>

在上面的代码中，首先在@Page 指令中设置 MasterPageFile 属性和 Title 属性。Title 属性允许为内容页指定标题，从而覆盖模板页中的标题；其次，在 Content1 控件里，也就是模板页的 Top 控件里面设置页面的标题；最后，在 Content2 控件里，也就是模板页的 Main 控件里面设置一些文字内容。运行结果如图 4-6 所示。

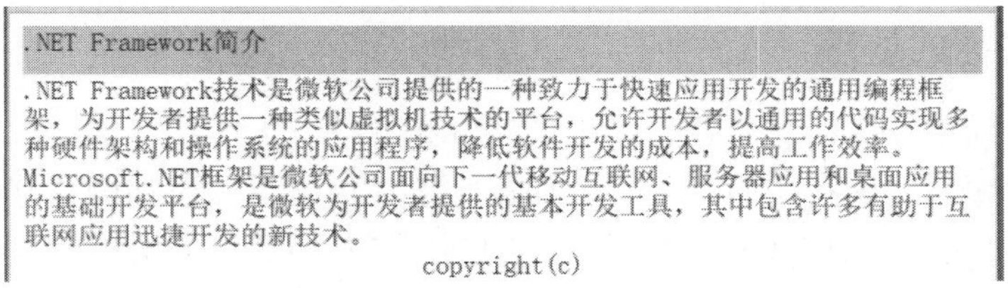

图 4-6 完善内容页后的运行效果

从例 4-2 中可以看出，与普通的 Web 页面相比，内容页非常整洁，因为它不包含任何模板页定义的细节。而且，它使网站更新变得简单，用户所要做的只是修改模板页，只要保持相同的 ContentPlaceHolder 控件，现有的内容页就会很好地工作，并且会自行适应任何指定的新布局。为了更好地理解模板页是如何工作的，可以通过跟踪的方式来查看内容页的运行情况，即在 Page 指令里加入 Trace 属性(Trace = "true")。借助这种方式，可以检查控件的层次。由此可发现，ASP.NET 首先为模板页创建控件对象(包括 ContentPlaceHolder 控件)，它充当一个容器，然后把内容页的控件加入 ContentPlaceHolder 控件。

如果需要动态配置模板页或内容页，可以响应任意一个类中的 Page.Load 事件。有时可以同时在模板页和内容页中使用初始化代码。这种情况下，理解每个事件发生的顺序就很重要：

(1) ASP.NET 创建模板页控件。
(2) 添加内容页的子控件。
(3) 触发模板页的 Page.Init 事件。
(4) 内容页的 Page.Init 事件。

对于 Page.Load 事件，也可以执行相同的步骤。如果有冲突，在内容页进行的自定义(如修改页面标题)会覆盖在模板页相同阶段所做的变化。

4.1.3 ContentPlaceHolder 控件的默认内容

在模板页里面定义 ContentPlaceHolder 控件时，还可以定义相关的默认内容。这些默认内容在内容页里面没有提供相应的 Content 控件时才会使用。定义默认内容非常简单，只需要在模板页的 ContentPlaceHolder 控件中放入所需要的页面代码即可，这些页面代码可以是 HTML 标签或者 Web 服务器控件等。如下面的代码所示：

```
<asp:ContentPlaceHolder ID = "Top" runat = "server">
<a href = "Test.aspx">首页</a>
    
<a href http://www.cuit.edu.cn/">成都信息工程大学</a>
</asp:ContentPlaceHolder>
```

如果要在内容页里面使用这个 ContentPlaceHolder 控件的默认内容,那么就必须在内容页里面删除 ContentPlaceHolder 控件所对应的<Content>标签,否则内容页里 <Content> 标签会自动覆盖默认内容。注意内容页不能只使用默认内容的一部分或者只编辑某一部分,这样做也是不可能的,因为默认内容保存在模板页里而不是内容页中。所以,必须决定是按原样使用默认内容,还是在内容页中使用新的内容完全替换这些默认内容。

4.1.4 相对路径的处理

在对模板页的设计中,相对路径的处理经常是一件让人头痛的事情。如果使用的是静态文字,这一问题不会困扰用户。不过,如果需要在模板页中添加图片和链接,根据所使用的 HTML 标签或者 ASP.NET 服务器控件的不同,相对路径就会有不同的解析方式。这时相对路径的问题就可能发生。

为了能够更好地了解这种相对路径的不同的解析方式,下面将通过一个示例来描述它。

【例 4-3】 模板页中相对路径示例。

示例项目结构如图 4-7 所示,为了表现良好的项目层次性,可将模板页和内容页分别放在不同的目录中,即将模板页和图片资源放入 MasterPages 文件夹中,将内容页放入 Pages 文件夹中。其实,把模板页和内容页分放到不同的目录,这是大型网站推荐使用的最佳实践。实际上,微软也建议在专门的文件夹里保存所有的模板页。

创建好项目之后,接下来分别以三种方式向模板页 Test.Master 中添加相关的图片资源,即 img1 采用了 Web 服务器控件,img2 采用了 HTML 服务器控件,img3 采用了 HTML 标签。代码如下:

图 4-7 相对路径处理的示例项目结构

```
<%@ Master Language = "C#" AutoEventWireup = "true" CodeFile = "Test.master.cs"
    Inherits = "MasterPages_Test" %>
<!DOCTYPE html PUBLIC "-//W3C//DTD XHTML 1.0 Transitional//EN"
    "http://www.w3.org/TR/xhtml1/DTD/xhtml1-transitional.dtd">
<html xmlns = "http://www.w3.org/1999/xhtml">
<head id = "Head1" runat = "server">
    <title></title>
</head>
<body>
    <form id = "form1" runat = "server">
```

```
            <div style = "background-color:#cccccc; height:30px; text-align:left;">
                <asp:ContentPlaceHolder id = "Top" runat = "server">
                </asp:ContentPlaceHolder>
            </div>
            <div style = "text-align:left;">
            <asp:ContentPlaceHolder ID = "Images" runat = "server">
                <asp:Image ID = "image1" ImageUrl = "1.jpg" runat = "server" Height = "90px"
                    Width = "120px"/>
                <img id = "img2" src = "2.jpg" alt = "img2" runat = "server" style = "height: 90px; width: 120px"/>
                    <img id = "img3" src = "3.jpg" alt = "img3" style = "height: 90px; width: 120px"/>
            </asp:ContentPlaceHolder>
            </div>
            <div style = "height:30px; text-align:center;">
                copyright(c)
            </div>
        </form>
    </body>
</html>
```

该模板页的设计效果见图 4-8。

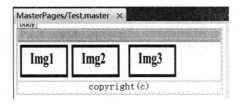

图 4-8 相对路径处理的示例模板页设计效果

为了查看模板页的三种方式的图片资源显示结果，需要继续在 Pages 文件夹下创建一个内容页 Test.aspx。Test.aspx 页面很简单，如下面的代码所示：

```
<%@ Page Title = "" Language = "C#" MasterPageFile = "~/MasterPages/Test.master"
    AutoEventWireup = "true" CodeFile = "Test.aspx.cs" Inherits = "Pages_Test" %>
```

运行 Test.aspx 页面，结果如图 4-9 所示。从图中发现 img1 和 img2 控件都能够显示相应的图片，img3 图片却显示错误。而在模板页中，img1、img2、img3 的图片地址完全相同，为什么 img3 却显示错误呢？

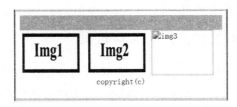

图 4-9 相对路径处理的示例内容页运行结果

带着这个问题继续查看页面结果源代码。它们所生成的页面代码如下所示：

```
<div style = "text-align:left;">
<img id = "Images_image1" src = "../MasterPages/1.jpg" style = "height:90px;width:120px;" />
<img src = "../MasterPages/2.jpg" id = "Images_img2" alt = "img2" style = "height: 90px; width: 120px" />
<img id = "img3" src = "3.jpg" alt = "img3" style = "height: 90px; width: 120px"/>
</div>
```

<img>标签是普通的 HTML 标签。所以 ASP.NET 不会接触到它。遗憾的是，当 ASP.NET 创建内容页的时候，这个标签就不合适了。

相同的问题在以下两种情况下还会出现：
(1) 向其他页面提供相对链接的<a>标签。
(2) 用来把模板页链接到样式表的<link>标签。

要解决如 img3 这样的路径问题，可以通过如下三种方式来进行：
(1) 预先在模板页里把图片路径写成相对于内容页的地址。不过这会带来混淆，限制模板页使用的范围，并且产生在设计环境里不正确显示模板页的负面效应。
(2) 把 HTML 标签变成服务器端控件，这样 ASP.NET 就会修复这个错误。

这样，ASP.NET 就会根据这一信息创建一个 HtmlImage 服务器控件。这个对象在模板页的 Page 对象被实例化后创建，此时，ASP.NET 把所有路径解释为相对于模板页的位置。可以使用同样的技术来修复<a>标签，它提供其他页面的相对链接。

当然，还可以使用根路径语法，并用"~"字符作为路径的开头。如下面的代码所示：

```
<img id = "img3" src = "~/MasterPages/3.jpg" alt = "img3" runat = "server" />
```

但值得注意的是，这种根路径语法只对服务器端控件有效。
(3) 在模板页中使用 Page 对象的 ResolveUrl 方法来重新解析相对路径，如下面的代码所示：

```
<img id = "img3" src = "<% = Page.ResolveUrl("~/MasterPages/3.jpg")%>" alt = "img3"/>
```

【例 4-4】 模板页中重新解析相对路径示例。

在例 4-3 所示的模板页中，修改 img3 的 src 如下：

```
<div style = "text-align:left;">
<img id = "Images_image1" src = "../MasterPages/1.jpg" style = "height:90px;width:120px;" />
<img src = "../MasterPages/2.jpg" id = "Images_img2" alt = "img2" style = "height: 90px; width: 120px" />
<img id = "img3" src = "<% = Page.ResolveUrl("~/MasterPages/3.jpg")%>"
 alt = "img3" style = "height: 90px; width: 120px"/>
</div>
```

运行后，img3 的图像显示正常。

4.1.5 通过 Web.config 文件全局设置模板页

如果创建一个 Web 应用程序，它只有一个模板页，那么为站点内的每个页面都设置模板页似乎有点过分。因此，还可以借助 Web.config 文件一次性对整个网站的所有页面应用模板页。所要做的只是像下面的代码这样，在 Web.config 文件里面加入一个<pages>节点，并设置<pages>节点的 masterPageFile 属性：

    <system.web>

      <pages masterPageFile = "~/MasterPages/Test.Master" />

    </system.web>

  值得注意的是，这种通过 Web.config 文件全局设置模板页的方式不太灵活，任何违背了规则（例如，包含根<html>标签或者定义了一个不对应 ContentPlaceHolder 的内容区域）的 Web 页面都会自动中断。即使通过 Web.config 文件应用了模板页，还是不能保证页面不会通过设置 Page 指令的 MasterPageFile 特性覆盖设置。如果 MasterPageFile 特性被设置为一个空字符串，无论 Web.config 文件里定义了什么，页面根本不会有任何模板页。

4.2　在模板页和内容页之间传递数据

  在实际开发中，经常需要将模板页的一些公有属性或方法传给内容页，又或者在内容页面里设置模板页的这些公有属性的值。因此，这就要求内容页和模板页能够进行实时的交互。

  内容页和模板页交互的第一步就是在模板页类里添加公有的属性或方法。在下面的示例中，在 Test.Master 文件里设置了一个名为 MyTxt 的公有属性：

```
        public partial class Test : System.Web.UI.MasterPage
        {
            protected void Page_Load(object sender, EventArgs e)
            {
            }
            private string mytxt = "模板页里的 MyTxt 属性的初始值";
            public string MyTxt
            {
                get
                {
                    return mytxt;
                }
                set
                {
                    mytxt = value;
                }
            }
        }
```

  设置好这个公有属性之后，就可以在内容页里面调用或者设置这个公有属性的值。通常，要在内容页里调用模板页的公有属性，可以通过在内容页里使用 Page.Master 属性和 MasterType 指令这两种方法来完成。

4.2.1 使用 Page.Master 属性

Master 属性返回的是一般的 MasterPage 类。因此，必须把它转换成特定类型的模板页类，才能访问模板页的这些公有的成员。如下面的代码所示：

```
public partial class WebForml:System.Web.UI.Page
{
    protected void Page_Load(object sender, EventArgs e)
    {
        Test test = (Test)Page.Master;
        Label1.Text = "Label1: " + test.MyTxt;
        test.MyTxt = "Label2: 在内容页里修改模板页的 MyTxt 属性的值。";
        Label2.Text = test.MyTxt;
    }
}
```

在上面的代码中，首先使用语句"Test test = (Test)Page.Master;"来创建一个新对象 test 作为模板页的实例，然后再通过 test 去调用模板页的公有属性，如 test.MyTxt。

4.2.2 使用 MasterType 指令

与 Master 属性相比，使用 MasterType 指令访问模板页更加简单，只需要在内容页面代码里面通过 MasterType 指令的 VirtualPath 属性来指定相应.master 文件的虚拟路径就可以了。示例代码如下所示：

```
<%@ Page Title = "" Language = "C#" MasterPageFile = "~/Test.Master"
AutoEventWireup = "true" CodeBehind = "WebForml.aspx.cs"
Inherits = "_14_4.WebForml" %>
<%@ MasterType VirtualPath = "~/Test.Master" %>
<asp:Content ID = "Content1" ContentPlaceHolderID = "Main" runat = "server">
    <asp:Label ID = "Label1" runat = "server"></asp:Label>
    <br/>
    <asp:Label ID = "Label2" runat = "server"></asp:Label>
</asp:Content>
```

在内容页面代码里面添加好 MasterType 指令之后，就可以直接在内容页的后台代码里面通过访问 Page 类的 Master 属性来访问模板页的公有成员了，如 Master.MyTxt，而无须再继续创建模板页的实例。示例代码如下所示：

```
public partial class WebForm1:System.Web.UI.Page
{
    protected void Page_Load(object sender, EventArgs e)
    {
        Label1.Text = "Label1:" + Master.MyTxt;
        Master.MyTxt = "Label2:在内容页里修改模板页的 MyTxt 属性的值。";
```

```
            Label2.Text = Master.MyTxt;
        }
    }
```

4.2.3 使用 MasterPage.FindControl 方法

除了上面两种方法之外,还可以通过 MasterPage.FindControl()方法强行访问模板页上的某个控件。得到这个控件之后,就可以直接修改它。如在模板页里加入一个 Label 控件:

```
<asp:Label ID = "Label1" runat = "server" Text = "Label"></asp:Label>
```

然后可以在内容页的后台代码中调用这个 Label 控件,如下面的代码所示:

```
Label txt_msg = Master.FindControl("Label1") as Label;
if (txt_msg != null)
{
    txt_msg.Text ="修改后的值";
}
```

运行页面,会发现模板页的 Label1 控件显示的值为"修改后的值"。注意当从一个页面导航到另一个页面时,所有的 Web 页面对象都会重新创建。也就是说,即使跳转到另一个使用相同模板页的内容页,ASP.NET 也会创建一个不同的模板页对象实例。所以用户每次跳转到一个新的页面时,MyTxt 属性都会恢复它的默认值(即"模板页里的 MyTxt 属性的初始值")。要改变这一行为,必须在其他位置(如 Cookie)保存信息,并在模板页编写检查这些值的初始化代码。

4.3 以编程方式设置模板页

在许多情况下,需要根据项目的运行情况,在页面运行时才决定使用哪个模板页。例如在企业管理系统中,要求公司的某个部门需要使用一个模板页,而其他部门使用另外一个模板页。显然这时前面模板页调用方式是不能够满足的,它要求我们必须以编程方式来动态设置模板页。

通过编程方式来动态设置模板页只需设置 Page.MasterPageFile 属性就可以了。但这一步必须在 Page.Init 事件阶段完成,在这之后,再设置这一属性会产生一个异常。如下面的代码所示:

```
protected void Page_PreInit(object sender, EventArgs e)
{
    Page.MasterPageFile = "~/Test.Master";
}
```

如果将 Page.MasterPageFile 属性设置在 Page_Load 事件里,页面将会提示错误信息:"The MasterPageFile property can only be set in or before the Page_PreInit event."。因此必须将 Page.MasterPageFile 属性设置在 Page.Init 事件里。

在使用以编程方式来动态设置模板页时,还必须注意如下几点:

(1) 确保在 Web.config 文件中或者内容页面的@Page 指令中没有引用 MasterPageFile 的<pages>元素，只有这样才会得到成功加载的页面，并且引入了模板页。

(2) 确保内容页面没有使用 MasterType 指令来创建对模板页的强类型引用。

(3) 确保内容页面和所设置的模板页完全兼容。

4.4 站 点 导 航

有过 Web 系统开发经验的读者或许了解，在实际 Web 应用程序中，为了能够让用户快速找到自己所需要的功能页面，常常需要把系统的众多页面按照其功能分成许多导航链接菜单，并且这些菜单之间有时会根据其功能层次进行很深的嵌套。有了这些导航菜单，用户就可以随时了解"现在我是在站点的哪个位置？"以及"从当前页面位置我能导航到哪里？"。

因此，如何能有效地在站点里进行导航也就成了 Web 开发者们面临的主要网站布局设计问题之一。当然，可以使用 HTML 与 CSS 的方式来设计这些导航菜单，从而建立起自己的导航系统。但这样的方式却存在许多问题，尤其是在站点导航设计的一致性和导航菜单的高效性等方面都表现出很多的不足之处。

面对这些问题，ASP.NET 的站点导航功能提供了导航控件和站点地图等技术来解决这些导航设计问题，可以通过将导航控件放在站点的模板页上，从而确保整个站点具有统一的感观效果。ASP.NET 的导航系统主要由下面三个组件组成：

(1) 一个用以定义网站导航结构的方法，该组件是 XML 格式的站点地图。

(2) 一个便捷的方法，从站点地图文件中读取信息，并将其转换为一个对象模型。该组件的功能由 SiteMapDataSource 控件和 XmlSiteMapProvider 类提供。

(3) 一个显示网站地图信息的方法，用以显示用户在站点地图中的当前位置，并使用户能够轻松地从一个页面跳转到另一个页面。该组件的功能由绑定到 SiteMapDataSource 控件的 ASP.NET 导航控件来实现。这些导航控件包括 SiteMapPath、Menu 和 TreeView。

4.4.1 站点地图

站点地图(SiteMap)主要为站点导航控件提供站点层次结构信息，它的扩展名是.sitemap，默认名为 Web.sitemap。只有保持默认名称的站点地图才能被自动加载，而且必须出现在网站根目录中。站点地图描述站点的逻辑结构。当需要添加或移除页面时，只需要修改站点地图，而不需要修改所有网页的超链接就能够改变页面导航。

如果所设计的是一个简单站点，可以将站点地图放在应用的根目录。利用文本编辑器就可以很容易地创建该文件。如果使用 Visual Studio 2010，可以通过右击网站，选择"添加新项"选项，选择模板中的"Visual C#"-"站点地图"来创建站点地图。

XmlSiteMapProivder 类称为站点地图提供者的提供者类，它将查找位于应用程序根目录中的 Web.sitemap 文件，提取该文件中的站点地图数据并创建相应的 SiteMap 对象。

SiteMapDataSource 使用这些 SiteMap 对象向导航控件提供导航信息。由此可知，Web.sitemap 不能改为其他的名字，且必须位于应用程序的根目录下，如果想要具有其他命名或想从其他位置获取站点地图数据，可以创建自定义的站点地图提供者类。将导航控件的 DataSourceID 属性设置为相应 SiteMapDataSource 的名称就可以将一个导航控件连接到 SiteMapDataSource。

站点地图必须遵循以下原则：

(1) 必须以一个<sitemap>元素开始。

(2) 每一个 Web 页面使用一个<siteMapNode>元素来表示，并且站点地图必须包含在一个<siteMapNode>根元素中。

(3) 在一个<siteMapNode>元素中可以包含多个<siteMapNode>元素。

(4) 不允许出现重复的 URL。

<siteMapNode>元素的属性如表 4-1 所示。

表 4-1 siteMapNode 属性

属性	说明
title	提供链接的文本描述
description	首先说明该链接的作用，其次还用于链接上的 ToolTip 属性
url	描述文件在网站中的位置。如果文件在根目录下，则使用文件名，如"~/Default.aspx"；如果文件位于子文件夹下，则在此属性值中包含该文件夹，如"pic/default.aspx"

4.4.2 SiteMapPath 控件

SiteMapPath 控件提供一个面包条(Breadcrumb)，它是一行文本，显示用户当前在网站结构中的位置。该控件显示了站点地图中从根节点到当前页面的节点的完整路径。与其他导航控件的不同之处是，SiteMapPath 控件仅对向上返回到上一层级有用。

SiteMapPath 控件直接使用站点地图数据。只有在站点地图中列出的页面才能在 SiteMapPath 控件中显示导航数据。另外，只有将 SiteMapPath 控件放置在站点地图列出的页面上，SiteMapPath 控件才能显示出相应的页面，如果 SiteMapPath 控件放置在站点地图未列出的页面上，则 SiteMapPath 控件不会向客户端显示任何信息。

SiteMapPath 控件的使用分两步：

(1) 添加站点地图 Web.sitemap。

(2) 向 Web.sitemap 列出的页面中拖入一个 SiteMapPath 控件。

SiteMapPath 控件常用属性见表 4-2。

表 4-2 SiteMapPath 常用属性

属性	说明
PathSeparator	获取或设置一个字符串，该字符串在呈现的导航路径中分隔 SiteMapPath 节点。默认值是 ">"
PathDirection	获取或设置导航路径节点的呈现顺序，有 RootToCurrent 和 CurrentToRoot 两个属性值
ParentLevelsDisplayed	获取或设置控件显示的相对于当前显示节点的父节点级别数。默认值是 −1，表示没有限制

【例 4-5】 利用站点地图和 SiteMapPath 控件实现导航，具体要求为创建如图 4-10 所示的站点地图，并利用 SiteMapPath 控件实现自动导航。

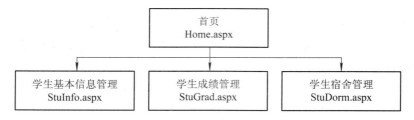

图 4-10　网站逻辑结构

程序设计步骤如下：
(1) 建立新网站。
(2) 右键点击资源管理器，添加新项，在已安装模板中选择站点地图，如图 4-11 所示。

图 4-11　创建 Web.sitemap

(3) 添加后项目中增加 Web.sitemap，如下代码所示：

<?xml version = "1.0" encoding = "utf-8" ?>
<siteMap xmlns = "http://schemas.microsoft.com/AspNet/SiteMap-File-1.0" >
　　<siteMapNode url = "" title = ""　description = "">
　　　　<siteMapNode url = "" title = ""　description = "" />
　　　　<siteMapNode url = "" title = ""　description = "" />
　　</siteMapNode>
</siteMap>

(4) 根据网站逻辑结构，改为如下代码所示：

<?xml version = "1.0" encoding = "utf-8" ?>
<siteMap xmlns = "http://schemas.microsoft.com/AspNet/SiteMap-File-1.0" >
　　<siteMapNode url = "~/Home.aspx" title = "首页"　description = "首页">
　　　　<siteMapNode url = "~/StuInfo.aspx" title = "学生基本管理信息" description = "单击此链接到学生基本信息管理" />

    <siteMapNode url = "~/StuGrad.aspx" title = "学生成绩管理信息" description = "单击此链接到学生成绩信息管理" />

    <siteMapNode url = "~/StuDorm.aspx" title = "学生宿舍管理信息" description = "单击此链接到学生宿舍信息管理" />

  </siteMapNode>

</siteMap>

保存文件，则站点地图就建立好了。在"Web.sitemap"代码中，url 的值中"~/"表示当前 Web 应用程序的根目录，url = "~/Home.aspx" 表示位于网站根目录中的 Home.aspx，采用"~/"不是必需的，但是建议使用。因为如果在 Web 应用程序中有多个 Home.aspx 分别存放在不同的文件夹中，那么写成 url = "Home.aspx"，则当用户浏览某个子目录时，单击导航控件中指向 Home.aspx 页面的链接，ASP.NET 将在该子目录中查找 Home.aspx，而不在网站根目录中查找 Home.aspx。因为子目录中不存在 Home.aspx，所以会产生"404 Not Found"错误。<siteMapNode>元素 以"/>"结尾，表示该元素是一个"空元素"，也就是把元素的开始标记和结束标记写在一个标记中。空元素中不能再包含任何其他元素节点。

(5) 建立所用到的各个网页。分别是"Home.aspx"、"StuInfo.aspx"、"StuGrad.aspx"、"StuDorm.aspx"网页。

(6) 在建立的各个页面添加 SiteMapPath 控件。切换到各页面的"设计"视图，拖动"工具箱"中导航控件中的一个 SiteMapPath 控件到视图，如图 4-12 所示。

图 4-12　siteMapPath 控件

(7) 运行以上各个页面，可以在相应的网页中看到各页面上方都有一个 siteMapPath 控件，显示信息为 Web.siteMapPath 中从根节点到本页面的路径。以 StuGrad.aspx 为例，其界面如图 4-13 所示，点击 siteMapPath 上的其他节点可以跳转到该节点对应的网页。

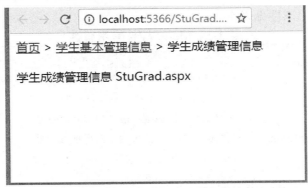

图 4-13　siteMapPath 的运行效果

4.4.3 Menu 控件

Menu(菜单)控件是一个支持层次型数据的 Web 控件,它由 MenuItem(菜单项)控件组成,顶级(级别 0)菜单项称为根菜单项,具有父菜单项的菜单项统称为子菜单项。通过 Menu 的 Items 属性可以表示内部的每个 MenuItem,通过 ChildItems 属性来表示菜单项下面的子菜单项。每个菜单项都具有 Text 属性和 Value 属性。Text 属性和 Value 属性的值分别是 Menu 控件上显示的值和菜单项的任何其他数据(如传递给与菜单项关联的回发事件的数据)。如果菜单项设置了 NavigateUrl 属性,则单击菜单项时,可以链接到 NavigateUrl 属性指定的网页,否则单击该菜单项时,Menu 控件只是将网页提交给服务器进行处理。

Menu 控件可以绑定到某个数据源,也可以用手工方式使用 MenuItem 对象来填充 Menu 控件。可以将 Menu 控件绑定到任意分层数据源和 XmlDocument 对象。常用的分层数据源有站点地图和 XML 文件。可以通过将 Menu 控件的 DataSourceID 属性设置为数据源的 ID 值来实现绑定。例如,当与站点地图一起使用时,可以通过"数据源配置向导"对话框为数据源指定 ID,如果其 ID 为"SiteMapDataSource",将 Menu 控件的 DataSourceID 属性设置为 DataSourceID = "SiteMapDataSource" 即可。同理,也可以将 Menu 控件绑定到"XML 文件"数据源,可以将 Menu 控件的 DataSource 属性设置为 XmlDocument 对象数据源,然后调用 DataBind 方法来实现与 XmlDocument 对象的绑定。

1. Menu 控件的语法

下面是只有一个菜单项的 Menu 控件的语法格式:

```
<asp:Menu ID = "Menul" Orientation == "Horizontal|Vertical" runat = "server">
    <Items>
        <asp:MenuItem Text = "Menu 控件上显示的文本" Value = "菜单项的任何其他数据">
        </asp:MenuItem>
    </Items>
</asp:Menu>
```

在该语法格式中,若要创建子菜单项,则应在父菜单项的开始和结束标记 <asp:MenuItem> 之间嵌套更多 <asp:MenuItem> 元素。

2. Menu 控件常用属性

Menu 控件的常用属性见表 4-3。

表 4-3 Menu 控件常用属性

属 性	说 明
DisappearAfter	获取或设置鼠标指针不再置于菜单上后显示动态菜单的持续时间
Orientation	获取或设置 Menu 控件的呈现方向
StaticDisplayLevels	获取或设置静态菜单的菜单显示级别数
MaximumDynamicDisplayLevels	获取或设置动态菜单的菜单呈现级别数
SelectedValue	获取选择菜单项的值
SelectedItem	获取选择的菜单项

MenuItem 控件的常用属性见表 4-4。

表 4-4 MenuItem 控件常用属性

属　性	说　　明
Text	获取或设置 Menu 控件中显示的菜单项文本
Value	获取或设置一个非显示值，用于存储菜单项的任何其他数据，如用于处理回发事件的数据
NavigateUrl	获取或设置单击菜单项时要导航到的 URL
ImageUrl	获取或设置显示在菜单项文本旁的图像的 URL
PopOutImageUrl	获取或设置显示在菜单项中的图像的 URL，用于指示菜单项具有动态子菜单
Selectable	获取或设置一个值，用来指示 MenuItem 对象是否可选或可单击
Selected	获取或设置一个值，用来指示 Menu 控件的当前菜单项是否已被选中
Target	获取或设置用来显示菜单项的关联网页内容的目标窗口或框架

3. Menu 控件常用事件

Menu 控件提供多个可以对其进行编程的事件。常用的事件见表 4-5。

表 4-5 Menu 控件常用事件

事　件	说　　明
MenuItemClick	单击引发该事件，在此事件发生时执行自定义例程
MenuItemDataBound	在菜单项绑定到数据时发生，通常用于在菜单项呈现在 Menu 控件中之前对菜单项进行修改

4. Menu 控件的样式

Menu 控件从 Style 基类派生了自定义类，具有自定义的样式类为 MenuItemStyle 类。MenuItemStyle 类添加了表示间距的属性，如 ItemSpacing、HorizontalPadding 和 VerticalPadding 属性，但 MenuItemStyle 类中没有 ImageUrl 属性，因此无法设置 Menu 控件菜单项的图片。

Menu 控件有两种显示模式：静态模式和动态模式。静态显示意味着 Menu 控件始终是完全展开的。整个结构都是可视的，用户可以单击任何部位。在动态显示的菜单中，只有指定的部分是静态的，并且只有当用户将鼠标指针移到父节点上时才会显示其子菜单项。

Menu 控件的菜单项样式属性见表 4-6。

表 4-6 Menu 控件的菜单样式属性

菜单项样式属性	说　　明
StaticMenuStyle	设置整个静态菜单的样式，这种样式的菜单项都显示在页面上
StaticMenuItemStyle	单个静态菜单项的样式设置
StaticHoverStyle	静态菜单项在鼠标指针置于其上时的样式设置
StaticSelectedStyle	当前选择的静态菜单项的样式设置
DynamicMenuStyle	设置整个动态菜单的样式，这种样式的菜单开始不显示，只有当把鼠标指针移到菜单中某个区域时，才以弹出方式显示
DynamicMenuItemStyle	单个动态菜单项的样式设置
DynamicHoverStyle	动态菜单项在鼠标指针置于其上时的样式设置
DynamicSelectedStyle	当前选定的动态菜单项的样式设置

Menu 控件的菜单项级别样式集合见表 4-7。表中，LevelMenuItemStyles 用于普通的菜单项，LevelSelectedStyles 用于被选择的菜单项，LevelSubMenuStyles 用于具有子菜单的菜单项。

表 4-7　Menu 控件的菜单项级别样式集合

级别样式集合	说　　明
LevelMenuItemStyles	获取 MenuItemStyleCollection 对象，该对象包含的样式是根据菜单项的级别应用于菜单项的
LevelSelectedStyles	获取 MenuItemStyleCollection 对象，该对象包含的样式是根据所选菜单项的级别应用于该菜单项的
LevelSubMenuStyles	获取 MenuItemStyleCollection 对象，该对象包含的样式是根据静态的子菜单项的级别应用于子菜单项的

除了能够设置菜单的动态菜单项样式和静态菜单项样式外，还可以用于定义静态显示和动态显示的菜单的层数。利用 Menu 控件的 StaticDisplayLevels 属性可以设置静态显示菜单的层数，如 StaticDisplayLevels = "2"，则展开显示其前两层菜单(根菜单和其下一级菜单)。静态显示的最小层数为 1，如果将该值设置为 0 或负数，该控件将会引发异常；利用 Menu 控件的 MaximumDynamicDisplayLevels 属性指定在静态显示层后应显示的动态显示菜单节点层数。例如，在设置 StaticDisplayLevels = "2" 的基础上，再设置二层静态显示、后三层动态显示。MaximumDynamicDisplayLevels = "3"，则菜单有 2 个静态层和 3 个动态层；如果将 MaximumDynamicDisplayLevels 设置为 0，则不会动态显示任何菜单节点。如果将 MaximumDynamicDisplayLevels 设置为负数，则会引发异常。

【例 4-6】 利用站点地图和 Menu 控件实现例 4-5 中所示学生管理系统网站的逻辑结构所需要的导航。

在例 4-5 所建立的网站中，新建一个网页"StuMenu.aspx"，在其中添加 Menu 控件，单击右上方的小箭头按钮，在弹出的快捷菜单"Menu 任务"中，单击"选择数据源"处的下拉按钮，选择"新建数据源"选项，在弹出的对话框中选择"站点地图"选项，则将 Menu 控件的"DataSourceID"属性设置为"SiteMapDataSource1"，如图 4-14 所示。

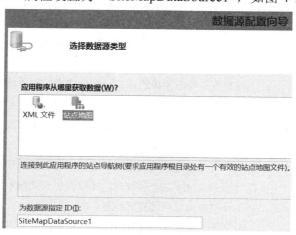

图 4-14　为 Menu 控件添加数据源为站点地图

将"StuMenu.aspx"设为起始页,执行"StuMenu.aspx",可看到"学生管理系统"的运行界面如图4-15所示。

图 4-15 Menu 控件示例

4.4.4 TreeView 控件

TreeView 控件可按树形结构来显示分层数据,如目录或文件目录,用于显示网站的各个部分,它可以显示整个网站地图或者网站地图的一部分。可折叠树的每个项都被称为一个节点(TreeNode),由 TreeNode 对象表示,该控件由一个或多个节点构成,其中节点类型如表4-8所示。

表 4-8 TreeView 控件的节点类型

节点类型	说明
根节点	没有父节点,但具有一个或多个子节点的节点
父节点	具有一个父节点,并且有一个或多个子节点的节点
叶节点	没有子节点的节点

一个典型的树结构只有一个根节点,但可以向树结构中添加多个根节点。每个节点都具有一个 Text 属性和一个 Value 属性。Text 属性的值是显示在 TreeView 控件中的文本,Value 属性用于存储有关该节点的任何附加数据(如传递给与节点相关联的回发事件的数据)。当没有设置节点的 NavigateUrl 属性时,单击节点将引发 SelectedNodeChanged 事件,当希望点击节点时不引发选择事件而导航至其他页,可将节点的 NavigateUrl 属性设置为除空字符串之外的值。每个节点还有 SelectAction 属性,该属性可用于确定单击节点时发生的展开节点或折叠节点等特定操作。

注意:绑定到站点地图的节点处于导航模式,因为每个站点地图节点提供一个 URL 信息。

TreeView 控件支持下列功能:

(1) 站点导航。通过与 SiteMapDataSource 控件集成实现。

(2) 数据绑定。TreeView 控件通过数据绑定方式,能够使控件节点与 XML、表格、关系型数据等建立联系。

(3) 节点文本可以显示为纯文本,也可以显示为超链接。

(4) 能够在每个节点旁显示复选框。

(5) 通过编程访问 TreeView 对象模型,可以动态创建树、填充节点和设置属性等。

(6) 通过客户端到服务器的回调填充节点(在受支持的浏览器中)。

(7) 可以通过主题、用户定义的图像和样式来自定义外观。

下面介绍 TreeView 控件的属性和事件及其操作。

1. TreeView 控件的属性

TreeView 控件包含很多属性，常用属性如表 4-9 所示。

表 4-9　TreeView 控件的常用属性

属 性	说　　明
CollapseImageUrl	节点折叠后显示的图像 URL。默认用带方框的"+"作为可展开指示图像
ExpandImageUrl	节点展开后显示的图像 URL。默认用带方框的"−"作为可折叠指示图像
NoExpandImageUrl	没有子节点而不能展开的节点的图像 URL
EnableClientScript	指定是否可以在客户端处理节点的展开和折叠事件，默认值为 true
ExpandDepth	第一次显示 TreeView 控件时，树的展开层次数。默认值为 FullyExpand，即 −1，表示全部展开该节点，如果 ExpandDepth 是 2，则只能看到起始节点下的 2 层
Nodes	设置 TreeView 控件的各级节点及其属性
ShowExpandCollapse	是否显示折叠、展开图像，默认值为 True
ShowLines	是否显示连接子节点和父节点之间的连线，默认值为 False
ShowCheckBoxes	指示在哪些类型节点的文本前显示复选框。有 Node(所有节点均不显示)、Root(仅在根节点前显示)、Parent(仅在父节点前显示)、Leaf(仅在叶节点前显示)、All(所有节点前均显示)5 个属性值

2. TreeView 控件的事件

TreeView 控件提供多个可以对其进行编程的事件。TreeView 控件常用事件见表 4-10。

表 4-10　TreeView 控件的常用事件

事 件	说　　明
TreeNodeCheckChanged	当 TreeView 控件的复选框在向服务器的两次发送过程之间状态有所更改时发生
SelectedNodeChanged	当选择 TreeView 控件中的节点时发生
TreeNodeExpanded	当扩展 TreeView 控件中的节点时发生
TreeNodeCollapsed	当折叠 TreeView 控件中的节点时发生
TreeNodePopulate	当其 PopulateOnDemand 属性设置为 True 的节点在 TreeView 控件中展开时发生
TreeNodeDataBound	当数据项绑定到 TreeView 控件中的节点时发生

3. TreeView 控件数据绑定

TreeView 控件可以使用两种方法绑定到适当的数据源类型。

(1) 绑定实现 IHierarchical-DataSource 接口的任意数据源控件，如 XmlDataSource 控件或 SiteMapDataSource 控件，此时，将 TreeView 控件的 DataSourceID 属性设置为数据源控件的 ID 值，就可以将 TreeView 控件自动绑定到指定的数据源控件，这是 TreeView 控件实现数据绑定的首选方法。

(2) 自动绑定到 XmlDocument 对象或包含关系的 DataSet 对象,将 TreeView 控件的 DataSource 属性设置为该数据源,然后调用 DataBind 方法即可实现。

4．TreeView 控件动态填充节点

如果需要在 TreeView 控件填充大量的数据或者要显示的数据取决于在运行时用户所获取的信息,这时,静态定义树结构将不可行,而必须使用 TreeView 控件的动态填充节点功能。TreeView 控件的这一功能,可以在节点打开时填充树的分支,而且可以随时填充树的选择部分。必须将某节点的 PopulateOnDemand 属性设为 True,才能在运行时填充该节点。若要动态填充某节点,则用户必须定义一个事件处理方法,它包含 TreeNodePopulate 事件所用的填充节点的逻辑,当用户展开这个节点时,会引发 TreeNodePopulate 事件,在此事件中可以加入下一层节点。

TreeView 支持两种动态填入节点的技术(客户端回调或页面回发)。

(1) 当 TreeView.PopulateNodesFromClient 属性为 True(默认)时,TreeView 执行一个客户端的回调从事件获得它需要的节点,而并不需要回发整个页面。

(2) 当 TreeView.PopulateNodesFromClient 属性为 False,或者为 True,但浏览器不支持客户端回调时,TreeView 会触发一次正常的回发以获得相同的结果。唯一的区别是整个页面的刷新产生了一个略微不平滑的界面。

5．自定义 TreeView 控件外观

可以通过自定义 TreeView 控件的样式、自定义显示在 TreeView 控件中的图像、在节点旁显示一个复选框等方法来自定义 TreeView 控件外观。TreeView 控件样式由 TreeNodeStyle 类来表示,它是 Style 类的子类。TreeView 控件常用节点的样式属性见表 4-11。

表 4-11 TreeView 常用节点样式

节点样式属性	说　明
NodeStyle	节点的默认样式设置,应用于所有节点。其他样式属性的设置可以部分或全部覆盖此样式中的设置
RootNodeStyle	仅应用于根节点的样式设置
ParentNodeStyle	应用于所有父节点的样式设置,此属性不能用于根节点的设置
LeafNodeStyle	叶节点的样式设置
SelectedNodeStyle	选择节点的样式设置
HoverNodeStyle	鼠标指针停在节点上时,该节点的样式设置。这些样式设置仅应用于支持所需动态脚本的高级客户端

节点的样式属性按照从通用属性到特定属性的顺序列出。例如,SelectedNodeStyle 的样式属性的设置,可以覆盖与它冲突的 RootNodeStyle 样式设置。如果不希望某个节点可以被选中,则将此节点的 SelectAction 属性设置为 TreeNode.SelectAction.None 即可。

TreeView 控件可以根据节点类型来应用不同的样式,也可以根据节点的不同层次来应用不同的样式,TreeView 控件使用 LevelStyles 集合来控制树中特定深度的节点样式。集合中的第一种样式对应于树中第一级节点(即根节点)的样式。集合中的第二种样式对应于树中第二级节点的样式。需要注意的是,必须严格按照层次顺序来定义 LevelStyles 集合的项,LevelStyles 集合中的样式才能正常工作,如果不想改变中间某一层级的样式设置,则必须

在 LevelStyles 集合中包含一个相应的空样式占位符。使用 LevelStyles 集合为某个深度级别定义了样式后，该样式会重写该深度的节点的所有根节点、父节点或叶节点的样式设置。

自定义显示在 TreeView 控件中的图像。通过设置 TreeView 控件节点的图像属性可以为控件的不同部分定义自定义图像集。如果没有显式设置图像属性，则使用内置的默认图像。节点的图像属性见表 4-12。

表 4-12 TreeView 控件常用节点图像属性

图像属性	说 明
CollapseImageUrl	可折叠节点的指示符所显示图像的 URL，此图像通常为一个减号(-)
ExpandImageUrl	可展开节点的指示符所显示图像的 URL，此图像通常为一个加号(+)
LineImagesFolder	包含用于连接父节点和子节点的线条图像的文件夹的 URL。ShowLines 属性必须设置为 True，该属性才能有效
NoExpandImageUrl	不可展开节点的指示符所显示图像的 URL

只要将 ShowCheckBoxes 属性设置为 TreeNodeTypes.None 以外的值时，就会在指定类型的节点旁显示复选框。每次将页面发送到服务器时，选择的节点会自动填充 CheckedNodes 集合中。如果显示了复选框，每当复选框状态在两次向服务器发送之间更改时，可以使用 TreeNodeCheckChanged 事件运行自定义例程。

另外，为了能更简单地对 TreeView 控件的外观进行设置，Microsoft 为开发者提供了很多 TreeView 控件外观设计，选择 TreeView 控件的自动套用格式功能就可以引用 Microsoft 提供的这些外观设计。

【例 4-7】 利用站点地图和 TreeView 控件实现例 4-5 中所示学生管理系统网站的逻辑结构所需要的导航。

在例 4-5 所建立的网站中，新建一个网页"StuTreeView.aspx"，在其中添加 TreeView 控件，单击右上方的 按钮，在弹出的"TreeView 任务"对话框中，单击"选择数据源"处的 按钮，选择"新建数据源"，在弹出的对话框中选择"站点地图"，将 TreeView 控件的"DataSourceID"属性设置为"SiteMapDataSource1"，如图 4-16 所示。运行页面"StuTreeView.aspx"，如图 4-17 所示。

图 4-16 为 TreeView 控件选择数据源为站点地图

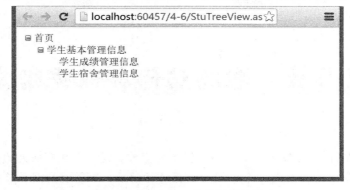

图 4-17 TreeView 控件运行效果

本 章 小 结

本章深入地讲解了 ASP.NET 模板页的创建方法与编程技巧，其中，在对基础模板页的创建方面，重点讲解了模板页和内容页面的创建方法、模板页中相对路径的处理、设置网站的全局模板页等几方面的内容。除了这些基础知识之外，还阐述了模板页和内容页之间传递数据的方法、如何在内容页以编程的方式设置模板页以及嵌套模板页等三方面的内容，从而加深对模板页的了解，提高编程能力。此外，本章对页面导航的三大控件 siteMapPath、Menu、TreeView 也进行了深入介绍，包括各页面导航控件的用法、属性和事件，以及如何改变控件外观。

练 习 题

1．什么情况下要采用模板页？
2．如何创建模板页、嵌套模板页以及内容页？
3．内容页如何与模板页传递数据？
4．编写 ASP.NET 网站，使用本章用到的三个导航控件。

第 5 章 数据访问和数据绑定

现在大多数 Web 应用程序都是基于数据库的操作。数据库具有强大的后台管理与存储数据的能力。ADO.NET 则是一个中间的数据库访问层，除了能应用于普通的应用程序之外，在分布式系统开发方面，同样具有强大的功能，它可连接到数据库，对数据的查询、增加、修改和删除的操作都非常重要。

本章主要以 SQL Server Express 2008 为例，对数据库进行 ADO.NET 连接与操作，并对相关的数据源控件和数据绑定控件的应用，以及使用 LINQ 实现数据访问等应用进行详细的介绍。

本章学习目标：

- 掌握使用 ADO.NET 进行数据库的连接；
- 掌握使用 ADO.NET 进行数据库的访问；
- 学会使用数据绑定控件；
- 了解 LINQ 绑定技术；
- 掌握使用 LINQ 实现数据访问。

5.1 ADO.NET 数据访问

5.1.1 ADO.NET 概述

ADO.NET 的名称起源于 ADO(ActiveX Data Objects)，是一个 COM 组件库，提供了平台互用性和可伸缩的数据访问功能，ADO.NET 增强了对非连接编程模式的支持，并支持 RICH XML。由于传送的数据都是 XML 格式的，因此任何能够读取 XML 格式的应用程序都可以进行数据处理。

ADO.NET 是一组用于和数据源进行交互的面向对象类库。通常情况下，ADO.NET 允许和不同类型的数据源以及数据库进行交互，可以是数据库，也可以是文本文件、Excel 表格或者 XML 文件。

ADO.NET 中主要的类有：

(1) Connection：数据库连接对象。
(2) Command：执行数据操作命令。
(3) Parameter：数据操作命令中的参数。
(4) DataReader：以只读方式读取数据。
(5) Transaction：用以实现事务。

(6) DataAdapter：为数据库容器加载数据库，将更新后的数据传回数据库。

(7) DataSet：数据容器，可以容纳多个 DataTable 和关系。

(8) DataTable：数据容器，由 DataRow 和 DataColumn 构成。

(9) DataRow：DataTable 中的一行记录。

(10) DataColumn：DataTable 中的列。

(11) DataView：为 DataTable 建立多种视图。

(12) DataRelation：表示多个 DataTable 之间的关系。

(13) Constraint：表示 DataTable 的主键和外键约束。

ADO.NET 的体系结构如图 5-1 所示，ADO.NET 提供了面向对象的数据视图，并在 ADO.NET 对象中封装了许多数据库属性和关系。特别是，ADO.NET 中通过多种方式封装和隐藏很多数据库访问的细节，将数据访问与数据处理分离，这样用户可能完全不知道对象在与 ADO.NET 对象交互，也不用担心数据移动到另一个数据库或者从另外一个数据库移出。由图 5-1 也可以看出 ADO.NET 的目标是在 ASP.NET 对象和后台数据库之间建立一座桥梁。

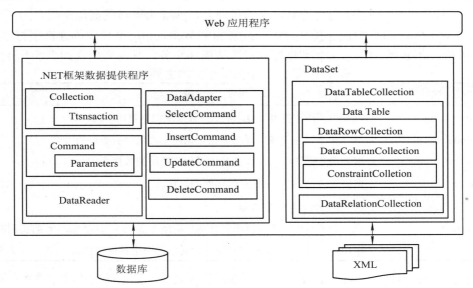

图 5-1 ADO.NET 体系结构

ASP.NET 通过 ADO.NET 访问数据库。数据库应用程序的开发流程如下：

(1) 创建数据库。

(2) 利用 Connection 对象创建数据库连接。

(3) 利用 Command 对象对数据源执行 SQL 命令，并返回结果。

(4) 利用 DataReader 对象读取数据源的数据。

(5) DataSet 对象和 DataAdapter 对象配合，完成数据库的添加、删除、修改、更新等操作。

5.1.2 建立数据库连接

应用程序与数据库进行交互，首先要建立数据库的连接。连接不同的数据库，.NET 中提供了不同的类，如下所示：

OLE DBConnection：用于对 OLE DB 数据库执行连接。

SqlConnection：用于对 SQL Server 数据库执行连接。

OdbcConnection：用于对 ODBC 数据库执行连接。

OracleConnection：用于对 Oracle 数据库执行连接。

本节主要讲解 SqlConnection，其他连接与此类似。要连接数据库，首先需要设置数据连接字符串，然后创建 SqlConnection 对象，创建成功则可以打开数据连接。

数据连接字符串的设置方法如下：

(1) 使用 Windows 身份验证的连接字符串，其设置代码如下：

string ConStr = "server = (local)\\SQLEXPRESS; DataBase = test；integrated security = SSPI"；在该代码中，server 表示运行 SQL Sever 的计算机名，如果 ASP.NET 程序和数据库系统位于同一计算机，可以用 local 代替当前计算机名。DataBase 表示所使用的数据库名。

(2) 使用 SQL Server 身份验证的连接字符串。其设置代码如下：

string ConStr = "server = (local)\\SQLEXPRESS; user ID = sa; pwd = sa123;DataBase = test"；在该代码中，user ID 为连接数据库的用户名，pwd 为连接数据库密码。为了安全，一般采用 Windows 身份验证连接字符串，或者加密 Web.config 文件中的连接字符串。

SqlConnection 类用来连接到数据库和管理数据库事务，其主要属性如表 5-1 所示。

表 5-1 SqlConnection 类的主要属性

属 性	说 明
ConnectionString	获取或设置用于打开 SQL Server 数据库的字符串
ConnectionTimeout	获取终止尝试并生成错误之前在尝试建立连接时所等待的时间
Database	获取当前数据库的名称或打开连接后要使用的数据库的名称
DataSource	获取要连接的 SQL Server 的实例的名称。
State	当前 SqlConnection 的状态
ServerVersion	获取一个字符串，该字符串包含客户端所连接到的 SQL Server 的实例的版本
PacketSize	获取用于与 SQL Server 的实例进行通信的网络数据包的大小(以字节为单位)

这些属性中，除了 ConnectionString 外，都是只读属性，只能通过连接字符串的标记配置数据库连接。SqlConnetction 类的主要方法如表 5-2 所示。

表 5-2 SqlConnection 类的主要方法

方 法	说 明
Create()	创建目录
BeginTransaction()	开始数据库事务
ChangeDatabase(String)	更改已打开的 SqlConnection 的当前数据库
CreateCommand()	创建并返回与 SqlConnection 关联的 SqlCommand 对象
Open()	打开一个数据库连接
Close()	关闭与数据库连接
ClearAllPools()	清空连接池

【例 5-1】 应用 SqlConnection 连接数据库。
(1) 在 Visual Studio 2010 中创建一个空的网站。
(2) 在网站中添加一个新的 Web 窗体，窗体文件名称为 WebConnection.aspx。
(3) 为窗体 WebConnection.aspx 添加一个 Label、两个按钮 Button1 和 Button2。
(4) 修改两个按钮的 text 属性，分别为 "打开数据库"，"关闭数据库"。
(5) WebConnection.aspx.cs 中实现代码如下：

```
namespace DataConnection
{
    public partial class WebConnection : System.Web.UI.Page
    {
        //SQL Server 身份验证连接字符串
        public static string sqlStr="server=DESKTOP-QKGAT36; user=sa; pwd=sa123456; database=Test";
        //建立数据库连接
        SqlConnection conStr = new SqlConnection(sqlStr);

        protected void Page_Load(object sender, EventArgs e)
        {
            Label1.Text = "打开数据库连接，或者关闭数据库连接";
        }
        protected void Button1_Click(object sender, EventArgs e)
        {
            if (conStr.State == ConnectionState.Closed)
            {
                conStr.Open();
                Label1.Text = "数据库已经打开连接";
            }
        }
        protected void Button2_Click(object sender, EventArgs e)
        {
            conStr.Close();
            if (conStr.State == ConnectionState.Closed)
            {
                Label1.Text = "数据库已经关闭连接";
            }
        }
    }
}
```

其运行效果如图 5-2 所示。

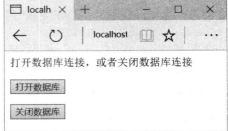

图 5-2　数据连接程序运行图

5.1.3 连线模式访问数据库

DataReader 对象在读取数据时，需要与数据源保持实时连接，以循环的方式读取结果集中的数据。每次只能在内存中保留一行，所以开销很小，在检索大量数据时，DataReader 是一种合适的选择。DataReader 对象的实例化必须调用 SqlCommand 对象的 ExecuteReader 方法。DataReader 对象创建好后即可通过对象的属性、方法访问数据源中的数据。

以下主要以 SQL Sever 数据源为例，介绍连线模式访问数据库用到的类，以及连线模式访问数据库的开发过程。

SqlCommand 类用来表示 SQL Server 数据库执行的一个 Transact-SQL 语句或存储过程。该类的主要属性见表 5-3。

表 5-3 SqlCommand 类的主要属性

属性	说明
CommandText	获取或设置要在数据源中执行的 Transact-SQL 语句、表名或存储过程
CommandType	获取或设置一个值，该值指示解释 CommandText 属性的方式
Parameters	获取 SqlParameterCollection
UpdatedRowSource	获取或设置命令结果在由 DbDataAdapter 的 Update 方法使用时应用于 DataRow 的方式

表 5-4 为 SqlCommand 类的主要方法。

表 5-4 SqlCommand 类的主要方法

方法	说明
BeginExecuteReader()	启动此 SqlCommand 描述的 Transact-SQL 语句或存储过程的异步执行，并从服务器中检索一个或多个结果集
Cancel()	尝试取消 SqlCommand 的执行
CreateParameter()	创建 SqlParameter 对象的新实例
ExecuteReader(CommandBehavior)	将 CommandText 发送到 Connection，并使用 CommandBehavior 值之一生成 SqlDataReader
ExecuteScalar()	执行查询，并返回由查询返回的结果集中的第一行的第一列。其他列或行将被忽略
ExecuteXmlReader()	将 CommandText 发送到 Connection，并生成一个 XmlReader 对象

SqlDataReader 是实现连接模式访问的重要类，表 5-5 为 SqlDataReader 类的主要属性。

表 5-5 SqlDataReader 类的主要属性

属性	说明
FieldCount	获取字段的数量，若 DataReader 对象中没有任何行，返回 0
HasRows	获取一个值，该值指示是否 SqlDataReader 包含一个或多个行
IsClosed	检索一个布尔值，该值指示是否指定 SqlDataReader 实例已关闭
RecordsAffected	获取通过执行 TRANSACT-SQL 语句已更改、插入或删除的行数
VisibleFieldCount	获取 SqlDataReader 中未隐藏的字段的数目

表 5-6 为 SqlDataReader 类中的主要方法。

表 5-6　SqlDataReader 类的主要方法

方　法	说　明
Read()	让记录指针指向到下一条记录。下一条记录存在时，返回值为 true；否则为假
Close()	关闭 SqlDataReader 对象
NextResult()	读取多个结果集时，将记录指针指向下一个结果集
GetName(Int32)	获取指定列的名称
GetDataTypeName(Int32)	获取表示指定列的数据类型的字符串
GetValue(Int32)	获取指定列的值
GetOrdinal(String)	获取列序号，给定的列的名称
IsDBNull(Int32)	判断指示列是否包含不存在或缺少的值。如果指定的字段设置为 null，则为 true；否则为 false

使用 SqlDataReader 对象读取数据库的一般步骤：

(1) 创建连接数据库。
(2) 打开数据库连接。
(3) 使用 SqlCommand 对象的 ExecuteReader 方法执行 CommandText 中的 SQL 命令，并把返回的结果放在 SqlDataReader 对象中。
(4) 循环处理数据库查询结果。
(5) 关闭数据库。

【例 5-2】 应用 SqlDataReader 进行连线模式访问数据。

(1) 在 Visual Studio 2010 中创建一个空的网站。
(2) 在网站中添加一个新的 Web 窗体，窗体文件名称为 WebDataReader.aspx。
(3) 为窗体 WebDataReader.aspx 添加一个 Label、一个按钮 Button1。
(4) 修改按钮的 text 属性为"读出数据表中的数据"。

WebCWebDataReader.aspx.cs 中实现代码如下：

```
namespace AboutDataReader
{
    public partial class WebDataReader : System.Web.UI.Page
    {
        // SQL Server身份验证连接字符串
        public static string sqlStr = "server =.\\SQLEXPRESS;user = sa;pwd = sa123456;
                database = Test";
        SqlConnection conStr = new SqlConnection(sqlStr);
        protected void Page_Load(object sender, EventArgs e)
        {
            conStr.Open();
            if (conStr.State == ConnectionState.Open)
```

```
            {
                Label1.Text = "数据库连接已打开";
            }
            else
            {
                Label1.Text = "数据库连接打开失败";
            }
        }

        protected void Button1_Click(object sender, EventArgs e)
        {
            //提取数据库中表的信息
            SqlCommand cmd = conStr.CreateCommand();           //创建数据库命令
            cmd.CommandText = "SELECT * FROM bookInfo";   //创建查询语句
            SqlDataReader reader = cmd.ExecuteReader();
            //读取数据流存入reader中
            Label1.Text = "数据表记录： " + "<br/>";
            //从reader中依次读取下一行数据，如果没有数据，reader.Read()返回flase
            while (reader.Read())
            {
                string name = reader.GetString(reader.GetOrdinal("name"));
                int ISDN = reader.GetInt32(reader.GetOrdinal("ISDN"));
                Label1.Text += name + ISDN.ToString() + "<br/>";
            }
            conStr.Close();
        }
    }
}
```

其运行效果如图 5-3 所示。

图 5-3 连线模式访问程序运行图

使用 SqlDataReader 对象时的注意事项：

(1) 读取数据时，SqlConnection 对象必须处于打开状态。
(2) 必须通过 SqlCommand 对象的 ExecuteReader()方法，产生 SqlDataReader 对象的实例。
(3) 只能向下顺序读取记录，且无法直接获知读取记录的总数。
(4) SqlDataReader 对象管理的查询结果是只读的。

5.1.4 离线模式访问数据库

Web 应用中，离线模式访问数据库的对象模型如图 5-4 所示，其开发流程为：

(1) 创建 SqlConnection 对象与数据库建立连接。

(2) 创建 SqlDataAdapter 对象，对数据库执行 SQL 命令或存储过程，包括增、删、改、查等操作。

(3) 如果查询数据，则使用 SqlConnection 的 Fill 方法填充 DataSet；如果是对数据库进行增、删、改操作，首先更新 DataSet 对象，然后使用 SqlDataAdapter 的 Update 方法将 DataSet 中修改内容更新到数据库中。

在使用 SqlDataAdapter 的过程中，连接的打开和关闭是自动完成的。

DataSet 对象是 ADO.NET 的核心，是实现离线访问技术的载体，相当于内存中暂存的数据库，可以包括多张数据表，还可以是数据表之间的关系和约束。在数据读入 DataSet 对象之后，可以关闭数据连接，解除数据库的锁定，这样其他用户可以再使用该数据库，避免了用户之间对数据源的争夺。离线模式访问程序如图 5-4 所示。

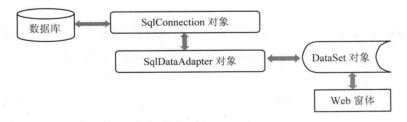

图 5-4 离线模式访问程序运行图

DataSet 对象的创建代码如下：

  DataSet　m_DS = new DataSet("stu_info");

stu_info 表示指定的 DataSet 名称。也可以通过已经存在的 DataSet 创建新的 DataSet 对象，例如：

  DataSet　m_NewDS = m_DS;

DataSet 类的主要属性见表 5-7。

表 5-7 DataSet 类的主要属性

属　　性	说　　明
CaseSensitive	获取或设置一个值，该值指示 DataTable 对象中的字符串比较是否区分大小写
Container	获取组件的容器
DataSetName	获取或设置当前 DataSet 对象的名称
Events	获取附加到该组件的事件处理程序的列表

属性	说明
HasErrors	获取一个值,指示在此 DataSet 中的任何 DataTable 对象中是否存在错误
IsInitialized	获取一个值,该值表明是否初始化 DataSet
Namespace	获取或设置 DataSet 的命名空间
Relations	获取用于将表链接起来并允许从父表浏览到子表的关系的集合
Tables	获取包含在 DataSet 中的表的集合

表 5-8 是 DataSet 类的主要方法。

表 5-8　DataSet 类的主要方法

方法	说明
AcceptChanges()	提交自加载此 DataSet 或上次调用 AcceptChanges 方法以来对其进行的所有更改
Clear()	通过移除所有表中的所有行来清除任何数据的 DataSet 对象
Clone()	复制 DataSet 的结构,包括所有 DataTable 架构、关系和约束。不要复制任何数据
CreateDataReader()	为每个 DataTable 返回带有一个结果集的 DataTableReader,顺序与 Tables 集合中表的显示顺序相同
CreateDataReader(DataTable[])	为每个 DataTable 返回带有一个结果集的 DataTableReader
Dispose()	释放由 MarshalByValueComponent 使用的所有资源
Equals(Object)	确定指定的 Object 是否等于当前的 Object
GetChanges()	获取 DataSet 的副本,该副本包含自加载以来或自上次调用 AcceptChanges 以来对该数据集进行的所有更改
GetType ()	获取当前实例的 Type
HasChanges()	获取一个值,该值指示 DataSet 是否有更改,包括新增行、已删除的行或已修改的行
Merge(DataRow[])	将 DataRow 对象数组合并到当前的 DataSet 中
ReadXml(XmlReader)	使用指定的 System.Xml.XmlReader 将 XML 架构和数据读入 DataSet
Reset()	将 DataSet 重置为其初始状态。子类应重写 Reset,以便将 DataSet 还原到其原始状态
WriteXml(Stream)	将 XML 架构形式的 DataSet 结构写入 XmlWriter 对象

DataAdapter 对象通常称为数据适配器,作用是作为数据源与 DataSet 对象之间的桥梁,提供了双向的数据传输机制,可以将查询结果集传送到 DataSet 对象的数据表中,也可以执行插入、更新、删除,更新数据源。

SqlDataAdapter 类主要属性如表 5-9 所示。

表 5-9 SqlDataAdapter 类的主要属性

属　性	说　　明
SelectCommand	获取或设置用来从数据源查询数据行的 SQL 命令，属性值必须为 Command
InsertCommand	获取或设置将数据行插入数据源的 SQL 命令，属性值为 Command 对象，使用原则与 DeleteCommand 属性一样
DeleteCommand	获取或设置用来从数据源删除数据行的 SQL 命令，属性值必须为 Command 对象，并且此属性只有在调用 Update 方法且从数据源删除数据行时使用，其主要用途是告知 DataAdapter 对象如何从数据源删除数据行
UpdateCommand	获取或设置用来从数据源更改数据行的 SQL 命令，属性值为 Command 对象

表 5-10 是 SqlDataAdapter 类的常用方法。

表 5-10 SqlDataAdapter 类的常用方法

方　法	说　　明
Dispose()	释放由 Component 占用的资源
Equals(Object)	确定指定的 Object 是否等于当前的 Object
Fill()	填充 DataSet 或 DataTable
Finalize()	在通过垃圾回收将 Component 回收之前，释放非托管资源并执行其他清理操作
GetType()	获取当前实例的 Type
Update()	为 DataSet 中每个已插入、已更新或已删除的行调用相应的 INSERT、UPDATE 或 DELETE 语句

【例 5-3】 应用 DataAdapter、DataSet 对象进行查询数据。

(1) 在 Visual Studio 2010 中创建一个空的网站。

(2) 在网站中添加一个新的 Web 窗体，窗体文件名称为：WebDataAdapter.aspx。

(3) 在窗体中添加一个 Label，用于显示读出的数据。

(4) WebDataAdapter.aspx.cs 中实现代码如下：

```
namespace AboutDataSetDataAdapter
{
    public partial class WebDataAdapter : System.Web.UI.Page
    {
        protected void Page_Load(object sender, EventArgs e)
        {
            string con_Str = "server =.; user = sa; pwd = sa123456; database = Test";
            //连接字符串
            string sql = "SELECT * FROM bookInfo";//创建查询语句
            SqlDataAdapter adptr = new SqlDataAdapter(sql, con_Str);
            DataSet DS = new DataSet();
            adptr.Fill(DS, "tt");
            DataTableReader rdr = DS.CreateDataReader();
```

```
                //循环读出表中的数据
                while (rdr.Read())
                {
                    for (int i = 0; i < rdr.FieldCount; i++)
                    {
                        Label1.Text += rdr.GetName(i) + rdr.GetValue(i);
                    }
                    Label1.Text += "<br/>";
                }
```
其运行效果如图 5-5 所示。

图 5-5　离线模式访问程序运行效果图

5.2　数据绑定技术与绑定控件

5.2.1　数据绑定基础

　　数据绑定技术就是把已经打开的数据集中某个或者某些字段绑定到组件的某些属性上面的一种技术。说得具体些，就是把已经打开数据的某个或者某些字段绑定到 Text 组件、ListBox 组件、ComBox 等组件上的能够显示数据的属性上面。当对组件完成数据绑定后，其显示字段的内容将随着数据记录指针的变化而变化。这样程序员就可以定制数据显示方式和内容，从而为以后数据处理做好准备。所以说数据绑定是 Visual C#进行数据库方面编程的基础和最为重要的一步。只有掌握了数据绑定方法，才可以十分方便地对已经打开的数据集中的记录进行浏览、删除、插入等具体的数据操作和处理。

　　数据绑定根据不同控件或者需要绑定属性的不同，ASP.NET 可以分为两种，一种是单值数据绑定，另外一种就是复杂型的数据绑定。所谓单值数据绑定就是绑定后组件显示出来的字段只是单个记录，这种绑定一般使用在显示单个值的组件上，譬如：TextBox 组件和 Label 组件。而复杂型的数据绑定就是绑定后的组件显示出来的字段是多个记录，这种绑定一般使用在显示多个值的组件上，譬如 ComBox 组件、ListBox 组件等。

5.2.2　数据源控件

　　数据源控件是管理连接到数据源以及进行数据处理等任务的 ASP.NET 服务器控件。作为特定数据源与 ASP.NET 网页上的其他控件之间的联系人出现。数据源控件实现了丰富的数据检索和更新功能，包括查询、排序、分页、筛选、更新、删除以及插入等，UI 控件能够自动利用这些功能而不需要代码。

ASP.NET 中主要包括 7 种数据源控件，在工具箱中可以看到这些数据源，如图 5-6 所示。

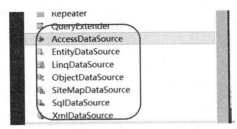

图 5-6　工具箱中的数据源选项

SqlDataSource 控件：支持绑定到 ADO.NET 提供程序(如 Microsoft SQL Server、OLEDB、ODBC 或 Oracle)表示的 SQL 数据库。

ObjectDataSource 控件：使用中间层业务对象以声明方式对数据进行操作。

LinqDataSource 控件：可以使用 LINQ 查询访问不同类型的数据对象。

AccessDataSource 控件：处理 Microsoft Access 数据库。

EntityDataSource 控件：是专门为使用 ADO.NET 实体架构建立的应用程序而设计的特殊数据源。

XmlDataSource 控件：允许连接到 XML 文件，提供 XML 文件的层次结构信息。

SiteMapDataSource 控件：支持绑定到 ASP.NET 4.0 站点导航提供程序公开的结构。

下面简单介绍 SqlDataSource 控件、ObjectDataSource 控件、LinqDataSource 控件三种控件。

SqlDataSource 控件能够与多种常用数据库进行交互，能够在数据绑定控件的支持下，完成多种数据访问任务。该控件提供了一个易于使用的向导来引导用户完成配置过程，完成配置后，该控件就可以自动调用 ADO.NET 中的类来查询或更新数据库数据。SqlDataSource 控件不用编写任何代码就可以选择、更新、插入和删除数据库数据，为开发工作提供了很大的方便，其特点是表示层(ASP.NET 网页)可以与数据层直接进行通信。其具体使用见下一小节。

在一些小的开发任务中，SqlDataSource 控件提供了极大的方便，但在一些大型的开发中，其代码复用、灵活性和可维护性方面就有所欠缺。那么 ObjectDataSource 数据源控件，正好弥补了 SqlDataSource 控件的不足。

LinqDataSource 控件功能更强大，在 SQL Sever 数据库中的使用方法与 SqlDataSource 类似，但在与数据库交互时，它不会直接与数据库相连，而是通过一个数据源上下文对象 DataContext 进行绑定，让 DataContext 充当 SQL Severt 数据库映射到实体类之间的管道。

【例 5-4】　应用 SqlDataSource 控件创建数据源。

(1) 新建一个网站项目，将工具箱中的 SqlDataSource 控件拖到视图中，点击右上角处的小三角符号，弹出 SqlDataSource 任务框，如图 5-7 所示。

(2) 点击"配置数据源",打开数据源配置向导,在弹出的"配置"对话框中,点击"新建连接",弹出"添加连接"对话框,如图 5-8 所示,在对话框中,填写数据库服务器名,如果在本机,可填入 localhost,填写用户名和密码,以及要连接的数据库名,本实例中为 Test,填好后,可点击"测试连接"按钮,弹出测试成功对话框。

图 5-7 SqlDataSource 任务框 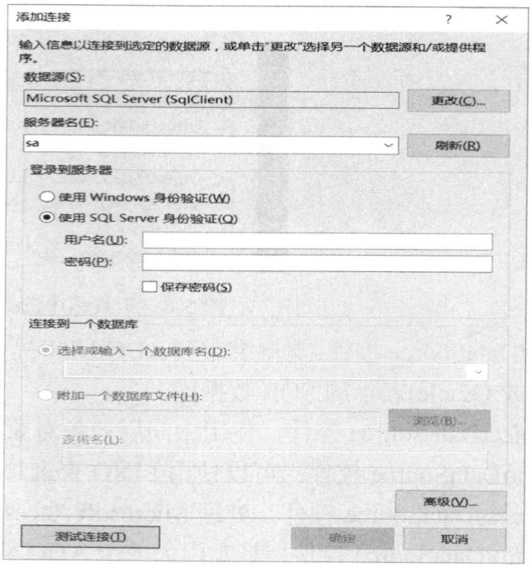　　图 5-8 SqlDataSource 配置向导和添加连接对话框

连接测试成功后,点击"确定"按钮,返回到数据源配置向导,点击"下一步",进入下一步,可以保存连接字符串,再点击"下一步",配置 select 语句,通过该界面可以确定数据源需要查询的相关数据信息,选择表、字段设置数据筛选条件等。如图 5-9 所示。

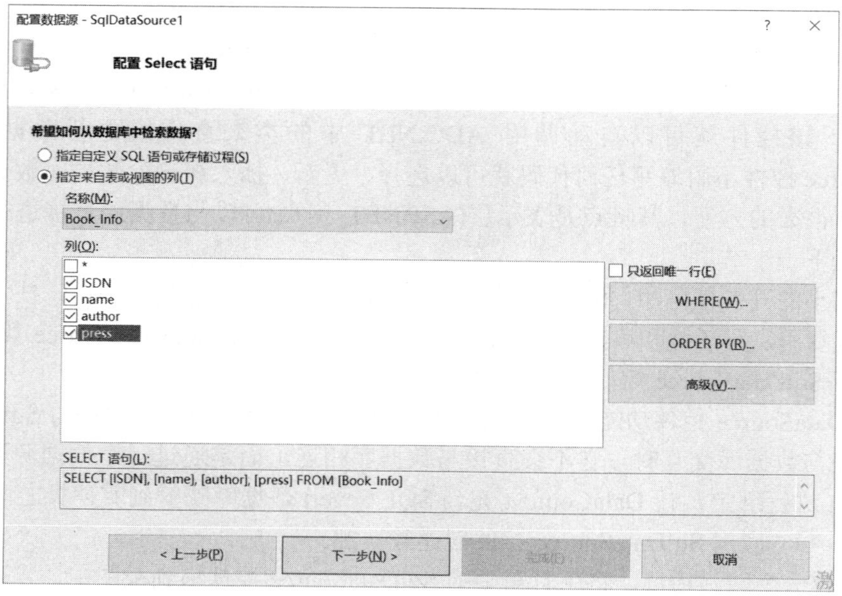

图 5-9 SqlDataSource 配置 select 字符串

第 5 章　数据访问和数据绑定

设置好后，点击"下一步"，进行测试查询，如图 5-10 所示。最后点击完成，则配置好了 sqlDataSource 数据源。

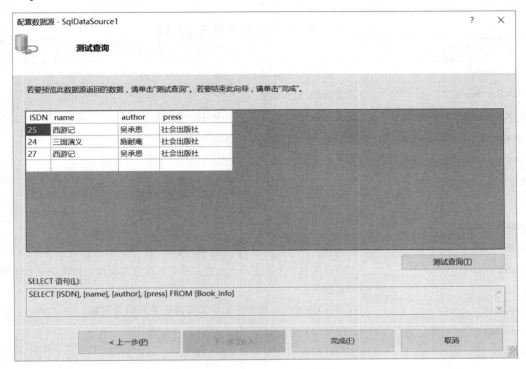

图 5-10　SqlDataSource 配置测试查询

5.2.3　数据绑定控件

在 VS2010 工具箱的数据栏中，提供了开发 ASP.NET 应用程序的数据绑定控件，如图 5-11 所示，这些控件功能强大，使用灵活。本节将主要介绍 GridView 控件、ListView 控件、DataPager 控件。

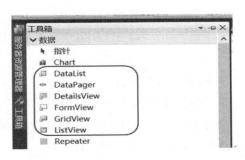

图 5-11　工具箱中数据绑定控件

GridView 控件是一个显示表格式数据的控件，主要功能是通过数据源控件自动绑定数据源的数据，然后按照数据源中的一行显示为输出表中的一行显示出来。使用该控件无需编写任何代码即可实现选择、排序、分页、编辑和删除功能。显示一个二维表格式数据，每列表示一个字段，每行表示一条记录。GridView 是 ASP.NET 服务器控件中功能最强大、最实用的一个控件。

GridView 控件的常用属性如表 5-11 所示。

表 5-11 GridView 控件的常用属性

属　性	说　明
AllowPaging	是否启用分页功能
AllowSorting	是否启用排序功能
AutoGenerateColumns	是否为数据源中的每个字段自动创建绑定字段
AutoGenerateDeleteButton	每个数据行是否添加"删除"按钮
AutoGenerateEditButton	每个数据行是否添加"编辑"按钮
AutoGenerateSelectButton	每个数据行是否添加"选择"按钮
EditIndex	获取或设置编辑行的索引
DataKeyNames	获取或设置主键字段的名称，多个主键字段间以逗号隔开
DataSource	获取或设置对象，数据绑定控件从该对象中检索其数据项列表
DataMember	当数据源有多个数据项列表时，获取或设置数据绑定控件绑定到的数据列表的名称
PageCount	获取在 GridView 控件中显示数据源记录所需的页数
PageIndex	获取或设置当前显示页的索引
PageSize	获取或设置当前每页显示的记录数
SortDirection	获取正在排序列的排序方向
SortExpression	获取与正在排序的列关联的排序表达式

表 5-12 为 GridView 控件的常用方法。

表 5-12 GridView 控件的常用方法

方　法	说　明
DataBind	将数据源绑定到 GridView 控件
DeleteRow	根据行索引删除数据行
FindControl	在当前的命名容器中搜索指定的服务器控件
Focus	为控件设置输入焦点
GetType	获取当前实例的 Type
HasControls	确定服务器控件是否包含任何子控件
IsBindableType	确定制定的数据类型是否能够绑定到 GridView 控件中的列
Sort	根据参数对 GridView 控件进行排序
UpdateRow	根据参数更新数据记录

GridView 控件提供了多个事件，其中最为重要的事件之一，是用于处理分页之前发生的 PageIndexChanging 事件和单击 GridView 控件按钮时发生的 RowCommand 事件。表 5-13 列出了一些 GridView 控件常用的事件。

第 5 章 数据访问和数据绑定 · 105 ·

表 5-13 GridView 控件的常用事件

事件	说明
PageIndexChanged	该事件发生在单击分页导航按钮，且 GridView 控件处理完分页操作之后
PageIndexChanging	该事件发生在单击分页导航按钮，且 GridView 控件处理完分页操作之前
RowCancelingEdit	该事件发生在单击取消按钮，且 GridView 控件脱离编辑状态之前
RowCommand	该事件发生在 GridView 控件中的一个按钮被单击时
RowCreated	该事件在创建一个新的数据行时发生。通常在该事件中修改数据行的内容
RowDataBound	该事件在一个数据行绑定数据时发生。通常在该事件中修改数据行的内容
RowDeleted	该事件发生在单击删除按钮，且 GridView 控件从数据源中选择数据之后
RowDeleting	该事件发生在单击删除按钮，且 GridView 控件从数据源中选择数据之前
RowUpdated	该事件发生在单击更新按钮，且 GridView 控件从数据源中选择数据之后
RowUpdating	该事件发生在单击更新按钮，且 GridView 控件从数据源中选择数据之前
SelectedIndexChanged	该事件发生在单击选择按钮，且 GridView 控件从数据源中选择数据之后
SelectedIndexChanging	该事件发生在单击选择按钮，且 GridView 控件从数据源中选择数据之前
Sorted	该事件发生在单击一个超链接形式的排序按钮，且 GridView 控件处理排序操作之后
Sorting	该事件发生在单击一个超链接形式的排序按钮，且 GridView 控件处理排序操作之前

【例 5-5】 GridView 数据绑定控件实例

创建一个 GridViewEdit 网站，添加 GridView 控件，点击右上角三角符号，在弹出的"gridView 任务"框中，选择 GridView 连接数据源，使用 GridView 控件对数据进行编辑，点击"编辑列"，弹出字段对话框，如图 5-12 所示，可以对 GridView 控件中相关字段进行调整。

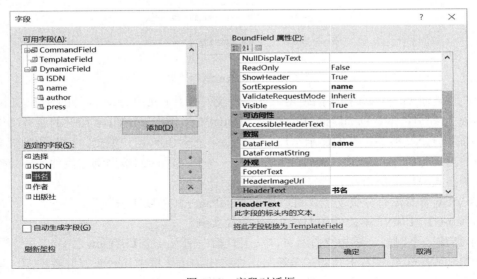

图 5-12 字段对话框

在字段对话框中，BoundField 属性中"外观"的 HeaderText 中输入值，为 GridView 控件显示字段设置表头字段。如果要对相应字段进行编辑、选择操作，则在"字段"对话框的"可用字段"中添加相应字段，如图 5-13 所示。

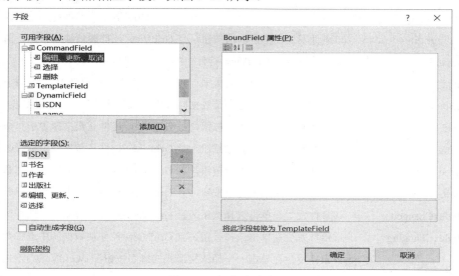

图 5-13　添加命令字段

添加好这些字段后，可以为相关的命令字段添加相应的响应事件，这样 GridView 的操作就完成了。其运行效果如图 5-14 所示。

图 5-14　GridView 运行效果

上面讲述了 GridView 控件的使用，下一步我们来看看 ListView 控件的使用。ListView 控件集成了 GridView、DataList、Repeater、DetailView 和 FormView 控件的所有功能，可以在页面上自定义多条记录的显示布局。ListView 控件允许用户编辑、插入和删除数据，以及对数据进行排序和分页。ListView 控件是一个相当灵活的数据绑定控件，该控件不会以默认的格式呈现，所有格式都需要使用模板设计实现。

ListView 本身没有分页功能，可以通过 DataPager 控件实现分页。

【例 5-6】 ListView 控件和 DataPager 控件实例。

(1) 新建一个网站，添加空白网页，从工具箱中拖入一个 ListView 控件。

单击 ListView 控件右上角的三角符号，在弹出的菜单框中，先配置好数据源，再选择"配置 ListView"，出现配置 ListView 对话框，如图 5-15 所示。

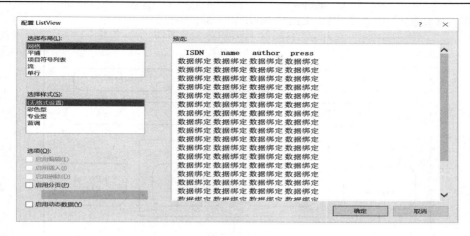

图 5-15　配置 ListView 对话框

选择网格布局，从预览中可以看出列名是英文的，ListView 控件没有提供"编辑功能"修改设计视图中的源代码，主要是修改<LayoutTemplate>区的代码，修改如下：

      <tr runat = "server" style = "">

        <th runat = "server">ISDN</th>

        <th runat = "server">书名</th>

        <th runat = "server">作者</th>

        <th runat = "server">出版社</th>

      </tr>

这样，list 表的标题字段经过编辑后，就成了用户需要的字段了。

(2) 在工具箱中，拖入 DataPager 控件。

将 DataPager 控件的属性中 DataControlID 属性设置为 ListView1，使该控件与 ListView 控件相关联，再将 PagerSize 属性设置为 2，表示每页显示两条记录。

单击 DataPager 右上角的小三角符号，在弹出的任务窗口中，可以将数字页导航字段设置为 DataPager 的显示样式。

运行效果如图 5-16 所示。

ISDN	书名	作者	出版社
920005619	西游记	吴承恩	社会出版社
920008728	三国演义	罗贯中	人民文学出版社

第一页　1 2　最后一页

图 5-16　ListView 运行效果图

5.3　使用 LINQ

5.3.1　LINQ 技术基础

LINQ 即语言集成查询(Language Integrated Query)，是一组用于 C# 和 Visual Basic 语言的扩展。它允许编写 C#或者 Visual Basic 代码以查询数据库相同的方式操作内存数据。LINQ 可以查询或者操作任何形式的数据，如对象(集合、数组、字符串等)、关系(关系数据库、

ADO.NET 数据集等)以及 XML。LINQ 架构如图 5-17 所示。

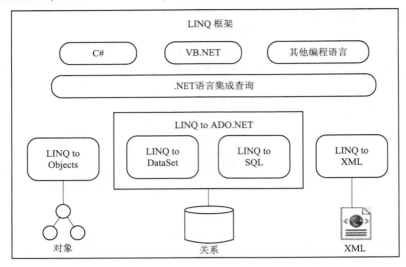

图 5-17　LINQ 框架

LINQ 查询表达式是 LINQ 中非常重要的部分，它可以从一个或多个给定的数据源中检索数据，并指定检索结果的：

(1) from 子句，用于指定查询操作的数据源和范围变量。
(2) select 子句，用于指定查询结果的类型和表现形式。
(3) where 子句，用于指定筛选元素的逻辑条件。
(4) group 子句，用于对查询结果进行分组。
(5) orderby 子句，用于对查询结果进行排序。
(6) join 子句，用于连接多个查询操作的数据源。
(7) let 子句，用于引入用于存储查询表达式中的子表达式结果的范围变量。
(8) into 子句，用于提供一个临时标识符，该标识符可以在 join、group 或 select 子句中引用。

LINQ 查询语法跟 SQL 查询语法很相似，表达式必须以 from 子句开始，以 select 或 group 子句结束，中间可以包含一个或多个 from、where、orderby、group、join、let 等子句。

5.3.2　LINQDataSource 数据源控件

LinQDataSource 是 ASP.NET 4.0 中引入的一个数据源控件，该控件与 SqlDataSource 控件相似，但与数据库中的数据进行交互时，不会将 LINQDataSource 控件直接连接到数据库，而是与表示数据库和表的实体类进行交互。

LINQDataSource 控件的工作方式与其他数据源控件一样，将控件上设计的属性转换为可以在目标数据对象上执行的查询，并且 LINQDataSource 控件也可以将属性设置为有效的 LINQ 查询。

5.3.3　使用 LINQ 实现数据访问

利用 LINQ 技术，我们可以使用一种类似 SQL 的语法来查询任何形式的数据。目前为止 LINQ 所支持的数据源有 SQL Server、Oracle、XML(标准通用标记语言下的一个应用)以及内存中的数据集合,本节中主要介绍应用 LINQ 对数组和 SQL 数据源进行的查询操作。

首先我们来看看应用 LINQ 查询语句从数组中进行查询的案例。

【例 5-7】 应用 LINQ 查询语句从数组中查询相关数据。

(1) 在 Visual Studio 2010 中创建一个空的网站。

(2) 在网站中添加一个新的 Web 窗体,窗体文件名称为:LINQ_ARRAY.aspx。

(3) LINQ_ARRAY.aspx.cs 中实现代码如下:

```
using System.Linq;
public partial class LINQ_ARRAY : System.Web.UI.Page
{
    protected void Page_Load(object sender, EventArgs e)
    {
        int[] array = { 21, 16, 8, 12, 3, 17, 11, 23, 14 };
        var value = from v in array           //LinQ 查询语句
                    where v % 4 == 0
                    orderby v ascending
                    select v;
        Response.Write("查询结果: <br>" );
        foreach (var v in value)
        {
            Response.Write(v.ToString() + "<br>");
        }
    }
}
```

代码运行后的效果如图 5-18 所示。

图 5-18 LinQ 查询数组

接下来,我们来看看 LINQ 访问 SQL 数据源的操作。

通过 LINQ 访问 SQL 数据源时,首先建立 LINQ to SQL 数据连接的上下文,然后,根据需要对数据进行操作。

建立 LINQ to SQL 数据连接上下文的一般步骤是:在解决方案资源管理器中,右击项目名,在弹出的菜单中选择"添加新项",在弹出的对话框中选择"LINQ to SQL 类"选项,在"名称"文本框中输入"XXX.dbml"文件名称,点击"添加"按钮,就会自动生成 3 个文件 XXX.dbml、XXX.dbml.layout、XXX.designer.cs,这三个文件放在 App_Code 文件夹中。在 XXX.designer.cs 中自动创建一个名为 XXXDataContext 的数据上下文类,是 DataContext 类的派生类,用于为数据库提供查询或操作数据库的方法。另外,XXX.dbml 定义了访问数据库的架构,XXX.dbml.layout 定义数据库表在设计视图中的布局;XXX.designer.cs 定义自动生成的类,包括与数据库对应的,以及数据库表所对应的表名作为类名的实体类。添加 LINQ to SQL 类后,打开"XXX.dbml",将服务器中对应的表拖入其中,再将数据库表映射到 XXX.dbml 中,这样就建立好了 LINQ to SQL 数据连接上下文。

DataContext 类(数据上下文)是 System.Data.Linq 命名空间下的重要类型,用于把查询句法翻译成 SQL 语句，以及把数据从数据库返回给调用方和把实体的修改写入数据库。DataContext 提供了以下一些实用的功能：以日志形式记录 DataContext 生成的 SQL，执行 SQL(包括查询和更新语句)，创建和删除数据库。DataContext 是实体和数据库之间的桥梁。

【例 5-8】 应用 LINQ 从 SQL 数据库中访问、插入、删除数据。

(1) 创建网站空项目。添加 GridView 控件、4 个 Lable 控件、2 个 Button 按钮。

(2) 新建 LINQ to SQL 数据连接上下文。

新建 LINQ to SQL 类，生成 Book.dbml，Book.dbml.layout、Book.designer.cs，将数据库 Test 中的 bookInfo 表映射到 Book.dbml 中，如图 5-19 所示，此时，在 Book.designer.cs 中会自动添加与表名相同的实体类 BookInfo。

图 5-19　添加数据映射

绑定 GridView 控件与 LINQ 数据源，添加如下代码：

```
public partial class LINQ_TO_SQL : System.Web.UI.Page
{
    BOOKDataContext db = new BOOKDataContext();
    Book_Info book_add = new Book_Info();
    protected void Page_Load(object sender, EventArgs e)
    {
        ShowData();
    }
    protected void ShowData()
    {
        var result = from r in db.Book_Info select r;
        GridView1.DataSourceID = null;
        GridView1.DataSource = result;
        GridView1.DataBind();
    }
    protected void Button1_Click(object sender, EventArgs e)
    {
```

```
            book_add.ISDN = Convert.ToInt32(TextBox1.Text);
            book_add.name = TextBox2.Text;
            book_add.author = TextBox3.Text;
            book_add.press = TextBox4.Text;
            //插入数据记录
            db.Book_Info.InsertOnSubmit(book_add);
            db.SubmitChanges();
            ShowData();
        }
        protected void Button2_Click(object sender, EventArgs e)
        {
            book_add.ISDN = Convert.ToInt32(TextBox1.Text);
            book_add.name = TextBox2.Text;
            book_add.author = TextBox3.Text;
            book_add.press = TextBox4.Text;

            //删除数据记录
            var result = from r in db.Book_Info
                         where r.ISDN == book_add.ISDN select r;
            foreach (Book_Info r in result)
            {
                db.Book_Info.DeleteOnSubmit(r);
            }
            db.SubmitChanges();
            ShowData();
        }
    }
```

运行效果如图 5-20 所示。

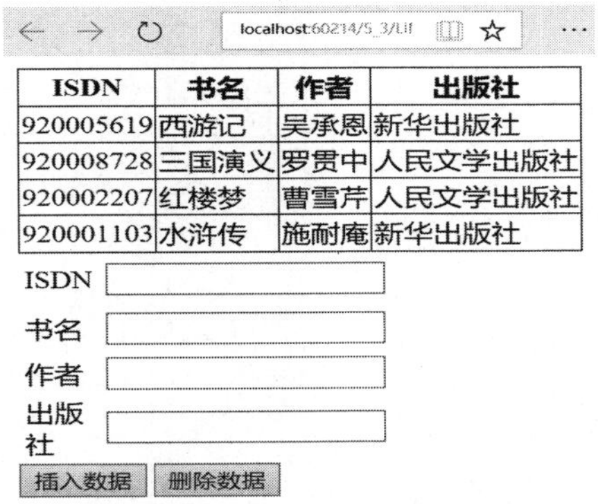

图 5-20　LINQ 数据源访问数据运行图

本 章 小 结

本章介绍了 ADO.NET 体系结构，ADO.NET 的核心是数据提供者和数据集。数据提供者是数据源和数据集之间的桥梁，数据集可以理解为内存中的数据缓存。

建立数据连接后，就可以进行连线数据访问或者离线数据访问。连线数据访问时，使用 DataReader 对象读取数据，需要与数据源保持实时连接。离线模式访问数据时，DataAdapter 相当于数据适配器，将数据库中的数据取出放到 DataSet 中。

数据源 SqlDataSource 控件、ObjectDataSource 控件、LINQDataSource 控件是进行数据连接的，可以通过数据绑定控件进行数据的增、删、改、查操作，数据绑定控件主要介绍了 GridView 控件、ListView 控件、DataPager 控件，要求掌握这些控件的基本应用。介绍了 LINQ 的特点及其基本语法结构，同时通过例子介绍了如何应用 LINQDataSource 数据源控件进行数据访问。

练 习 题

1. 简述 ADO.NET 的体系结构。
2. ADO.NET 中常用的对象有哪些？请分别描述一下。
3. 比较 DataReader 和 DataSet 的异同。
4. 简述 LINQ 查询表达式的组成部分。
5. 简述在进行 LINQ 数据操作时，DataContext 类的作用。

第6章 文件操作

在编写各类应用程序时，常常需要以文件的形式保存和读取一些信息。这时就会不可避免地要进行各种文件操作，还经常会需要设计自己的文件格式。因此，有效地实现文件操作，是一个良好的程序员所必须具备的技能。

目录及文件管理是操作系统的一个重要组成部分，包括目录的创建、移动、删除和文件的创建、移动、复制、删除以及对文件的读写等操作。一个完整的应用程序，常常会涉及对系统和用户的信息进行存储、读取和修改等处理。因此，如何有效地实现目录和文件操作也是必须掌握的一种技术。

在 C#语言中，可以方便地对文件进行存储和读写等。.NET 框架提供的 Directory 类和 DirectoryInfo 类用于对磁盘和目录进行操作管理；File 类和 FileInfo 类用于对文件进行创建、复制、移动、删除和打开等操作。而 StreamReader 和 StreamWriter 等类则可以用于对文件以"流"的方式进行读写操作。

本章的主要内容包括通过文件的基本内容以及 System.IO 模型学习通过 C#进行文件夹和文件的操作，掌握各类文件的操作过程，并理解文件的序列化和反序列化的概念。

本章学习目标：

> 了解 System.IO 模型的基本概念；
> 掌握文件夹和文件的操作；
> 熟悉 FileStream 类；
> 掌握文本文件的操作；
> 掌握二进制文件的操作；
> 了解序列化和反序列化的概念。

6.1 System.IO 模型

System.IO 模型提供了一个面向对象的方法来访问文件系统。该模型提供了很多针对文件、文件夹的操作功能，特别是以流(Stream)的方式对各种数据进行访问。这种访问方式不但灵活，而且可以保证编程接口的统一。该模型的实现包含在 System.IO 命名空间中，该命名空间包含允许读写文件和数据流的类型以及提供基本文件和文件夹支持的各种类。也就是说，System.IO 模型是一个文件操作类库，包含的类可用于文件的创建、读/写、复制、移动和删除等操作

在 System.IO 命名空间中提供了多种类，用于进行文件和数据流的读写操作。要使用

这些类，需要在程序的开头包含语句"using System.IO;"。

6.1.1 文件编码

文件编码也称为字符编码，用于指定在处理文本时如何表示字符。一种编码可能优于另一种编码，主要取决于它能处理或不能处理哪些语言字符，不过通常首选的是 Unicode。编码是一个将一组 Unicode 字符转换为一个字节序列的过程；解码是一个反向过程。在 System.IO 模型中，Encoding 类用于字符编码。

6.1.2 C# 的文件流

文件(file)的读写离不开流(stream)的操作，文件和流既有区别又有联系。文件是在各种媒质上(可移动磁盘、硬盘和光盘等)永久存储的数据的有序集合。它是一种进行数据读写操作的基本对象。通常情况下，文件按照树状目录进行组织，每个文件都有文件名、文件所在路径、创建时间和访问权限等属性。

流是字节序列的抽象概念，例如文件、输入输出设备、内部进程通信管道或者 TCP/IP 套接字等均可以看成流。简言之，流是一种向后备存储器写入字节和从后备存储器读取字节的方式。

流也是进行数据读取操作的基本对象，流提供了连续的字节流存储空间。虽然数据实际存储的位置可以不连续，甚至可以分布在多个磁盘上，但我们看到的是封装以后的数据结构，是连续的字节流抽象结构，这和一个文件也可以分布在磁盘上的多个扇区是一样的。

C# 将文件看成是顺序的字节流，也称为文件流。C# 用文件流对文件进行输入、输出操作。C# 提供的 Stream 类(System.IO 成员)是所有流的基类，由它派生出文件流 FileStream 和缓冲区流 BufferedStream。

6.2 文件夹管理

在 System.IO 命名空间中，.NET 框架提供了 Directory 类和 DirectoryInfo 类。这两个类均可用于对磁盘和目录进行操作管理，如复制、移动、重命名、创建和删除目录，获取和设置与目录的创建、访问及写入操作相关的时间信息。

DirectoryInfo 类与 Directory 类的不同点在于 DirectoryInfo 类必须被实例化后才能使用，而 Directory 类则只提供了静态的方法。实际编程中，如果多次使用某个对象，一般用 DirectoryInfo 类；如果仅执行某一个操作，则使用 Directory 类提供的静态方法效率更高一些。

6.2.1 DirectoryInfo 类

DirectoryInfo 类的基本构造函数形式如下：
public DirectoryInfo(string path);   //参数 path 表示目录所在的路径。
DirectoryInfo 类的主要属性见表 6-1。

表 6-1　DirectoryInfo 类的主要属性

属　　性	说　　明
Attributes	获取或设置当前文件或目录的特性
CreationTime	获取或设置当前文件或目录的创建时间
CreationTimeUtc	获取或设置当前文件或目录的创建时间，其格式为协调世界时(UTC)
Exists	获取指示目录是否存在的值
Extension	获取表示文件扩展名部分的字符串
FullName	获取目录或文件的完整目录
LastAccessTime	获取或设置上次访问当前文件或目录的时间
LastWriteTime	获取或设置上次写入当前文件或目录的时间
Name	获取此 DirectoryInfo 实例的名称(重写 FileSystemInfo.Name。)
Parent	获取指定子目录的父目录
Root	获取路径的根部分

DirectoryInfo 类的主要方法见表 6-2。

表 6-2　DirectoryInfo 类的主要方法

方　　法	说　　明
Create()	创建目录
Create(DirectorySecurity)	使用 DirectorySecurity 对象创建目录
CreateObjRef	创建一个对象，该对象包含生成用于与远程对象进行通信的代理所需的全部相关信息
CreateSubdirectory(String)	在指定路径中创建一个或多个子目录。指定路径可以是相对于 DirectoryInfo 类的此实例的路径
CreateSubdirectory(String, DirectorySecurity)	使用指定的安全性在指定的路径上创建一个或多个子目录。指定路径可以是相对于 DirectoryInfo 类的此实例的路径
Delete()	如果此 DirectoryInfo 为空，则删除它
Delete(Boolean)	删除 DirectoryInfo 的此实例，指定是否删除子目录和文件
GetDirectories()	返回当前目录的子目录
GetDirectories(String)	返回当前 DirectoryInfo 中，与给定搜索条件匹配的目录的子目录
GetDirectories(String, SearchOption)	返回当前 DirectoryInfo 中与给定的搜索条件匹配并使用某个值确定是否在子目录中搜索的目录的子目录
GetFiles()	返回当前目录的文件列表
GetFiles(String)	返回当前目录中与给定的搜索模式匹配的文件列表
GetFiles(String, SearchOption)	返回与给定的搜索模式匹配并且使用某个值确定是否在子目录中进行搜索的当前目录的文件列表

续表

方 法	说 明
GetFileSystemInfos()	返回表示某个目录中所有文件和子目录的强类型 FileSystemInfo 项的数组
GetFileSystemInfos(String)	检索表示与指定的搜索条件匹配的文件和子目录的强类型 FileSystemInfo 对象的数组
GetFileSystemInfos(String, SearchOption)	检索表示与指定的搜索条件匹配的文件和子目录的 FileSystemInfo 对象的数组
MoveTo	将 DirectoryInfo 实例及其内容移动到新路径
Refresh	刷新对象的状态

6.2.2 Directory 类

Directory 类的静态方法见表 6-3。

表 6-3 Directory 类的静态方法

方 法	说 明
CreateDirectory(String)	在指定路径创建所有目录和子目录
Delete(String)	从指定路径删除空目录
Delete(String, Boolean)	删除指定的目录并(如果指示)删除该目录中的所有子目录和文件
Exists	确定给定路径是否引用磁盘上的现有目录
GetCreationTime	获取目录的创建日期和时间
GetCurrentDirectory	获取应用程序的当前工作目录
GetDirectories(String)	获取指定目录中的子目录的名称(包括其路径)
GetDirectories(String, String)	在当前目录获取与指定搜索模式匹配的目录的数组(包括它们的路径)
GetDirectories(String, String, SearchOption)	获取与在当前目录中的指定搜索模式相匹配的目录(包括其路径)的名称,并且可以搜索子目录
GetDirectoryRoot	返回指定路径的卷信息、根信息或两者同时返回
GetFiles(String)	返回指定目录中文件的名称(包括其路径)
GetFiles(String, String)	返回指定目录中与指定的搜索模式匹配的文件的名称(包含它们的路径)
GetFiles(String, String, SearchOption)	返回指定目录中与指定的搜索模式匹配的文件的名称(包含它们的路径),并使用一个值以确定是否搜索子目录
GetFileSystemEntries(String)	返回指定目录中所有文件和子目录的名称

续表

方 法	说 明
GetFileSystemEntries(String, String)	返回与指定搜索条件匹配的文件系统项的数组
GetFileSystemEntries(String, String, SearchOption)	获取指定路径中与搜索模式匹配的所有文件名称和目录名称的数组，还可以搜索子目录
GetLastAccessTime	返回上次访问指定文件或目录的日期和时间
GetLastWriteTime	返回上次写入指定文件或目录的日期和时间
GetLogicalDrives	检索此计算机上格式为"<盘符>:\"的逻辑驱动器的名称
GetParent	检索指定路径的父目录，包括绝对路径和相对路径
Move	将文件或目录及其内容移到新位置
SetCreationTime	为指定的文件或目录设置创建日期和时间
SetCurrentDirectory	将应用程序的当前工作目录设置为指定的目录
SetLastAccessTime	设置上次访问指定文件或目录的日期和时间
SetLastWriteTime	设置上次写入目录的日期和时间

6.2.3 文件夹的相关操作

1．文件夹的创建

Directory 类的 CreateDirectory 方法用于创建指定路径中的所有目录。方法原型为：

    public static DirectoryInfo CreateDirectory(string path);

其中参数 path 为要创建的目录路径。

如果指定的目录不存在，程序中调用该方法后，系统会按 path 指定的路径创建所有目录和子目录。例如，在 C 盘根目录下创建一个名为 test 的目录代码为：

    Directory.CreateDirectory("c:\\test");

使用 CreateDirectory 方法创建多级子目录时，也可以直接指定路径。例如，同时创建 test 目录和其下的 t1 一级子目录和 t2 二级子目录的代码为：

    Directory.CreateDirectory("c:\\test\\t1\\t2");

2．文件夹的删除

Directory 类的 Delete 方法用于删除指定的目录，该方法有下列两种重载的形式：

(1) public static void Delete(string path);

参数 path 为要移除的空目录的名称。path 参数不区分大小写，可以是相对于当前工作目录的相对路径，也可以是绝对路径。注意：此目录必须为空才可以删除，否则将会引发异常。

(2) public static void Delete(string path, bool recursive);

参数 path 为要移除的目录的名称，不区分大小写；recursive 是一个布尔值，若要移除 path 中的目录、子目录和文件，则为 true；否则为 false。例如，删除 C 盘根目录下的 test 目录，且 test 目录为空的代码如下：

Directory.Delete("c:\\test");

删除 C 盘根目录下的 test 目录，且移除 test 目录中的子目录和文件，代码如下：

Directory.Delete("c:\\test", true);

3．文件夹的移动

Directory 类的 Move 方法能够重命名或移动文件夹。方法原型为：

public static void Move(string sourceDirName, string destDirName);

其中，sourceDirName 为要移动的文件或目录的源路径；destDirName 为指向 sourceDirName 的新位置的目标路径。

如要将"c:\mydir"文件夹移动到"c:\public"，代码如下：

Directory.Move("c:\\mydir", "c:\\public");

注意： destDirName 参数指定的目标路径应为新目录。如将"c:\mydir"移动到"c:\public"，并且"c:\public"已存在，则此方法会引发 IOException 异常。

【例 6-1】 设计网站应用程序，创建并删除指定的目录。

(1) 在 Visual Studio 2010 中创建一个空的网站。

(2) 在网站中添加一个新的 Web 窗体，窗体文件名称为：Default.aspx。

(3) 为窗体 Default.aspx 添加一个按钮 Button1。

(4) 在按钮 Button1 的 Click 事件处理程序中加入下面的代码：

```
string path1 ="d:";
string path2 = path1 + "\\test";
try
{
    //判断目录是否存在
    if (Directory.Exists(path2))
    {
        Response.Write("目录已存在");
    }
    //创建目录
    DirectoryInfo di = Directory.CreateDirectory(path2);
    Response.Write("成功创建目录: " + path2 + ", " +
                Directory.GetCreationTime(path2).ToLongTimeString());
    //删除目录
    di.Delete();
    Response.Write("目录已删除");
}
catch (Exception ex)
{
    Response.Write("程序异常:" + ex.ToString());
}
```

6.3 文 件 管 理

在 System.IO 命名空间中提供了多种类,用于进行文件和数据流的读写操作。要使用这些类,需要在程序的开头包含语句:using System.IO。

其中 File 类和 FileInfo 类通常用来完成文件的创建、删除、拷贝、移动、打开等操作。

File 类和 FileInfo 类为文件的创建、复制、移动、删除、打开等提供了支持。使用 File 类和 FileInfo 类对文件进行操作时,用户必须具备相应的权限,如读、写等权限,否则将会引发异常。

FileInfo 类与 File 类均能完成对文件的操作,不同点在于 FileInfo 类必须被实例化,并且每个 FileInfo 的实例必须对应于系统中一个实际存在的文件。由于所有 File 类提供的方法都是静态的,所以如果只想执行一个操作,使用 File 方法的效率比使用相应的 FileInfo 实例方法可能更高。如果打算多次重用某个对象,可考虑使用 FileInfo 的实例方法。

6.3.1 FileInfo 类

FileInfo 类的构造函数形式如下:

public FileInfo(string ilename); //参数 fileName 表示新文件的完全限定名或相对文件名。

FileInfo 类的主要属性见表 6-4。

表 6-4 FileInfo 类的主要属性

属 性	说 明
Attributes	获取或设置当前文件或目录的特性
CreationTime	获取或设置当前文件或目录的创建时间
CreationTimeUtc	获取或设置当前文件或目录的创建时间,其格式为协调世界时(UTC)
Directory	获取父目录的实例
DirectoryName	获取表示目录的完整路径的字符串
Exists	获取指示文件是否存在的值
Extension	获取表示文件扩展名部分的字符串
FullName	获取目录或文件的完整目录
IsReadOnly	获取或设置确定当前文件是否为只读的值
LastAccessTime	获取或设置上次访问当前文件或目录的时间
LastAccessTimeUtc	获取或设置上次访问当前文件或目录的时间,其格式为协调世界时(UTC)
LastWriteTime	获取或设置上次写入当前文件或目录的时间
LastWriteTimeUtc	获取或设置上次写入当前文件或目录的时间,其格式为协调世界时(UTC)
Length	获取当前文件的大小(字节)
Name	获取文件名

FileInfo 类的主要方法见表 6-5。

表 6-5 FileInfo 类的主要方法

方 法	说 明
AppendText	创建一个 StreamWriter，它向 FileInfo 的此实例表示的文件追加文本
CopyTo(String)	将现有文件复制到新文件，不允许覆盖现有文件
CopyTo(String, Boolean)	将现有文件复制到新文件，允许覆盖现有文件
Create	创建文件
CreateObjRef	创建一个对象，该对象包含生成用于与远程对象进行通信的代理所需的全部相关信息
CreateText	创建写入新文本文件的 StreamWriter
Decrypt	解密由当前账户使用 Encrypt 方法加密的文件
Delete	永久删除文件
Encrypt	将某个文件加密，使得只有加密该文件的账户才能将其解密
Equals(Object)	确定指定的 Object 是否等于当前的 Object
Finalize	允许对象在"垃圾回收"回收之前尝试释放资源并执行其他清理操作
GetAccessControl()	获取 FileSecurity 对象，该对象封装当前 FileInfo 对象所描述的文件的访问控制列表(ACL)项
GetAccessControl(AccessControlSections)	获取 FileSecurity 对象，该对象封装当前 FileInfo 对象所描述的文件的指定类型的访问控制列表(ACL)项
GetHashCode	用作特定类型的哈希函数
GetLifetimeService	检索控制此实例的生存期策略的当前生存期服务对象
GetObjectData	设置带有文件名和附加异常信息的 SerializationInfo 对象
GetType	获取当前实例的 Type
InitializeLifetimeService	获取控制此实例的生存期策略的生存期服务对象
MemberwiseClone()	创建当前 Object 的浅表副本
MemberwiseClone(Boolean)	创建当前 MarshalByRefObject 对象的浅表副本
MoveTo	将指定文件移到新位置，并提供指定新文件名的选项
Open(FileMode)	在指定的模式中打开文件
Open(FileMode, FileAccess)	用读、写或读/写访问权限在指定模式下打开文件
Open(FileMode, FileAccess, FileShare)	用读、写或读/写访问权限和指定的共享选项在指定的模式中打开文件
OpenRead	创建只读 FileStream
OpenText	创建使用 UTF8 编码、从现有文本文件中进行读取的 StreamReader

方 法	说 明
OpenWrite	创建只写 FileStream
Refresh	刷新对象的状态
Replace(String, String)	使用当前 FileInfo 对象所描述的文件替换指定文件的内容，这一过程将删除原始文件，并创建被替换文件的备份
Replace(String, String, Boolean)	使用当前 FileInfo 对象所描述的文件替换指定文件的内容，这一过程将删除原始文件，并创建被替换文件的备份。还指定是否忽略合并错误
SetAccessControl	将 FileSecurity 对象所描述的访问控制列表 (ACL) 项应用于当前 FileInfo 对象所描述的文件
ToString	以字符串形式返回路径

6.3.2 File 类

File 类的主要静态方法见表 6-6。

表 6-6　File 类的主要静态方法

方 法	说 明
AppendAllLines(String, IEnumerable<String>, Encoding)	使用指定的编码向一个文件中追加文本行，然后关闭该文件
AppendAllText(String, String)	打开一个文件，向其中追加指定的字符串，然后关闭该文件。如果文件不存在，此方法创建一个文件，将指定的字符串写入文件，然后关闭该文件
AppendText	创建一个 StreamWriter，它将 UTF-8 编码文本追加到现有文件
Copy(String, String)	将现有文件复制到新文件。不允许覆盖同名的文件
Copy(String, String, Boolean)	将现有文件复制到新文件。允许覆盖同名的文件
Create(String)	在指定路径中创建或覆盖文件
Create(String, Int32)	创建或覆盖指定缓冲区大小的文件
Create(String, Int32, FileOptions)	创建或覆盖指定的文件，并指定缓冲区大小和一个描述如何创建或覆盖该文件的 FileOptions 值
Create(String, Int32, FileOptions, FileSecurity)	创建或覆盖具有指定的缓冲区大小、文件选项和文件安全性的指定文件
CreateText	创建或打开一个文件用于写入 UTF-8 编码的文本
Delete	删除指定的文件
Exists	确定指定的文件是否存在
GetAccessControl(String)	获取一个 FileSecurity 对象，它封装指定文件的访问控制列表(ACL)条目

续表一

方　法	说　明
GetAccessControl(String, AccessControlSections)	获取一个 FileSecurity 对象，它封装特定文件的指定类型的访问控制列表(ACL)项
GetAttributes	获取在此路径上的文件的 FileAttributes
GetCreationTime	返回指定文件或目录的创建日期和时间
GetLastAccessTime	返回上次访问指定文件或目录的日期和时间
GetLastWriteTime	返回上次写入指定文件或目录的日期和时间
Move	将指定文件移到新位置，并提供指定新文件名的选项
Open(String, FileMode)	打开指定路径上的 FileStream，具有读/写访问权限
Open(String, FileMode, FileAccess)	以指定的模式和访问权限打开指定路径上的 FileStream
Open(String, FileMode, FileAccess, FileShare)	打开指定路径上的 FileStream，具有指定的读、写或读/写访问模式以及指定的共享选项
OpenRead	打开现有文件以进行读取
OpenText	打开现有 UTF-8 编码文本文件以进行读取
OpenWrite	打开一个现有文件或创建一个新文件以进行写入
ReadAllBytes	打开一个文件，将文件的内容读入一个字符串，然后关闭该文件
ReadAllLines(String)	打开一个文本文件，读取文件的所有行，然后关闭该文件
ReadAllLines(String, Encoding)	打开一个文件，使用指定的编码读取文件的所有行，然后关闭该文件
ReadAllText(String)	打开一个文本文件，读取文件的所有行，然后关闭该文件
ReadAllText(String, Encoding)	打开一个文件，使用指定的编码读取文件的所有行，然后关闭该文件
ReadLines(String)	读取文件的文本行
ReadLines(String, Encoding)	读取具有指定编码的文件的文本行
Replace(String, String, String)	使用其他文件的内容替换指定文件的内容，这一过程将删除原始文件，并创建被替换文件的备份
Replace(String, String, String, Boolean)	用其他文件的内容替换指定文件的内容，删除原始文件，并创建被替换文件的备份和(可选)忽略合并错误
SetAccessControl	对指定的文件应用由 FileSecurity 对象描述的访问控制列表(ACL)项
SetAttributes	设置指定路径上文件的指定的 FileAttributes
SetCreationTime	设置创建该文件的日期和时间
SetLastAccessTime	设置上次访问指定文件的日期和时间

续表二

方 法	说 明
SetLastWriteTime	设置上次写入指定文件的日期和时间
SetLastWriteTimeUtc	设置上次写入指定的文件的日期和时间,其格式为协调世界时(UTC)
WriteAllBytes	创建一个新文件,在其中写入指定的字节数组,然后关闭该文件。如果目标文件已存在,则覆盖该文件
WriteAllLines(String, IEnumerable\<String>)	创建一个新文件,在其中写入一组字符串,然后关闭该文件
WriteAllLines(String, String[])	创建一个新文件,在其中写入指定的字符串数组,然后关闭该文件
WriteAllLines(String, IEnumerable\<String>, Encoding)	使用指定的编码创建一个新文件,在其中写入一组字符串,然后关闭该文件

6.3.3 文件的属性和设置

FileAttributes 枚举用于获取或设置目录或文件的属性,部分枚举值见表 6-7。

表 6-7　FileAttributes 的枚举值

枚举值	说 明
ReadOnly	此文件是只读的
Hidden	文件是隐藏的,因此没有包括在普通的目录列表中
System	此文件是系统文件。它是操作系统的一部分,或者由操作系统以独占方式使用
Directory	此文件是一个目录
Archive	文件的存档状态。应用程序使用此特性为文件加上备份或移除标记
Device	保留供将来使用
Normal	文件正常,没有设置其他的特性。仅当单独使用时,此特性才有效
Temporary	文件是临时文件。文件系统尝试将所有数据保留在内存中以便更快地访问,而不是将数据刷新回大容量存储器中。当临时文件不再需要时,应用程序应立即删除它
SparseFile	此文件是稀疏文件。稀疏文件一般是数据通常为零的大文件
ReparsePoint	文件包含一个重新分析点,它是一个与文件或目录关联的用户定义的数据块
Compressed	此文件是压缩文件
Offline	此文件处于脱机状态,文件数据不能立即供使用
NotContentIndexed	将不会通过操作系统的内容索引服务来索引此文件
Encrypted	此文件或目录已加密。对于文件来说,表示文件中的所有数据都是加密的。对于目录来说,表示新创建的文件和目录在默认情况下是加密的

1. 文件属性的设置

对文件的属性进行设置，可以使用 File 类的 SetAttributes 方法。方法原型为：

  public static void SetAttributes(string path, FileAttributes fileAttributes);

参数 path 为该文件的路径，fileAttributes 为所需的 FileAttributes 枚举值。

2. 文件属性的获取

获取指定路径上文件的属性，可以使用 File 类的 GetAttributes 方法。方法原型为：

  public static FileAttributes GetAttributes(string path);

参数 path 为该文件的路径。

6.3.4 文件的相关操作

1. 文件的创建

File 类的 Create 方法用于创建或覆盖指定路径的文件，该方法的原型为：

  public static FileStream Create(string path);

其中 path 参数指定相对或绝对路径信息。相对路径信息是指相对于当前工作目录。方法的返回类型为 FileStream，以便于对文件进行进一步的读写操作。

该方法重载的方法有：

  public static FileStream Create(String, Int32);

创建或覆盖指定缓冲区大小的文件。

  public static FileStream Create(String, Int32, FileOptions);

创建或覆盖指定的文件，并指定缓冲区大小和一个描述如何创建或覆盖该文件的 FileOptions 值。

  public static FileStream Create(String, Int32, FileOptions, FileSecurity);

创建或覆盖具有指定的缓冲区大小、文件选项和文件安全性的指定文件。

如果指定的文件不存在，则创建该文件；如果存在并且不是只读的，则将覆盖其内容。

默认情况下，将向所有用户授予对新文件的完全读/写访问权限。 文件是用读/写访问权限打开的，必须关闭后才能由其他应用程序打开。

2. 文件的打开

File 类的 Open 方法用于打开指定路径的文件，该方法的原型为：

  public static FileStream Open(string path, FileMode);

其中 path 参数指定相对或绝对路径信息。FileMode 参数是枚举类型，用于指定打开文件的方式，取值可以是 FileMode.Create、FileMode.Open、FileMode.OpenOrCreate、FileMode.Truncate、FileMode.Append 等。方法的返回类型为 FileStream，以便于对文件进行进一步的读写操作。

该方法重载的方法有：

  public static FileStream Open(String, FileMode, FileAccess);

以指定的模式和访问权限打开指定路径上的文件。

  public static FileStream Open(String, FileMode, FileAccess, FileShare);

打开指定路径上的文件,具有指定的读、写或读/写访问模式以及指定的共享选项。

3. 文件的复制

File 类的 Copy 方法用于复制指定路径的文件,该方法的原型为:

  public static void Copy(string sourceFileName, string destFileName, bool overwrite);

复制参数 sourceFileName 指定的文件,新文件的路径及名称为 destFileName,参数 overwrite 用来指定当目的文件已存在时是否覆盖原来的文件,若省略不写,表示为默认值 False。

该方法重载的方法有:

  public static void Copy(string sourceFileName, string destFileName);

将现有文件复制到新文件且不允许覆盖同名的文件。

4. 文件的删除

File 类的 Delete 方法用于删除指定路径的文件,该方法的原型为:

  public static void Delete (string path);

删除参数 path 指定的文件。

5. 文件的移动

File 类的 Move 方法用于移动指定路径的文件,该方法的原型为:

  public static void Move (string sourceFileName, string destFileName);

将参数 sourceFileName 指定的源文件移动至参数 destFileName 指定的目标位置,移动后的文件名称可以和源文件不同,请注意,文件夹无法跨磁盘移动,但文件可以。如果尝试通过将一个同名文件移到该目录中来替换文件,将发生 IOException。不能使用 Move 方法覆盖现有文件。

允许 sourceFileName 和 destFileName 参数指定相对或绝对路径信息。相对路径信息被解释为相对于当前工作目录。 若要获取当前工作目录,可以使用 Directory.GetCurrentDirectory()方法。

【例 6-2】 设计网站应用程序,实现将文件复制到指定的目录。

(1) 在 Visual Studio 2010 中创建一个空的网站。
(2) 在网站中添加一个新的 Web 窗体,窗体文件名称为:Default.aspx。
(3) 为窗体 Default.aspx 添加一个按钮 Button1。
(4) 在按钮 Button1 的 Click 事件处理程序中加入下面的代码:

```
string path = @"d:\temp\test.txt";
string path1 = @"d:\temp\test1.txt";
try
{
    if (File.Exists(path) == false)
    {
        //创建文件
        File.Create(path);
    }
```

```
            if (File.Exists(path1) == true)
            {
                //删除文件
                File.Delete(path1);
            }
            //文件复制
            File.Copy(path, path1);
            Response.Write(path + "复制到" + path1);
        }
        catch (Exception ex)
        {
            Response.Write(ex.ToString());
        }
```

6.4 文件读写

6.4.1 FileStream 类

FileStream 类可以对文件系统上的文件进行读取、写入、打开和关闭操作,也可以对其他与文件相关的操作系统句柄进行操作,如管道、标准输入和标准输出。由于 FileStream 能够对输入输出进行缓冲,因此可以提高系统的性能。

1. FileStream 对象的生成

(1) 使用 FileStream 类的构造函数,构造函数列表见表 6-8。

表 6-8 FileStream 类主要构造函数列表

构 造 函 数	说　　明
FileStream(String, FileMode)	使用指定的路径和创建模式初始化 FileStream 类的新实例
FileStream(String, FileMode, FileAccess)	使用指定的路径、创建模式和读/写权限初始化 FileStream 类的新实例
FileStream(String, FileMode, FileAccess, FileShare)	使用指定的路径、创建模式、读/写权限和共享权限创建 FileStream 类的新实例
FileStream(String, FileMode, FileAccess, FileShare, Int32)	使用指定的路径、创建模式、读/写及共享权限和缓冲区大小初始化 FileStream 类的新实例

(2) 使用 File 类的静态方法 Create 或 Open。

2. FileStream 类的属性

FileStream 类的主要属性列表见表 6-9。

表 6-9 FileStream 类主要属性列表

属 性	说 明
CanRead	获取一个值,该值指示当前流是否支持读取
CanSeek	获取一个值,该值指示当前流是否支持查找
CanWrite	获取一个值,该值指示当前流是否支持写入
Length	获取用字节表示的流长度
Name	获取传递给构造函数的 FileStream 的名称
Position	获取或设置此流的当前位置

3．FileStream 类的方法

FileStream 类主要的方法列表见表 6-10。

表 6-10 FileStream 类主要方法列表

方 法	说 明
Close	关闭当前流并释放与之关联的所有资源(如套接字和文件句柄)
CopyTo(Stream, Int32)	从当前流中读取所有字节并将其写入到目标流中(使用指定的缓冲区大小)
Flush()	清除此流的缓冲区,使得所有缓冲的数据都写入到文件中
Lock	防止其他进程读取或写入 FileStream
Read	从流中读取字节块并将该数据写入给定缓冲区中
ReadByte	从文件中读取一个字节,并将读取位置提升一个字节
Seek	将该流的当前位置设置为给定值
Unlock	允许其他进程访问以前锁定的某个文件的全部或部分
Write	使用从缓冲区读取的数据将字节块写入该流
WriteByte	将一个字节写入文件流的当前位置

4．FileStream 类的相关类型说明

FileStream 类的相关类型说明分别如表 6-11、表 6-12、表 6-13 所示。

表 6-11 FileMode 枚举类型

成员名称	说 明
CreateNew	指定操作系统应创建新文件。此操作需要 FileIOPermissionAccess.Write
Create	指定操作系统应创建新文件。如果文件已存在,它将被覆盖
Open	指定操作系统应打开现有文件。打开文件的能力取决于 FileAccess 所指定的值
OpenOrCreate	指定操作系统应打开文件(如果文件存在);否则,应创建新文件
Truncate	指定操作系统应打开现有文件。文件一旦打开,就将被截断为零字节大小
Append	若存在文件,则打开该文件并查找到文件尾,或者创建一个新文件

表 6-12　FileAccess 枚举类型

成员名称	说明
Read	对文件的读访问。可从文件中读取数据。同 Write 组合即构成读/写访问权
Write	文件的写访问。可将数据写入文件。同 Read 组合即构成读/写访问权
ReadWrite	对文件的读访问和写访问。可从文件读取数据和将数据写入文件

表 6-13　FileShare 枚举类型

成员名称	说明
None	谢绝共享当前文件
Read	允许随后打开文件读取
Write	允许随后打开文件写入
ReadWrite	允许随后打开文件读取或写入
Delete	允许随后删除文件

6.4.2　文本文件读写

1. 读取文本文件

可以使用 StreamReader 类的对象来完成对文本文件的读取。

1) StreamReader 类构造函数

StreamReader 类的主要构造函数列表见表 6-14。

表 6-14　StreamReader 类主要构造函数列表

构造函数	说明
StreamReader(Stream)	为指定的流初始化 StreamReader 类的新实例
StreamReader(Stream, Boolean)	用指定的字节顺序标记检测选项，为指定的流初始化 StreamReader 类的一个新实例
StreamReader(Stream, Encoding)	用指定的字符编码为指定的流初始化 StreamReader 类的一个新实例
StreamReader(Stream, Encoding, Boolean)	为指定的流初始化 StreamReader 类的新实例，带有指定的字符编码和字节顺序标记检测选项
StreamReader(Stream, Encoding, Boolean, Int32)	为指定的流初始化 StreamReader 类的新实例，带有指定的字符编码、字节顺序标记检测选项和缓冲区大小

2) StreamReader 类常用方法

StreamReader 类常用方法有以下两种：

（1）Read 方法。Read 方法用于读取输入流中的下一个字符，并使当前流的位置提升一个字符。

(2) ReadLine 方法。ReadLine 方法从当前流中读取一行字符并将数据作为字符串返回。

2．写入文本文件

可以使用 StreamWriter 类的对象来完成对文本文件的写入。

1) StreamWriter 类构造函数

StreamWriter 类主要构造函数列表见表 6-15。

表 6-15 StreamWriter 类构造函数列表

构 造 函 数	说　　明
StreamWriter(Stream)	新实例初始化 StreamWriter 类为使用 utf-8 编码及默认的缓冲区大小指定的流
StreamWriter(Stream, Encoding)	新实例初始化 StreamWriter 为通过使用指定的编码及默认的缓冲区大小指定的流的类
StreamWriter(Stream, Encoding, Int32)	新实例初始化 StreamWriter 为指定的流类通过使用指定的编码和缓冲区大小
StreamWriter(Stream, Encoding, Int32, Boolean)	新实例初始化 StreamWriter 为通过使用为指定的编码和缓冲区大小，并可以选择保持流处于打开指定的流的类
StreamWriter(String)	新实例初始化 StreamWriter 类为指定的文件使用默认的编码和缓冲区大小
StreamWriter(String, Boolean)	新实例初始化 StreamWriter 类为指定的文件使用默认的编码和缓冲区大小。如果该文件存在，则可以将其覆盖或向其追加。如果该文件不存在，此构造函数将创建一个新文件
StreamWriter(String, Boolean, Encoding)	新实例初始化 StreamWriter 类通过使用指定的编码和默认的缓冲区大小指定的文件。如果该文件存在，则可以将其覆盖或向其追加。如果该文件不存在，此构造函数将创建一个新文件
StreamWriter(String, Boolean, Encoding, Int32)	新实例初始化 StreamWriter 类上使用指定的编码为指定路径的指定文件和缓冲区大小。如果该文件存在，则可以将其覆盖或向其追加。如果该文件不存在，此构造函数将创建一个新文件

2) StreamWriter 类常用方法

StreamWriter 类常用方法有以下两种：

(1) Write 方法：Write 方法用于将字符、字符数组、字符串等写入流，不换行。

(2) WriteLine 方法：WriteLine 方法用于将后跟行结束符的字符、字符数组、字符串等写入文本流，一行一行地写。

6.4.3 二进制文件的读写

System.IO 还提供了 BinaryReader 和 BinaryWriter 类，用于按二进制模式读写文件。它们提供的一些读写方法是对称的，如针对不同的数据结构，BinaryReader 提供了 ReadByte、ReadBoolean、ReadInt、ReadInt16、ReadDouble 和 ReadString 等方法，而 BinaryWriter 则

提供了 WriteByte、WriteBoolean、WriteInt、WriteInt16、WriteDouble 和 WriteString 方法。

【例 6-3】 设计网站应用程序，实现对文本文件的读写操作。

(1) 在 Visual Studio 2010 中创建一个空的网站。

(2) 在网站中添加一个新的 Web 窗体，窗体文件名称为：Default.aspx。

(3) 为窗体 Default.aspx 添加两个按钮 Button1 和 Button2。

(4) 将 Button1 按钮的属性"Text"设置为"写入"，将 Button2 按钮的属性"Text"设置为"读取"。

(5) 在按钮 Button1 的 Click 事件处理程序中加入下面的代码：

```
StreamWriter sw;
try
{
    //创建文件流对象
    FileStream fs = new FileStream("d:\\temp\\test.txt", FileMode.Create);
    //基于文件流对象，生成文件流写入对象，采用操作系统默认的编码方式
    sw = new StreamWriter(fs, System.Text.Encoding.Default);
}
catch
{
    Response.Write("文件创建失败");
    return;
}
//通过文件流写入对象，向文件中写入内容
sw.WriteLine("网址:");
sw.WriteLine("www.google.com");
sw.WriteLine("www.cuit.edu.cn");
//操作完毕后，文件流写入对象要关闭，释放所占的系统资源
sw.Close();
```

(6) 在按钮 Button2 的 Click 事件处理程序中加入下面的代码：

```
StreamReader sr;
try
{
    //创建文件流对象
    FileStream fs = new FileStream("d:\\temp\\test.txt", FileMode.Open, FileAccess.Read);
    //基于文件流对象，生成文件流读入对象，采用操作系统默认的编码方式
    sr = new StreamReader(fs, System.Text.Encoding.Default);
}
catch
{
```

```
            Response.Write("文件打开失败");
            return;
        }
        while (sr.Peek() != -1)
        {
            //通过文件流读入对象，读取文件中的内容
            String str = sr.ReadLine();
            //内容在网页中显示
            Response.Write(str);
        }
        Response.Write("到达文件结尾");
        //操作完毕后，文件流读入对象要关闭，释放所占的系统资源
        sr.Close();
```

6.5 序列化和反序列化

序列化是将对象状态转换为可保持或传输的格式的过程，在序列化过程中，对象的公共字段和私有字段以及类的名称(包括包含该类的程序集)都被转换为字节流，然后写入数据流。与序列化相对的是反序列化，它将流转换为对象。这两个过程结合起来，可以轻松地存储和传输数据。

6.5.1 序列化的作用

通过将对象进行序列化，可以将对象的状态保持在存储媒体中，以便可以在以后重新创建精确的副本。我们经常需要将对象的字段值保存到磁盘中，并在以后检索此数据。尽管不使用序列化也能完成这项工作，但这种方法通常很繁琐而且容易出错，并且在需要跟踪对象的层次结构时，会变得越来越复杂。

另外一个主要的作用是通过值将对象从一个应用程序域发送到另一个应用程序域中。例如，序列化可用于在 ASP.NET 中保存会话状态并将对象复制到 Windows 窗体的剪贴板中。远程处理还可以使用序列化通过值将对象从一个应用程序域传递到另一个应用程序域中。

公共语言运行时(CLR)管理对象在内存中的分布，.NET 框架则通过使用反射提供自动的序列化机制。对象序列化后，类的名称、程序集以及类实例的所有数据成员均被写入存储媒体中。对象通常用成员变量来存储对其他实例的引用。类序列化后，序列化引擎将跟踪所有已序列化的引用对象，以确保同一对象不被序列化多次。.NET 框架所提供的序列化体系结构可以自动正确处理对象图表和循环引用。对对象图表的唯一要求是，由正在进行序列化的对象所引用的所有对象都必须标记为 Serializable。否则，当序列化程序试图序列化未标记的对象时将会出现异常。

当反序列化已序列化的类时，将重新创建该类的对象，并自动还原所有数据成员的值。

6.5.2 序列化及反序列化的实现

要实现对象的序列化,首先要保证该对象可以序列化。而且,序列化只是将对象的属性进行有效的保存,对于对象的一些方法则无法实现序列化的。

实现一个类可序列化的最简便的方法就是增加 Serializable 属性标记类。如:

```
[Serializable()]
public class MEABlock
{
    private int m_ID;
    public string Caption;
    public MEABlock()
    {
        //构造函数
    }
}
```

即可实现该类的可序列化。注意序列化的类必须为 public,否则不能够被序列化。要将该类的实例序列化为到文件中,.NET FrameWork 提供了两种方法:

1. XML 序列化

使用 XmLSerializer 类,可将下列项序列化。

- ➢ 公共类的公共读/写属性和字段。
- ➢ 实现 ICollection 或 IEnumerable 的类。(注意只有集合会被序列化,而公共属性却不会。)
- ➢ XmlElement 对象。
- ➢ XmlNode 对象。
- ➢ DataSet 对象。

要实现上述类的实例的序列化,可参照如下例子:

```
MEABlock myBlock = new MEABlock();
//设置对象属性
XmlSerializer mySerializer = new XmlSerializer(typeof(MEABlock));
//创建 StreamWriter,便于将序列化后的内容写入文件
StreamWriter myWriter = new StreamWriter("myFileName.xml");
mySerializer.Serialize(myWriter, MEABlock);
```

需要注意的是 XML 序列化只会将 public 的字段保存,对于私有字段不予以保存。生成的 XML 文件格式如下:

```
<MEABlock>
    <Caption>Test</Caption>
</MEABlock>
```

对于对象的反序列化，则如下：

```
MEABlock myBlock;
//通过类型，借助 XmlSerializer 创建一个类型的实例
XmlSerializer mySerializer = new XmlSerializer(typeof(MEABlock));
//使用 FileStream 读取序列化的内容
FileStream myFileStream = new FileStream("myFileName.xml", FileMode.Open);
//调用 Deserialize 反序列方法，转换成为指定的对象类型
myBlock = (MEABlock)mySerializer.Deserialize(myFileStream)
```

2．二进制序列化

与 XML 序列化不同的是，二进制序列化可以将类的实例中所有字段(包括私有和公有)都进行序列化操作。这就更方便、更准确的还原了对象的副本。

要实现上述类的实例的序列化，可参照如下例子：

```
MEABlock myBlock = new MEABlock();
//设置对象属性
IFormatter formatter = new BinaryFormatter();
Stream stream = new FileStream("MyFile.bin", FileMode.Create, FileAccess.Write,
FileShare.None);
formatter.Serialize(stream, myBlock);
stream.Close();
```

对于对象的反序列化，则如下：

```
IFormatter formatter = new BinaryFormatter();
Stream stream = new FileStream("MyFile.bin", FileMode.Open, FileAccess.Read,
FileShare.Read);
MEABlock myBlock = (MEABlock)formatter.Deserialize(stream);
stream.Close();
```

6.6 案 例 分 析

本章的案例为通过 ASP.NET 网站及 Web Service 技术实现图片文件的上传和下载功能。

1．设计思路

通过 ASP.NET 网站，向另外一个 WebService 发送请求，实现图片文件的上传和下载。Web Service 应该提供 2 个 WebMethod，用于接收 ASP.NET 网站传输的字节数组(流)以及向 ASP.NET 网站传输字节数组(流)。

2．网站设计

(1) 在 Visual Studio 2010 中创建一个空的网站 WebSite1。
(2) 在网站中添加一个新的 Web 窗体，窗体文件名称为：Default.aspx。
(3) 为窗体 Default.aspx 添加 1 个文件上传控件 FileUpload1，2 个按钮控件 Button1 和

Button2,1 个文本框控件 TextBox1。并设置 Button1 的文本为:"上传",Button2 的文本为:"下载"。设计的界面效果如图 6-1 所示。

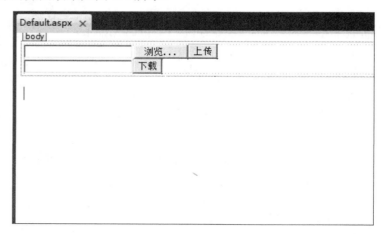

图 6-1 上传下载文件窗体界面

窗体设计的代码如下:

```
<%@ Page Language = "C#" AutoEventWireup = "true"
CodeFile = "Default.aspx.cs" Inherits = "_Default" %>
<!DOCTYPE html>
<html xmlns = "http://www.w3.org/1999/xhtml">
<head runat = "server">
<meta http-equiv = "Content-Type" content = "text/html; charset = utf-8"/>
    <title></title>
</head>
<body>
    <form id = "form1" runat = "server">
    <div>
            <asp:FileUpload ID = "FileUpload1" runat = "server" />
            <asp:Button ID = "Button1" runat = "server" Text = "上传" />
            <br />
            <asp:TextBox ID = "TextBox1" runat = "server"></asp:TextBox>
            <asp:Button ID = "Button2" runat = "server" Text = "下载" />

    </div>
    </form>
</body>
</html>
```

(4) 再次打开 Visual Studio 2010,重新创建一个空的网站 WebSite2。
(5) 在网站中添加一个新的 Web 服务(ASMX),Web 服务文件名称为:FileService.asmx,

如图 6-2 所示。

图 6-2　在网站中添加一个新的 Web 服务

(6) 在网站 WebSite2 的根目录下添加一个文件夹"images"，用于存放接收到的上传图片。

3．代码实现

(1) 在 WebSite2 中的 FileService.asmx.cs 文件中添加 2 个 WebMethod，代码如下：

```
[WebMethod(Description = "上传服务器图片信息，返回是否成功")]
public string UploadImage(byte[] fs, string fileName)
{
    //创建内存流，将数组写入内存流中
    MemoryStream memory = new MemoryStream(fs);
    //根据传入的文件名称，生成 FileStream
    FileStream stream = new
        FileStream(HttpContext.Current.Server.MapPath(".") + "//images//" + fileName,
        FileMode.Create);
    //将内存流的内容写入 FileStream 流中
    memory.WriteTo(stream);
    //关闭文件流
    stream.Close();
    //释放相关的资源
    memory = null;
    stream = null;
    return "文件上传成功!";
}
```

```csharp
[WebMethod(Description = "Web 服务提供的方法，返回给定文件的字节数组")]
public byte[] GetImage(string requestFileName)
{
    FileStream fs = null;
    //得到服务器端存放图片的文件目录
    string CurrentUploadFolderPath = HttpContext.Current.Server.MapPath(".")+ "//images//";
    //得到要下载的文件在服务器端的路径
    string CurrentUploadFilePath = CurrentUploadFolderPath + requestFileName;
    if (File.Exists(CurrentUploadFilePath))
    {
        try
        {
            ///打开现有文件以进行读取。
            fs = File.OpenRead(CurrentUploadFilePath);
            int b1;
            //创建内存流，用于存放读取到的图片内容
            MemoryStream tempStream = new System.IO.MemoryStream();
            //循环读取图片文件中的字节，直到读到文件结束为止
            while ((b1 = fs.ReadByte()) != -1)
            {
                tempStream.WriteByte(((byte)b1));
            }
            //返回内存流中的字节数组(即图片文件内容)
            return tempStream.ToArray();
        }
        catch (Exception ex)
        {
            //出现异常，返回 byte[0]
            return new byte[0];
        }
        finally
        {
            //关闭文件流
            fs.Close();
        }
    }
    else
    {
        //文件不存在，返回 byte[0]
```

				return new byte[0];
			}
		}

　　(2) 在 WebSite1 中添加 Web 服务引用，服务应用的地址为："http://localhost:27198/FileService.asmx"，其中 27198 是 Web Service 网站的动态端口号，不同的运行环境，该端口号会不同。

　　(3) 在 WebSite1 的 Web 窗体 Default.aspx 中，为按钮 Button1 和 Button2 增加按钮点击事件的处理程序，代码如下：

```
protected void Button1_Click(object sender, EventArgs e)
{
    //创建 WebService 中 FileService 的对象
    localhost.FileService fs = new localhost.FileService();
    //调用 UploadImage 方法进行文件的上传
    //通过 FileUpload1 控件可以获取到用户选择上传的
    //文件字节数组和文件名称
    fs.UploadImage(FileUpload1.FileBytes, FileUpload1.FileName);
}
protected void Button2_Click(object sender, EventArgs e)
{
    //创建 WebService 中 FileService 的对象
    localhost.FileService fs = new localhost.FileService();
    //调用 GetImage 方法，通过文件名得到 WebService 网站中存放的文件，
    //返回指定文件的字节流
    byte[] bytes = fs.GetImage(TextBox1.Text);
    if (bytes.Length>0)
    {
        //设置响应的内容类型为"应用/二进制流"，便于进行文件下载
        Response.ContentType = "application/octet-stream";
        // 通知浏览器下载而不是打开
        Response.AddHeader("Content-Disposition", "attachment; filename = " +
        HttpUtility.UrlEncode(TextBox1.Text, System.Text.Encoding.UTF8));
        //通过 Response 输出二进制流
        Response.BinaryWrite(bytes);
        //向客户端发送当前缓冲区的所有输出
        Response.Flush();
        //结束当前的响应
        Response.End();
    }
}
```

4．运行效果

（1）先运行 WebService 网站 WebSite2，再运行 WebSite1，显示 Default.aspx 网页，显示效果如图 6-3 所示。

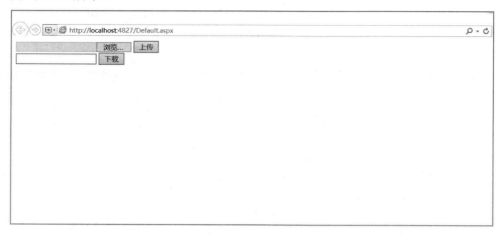

图 6-3　Default.aspx 显示效果

（2）点击"浏览…"，选择要上传的图片文件，然后点击"上传"按钮进行文件上传。

（3）在文本框中输入要下载的文件名称，然后点击"下载"按钮，将指定的图片文件下载到本地。

本 章 小 结

本章内容以讲解文件及文件夹操作为主，要求大家能够对 System.IO 模型有个基本的认识，理解对文件采用流的方式进行处理的基本概念和原理。

使用 C#语言进行文件或文件夹的相关操作，主要使用到：DirectoryInfo、Directory、FileInfo、File、FileStream、StreamReader、StreamWriter 等类型，要求大家对这些类型的创建、基本属性以及基本方法等能够基本掌握。

对象的序列化和反序列化有利于存储和传输数据，其实现过程主要使用对文件的读写操作。

练 习 题

1．什么是 System.IO 模型？模型包括的主要内容是什么？
2．文件和流之间的关系是什么？
3．编写 ASP.NET 网站，输出网站中所有文件的文件名称、是否只读的属性信息。
4．编写 ASP.NET 网站，每隔指定的时间，在网站的 Logs 文件中生成日志文件，日志文件中记录当前系统的访问用户数。

第 7 章　Web Service 技术

不同的系统之间经常会需要数据的交换对接，而 Web Service 技术能使得运行在不同机器上的不同应用无须借助附加的、专门的第三方软件或硬件，就可相互交换数据或集成。依据 Web Service 规范实施的应用之间，无论它们所使用的语言、平台或内部协议是什么，都可以相互交换数据。Web Service 是自描述、自包含的可用网络模块，可以执行具体的业务功能。Web Service 也很容易部署，因为它们基于一些常规的产业标准以及已有的一些技术，诸如标准通用标记语言下的子集 XML、HTTP。Web Service 减少了应用接口的花费。Web Service 为整个企业甚至多个组织之间的业务流程的集成提供了一个通用机制。

本章学习目标：

- 了解 Web Service 技术；
- 掌握 XML Web Service 工作原理；
- 能够开发 XML Web Service 网站，并实现对其的访问。

7.1　Web Service 概述

7.1.1　Web Service 简介

Web Service 也叫 XML Web Service。Web Service 是一种可以接收从 Internet 或者 Intranet 上的其他系统中传递过来的请求、轻量级的独立通信技术。它是通过 SOAP 在 Web 上提供的软件服务，使用 WSDL 文件进行说明，并通过 UDDI 进行注册。

XML(eXtensible Markup Language)：扩展型可标记语言，面向短期的临时数据处理、面向万维网络，是 SOAP 的基础。

SOAP(Simple Object Access Protocol)：简单对象存取协议，是 XML Web Service 的通信协议。当用户通过 UDDI 找到用户的 WSDL 描述文档后，它可以通过 SOAP 调用用户建立的 Web 服务中的一个或多个操作。SOAP 是 XML 文档形式的调用方法的规范，它可以支持不同的底层接口，如 HTTP(S)或 SMTP。

WSDL(Web Services Description Language)：WSDL 文件是一个 XML 文档，用于说明一组 SOAP 消息以及如何交换这些消息，大多数情况下由软件自动生成和使用。

UDDI (Universal Description, Discovery, and Integration)：是一个主要针对 Web 服务供应商和使用者的新项目。在用户能够调用 Web 服务之前，必须确定这个服务内包含哪些方法，找到被调用的接口定义，还要在服务端来编制软件。UDDI 是一种根据描述文档来引导系统查找相应服务的机制。UDDI 利用 SOAP 消息机制(标准的 XML/HTTP)来发布、编辑、浏览以及查找注册信息。它采用 XML 格式来封装各种不同类型的数据,并且发送到注册中心或者由注册中心来返回需要的数据。

Web Service 是一个平台独立的、低耦合的、自包含的、基于可编程的 Web 应用程序,可使用开放的 XML(标准通用标记语言下的一个子集)标准来描述、发布、发现、协调和配置这些应用程序,用于开发分布式的互操作的应用程序。

Web Service 是建立可互操作的分布式应用程序的新平台。

Web Service 平台是一套标准,它定义了应用程序如何在 Web 上实现互操作性。用户可以用任何自己喜欢的语言,在任何喜欢的平台上写 Web Service,只要可以通过 Web Service 标准对这些服务进行查询和访问。

Web Service 平台需要一套协议来实现分布式应用程序的创建。任何平台都有它的数据表示方法和类型系统。要实现互操作性,Web Service 平台必须提供一套标准的类型系统,用于沟通不同平台、编程语言和组件模型中的不同类型系统。

7.1.2 XML Web Service 工作原理

Web 服务有两层含义:
(1) 它是指封装成单个实体并发布到网络上的功能集合体;
(2) 它是指功能集合体被调用后所提供的服务。

简单地讲,Web 服务是一个 URL 资源,客户端可以通过编程方式请求得到它的服务,而不需要知道所请求的服务是怎样实现的,这一点与传统的分布式组件对象模型不同。

Web 服务的体系结构是基于 Web 服务提供者、Web 服务请求者、Web 服务中介者三个角色和发布、发现、绑定三个动作构建的。

Web 服务提供者:即 Web 服务的拥有者,它耐心等待为其他服务和用户提供自己已有的功能。

Web 服务请求者:即 Web 服务功能的使用者,它利用 SOAP 消息向 Web 服务提供者发送请求以获得服务。

Web 服务中介者:把一个 Web 服务请求者与合适的 Web 服务提供者联系在一起,它充当管理者的角色,一般是 UDDI。

这三个角色是根据逻辑关系划分的,在实际应用中,角色之间很可能有交叉:一个 Web 服务既可以是 Web 服务提供者,也可以是 Web 服务请求者,或者二者兼而有之。图 7-1 显示了 Web 服务角色之间的关系:"发布"是为了让用户或其他服务知道某个 Web 服务的存在和相关信息;"查找(发现)"是为了找到合适的 Web 服务;"绑定"则是在提供者与请求者之间建立某种联系。Web Service 的体系结构如图 7-1 所示。

实现一个完整的 Web 服务包括以下步骤:

(1) 发布。Web 服务提供者将调试正确后的 Web 服务通过 Web 服务中介者发布,并在 UDDI 注册中心注册,以便将来供服务请求者查询。

(2) 查找。Web 服务请求者向 Web 服务中介者请求特定的服务,中介者根据请求查询 UDDI 注册中心,为请求者寻找满足请求的服务;Web 服务中介者向 Web 服务请求者返回满足条件的 Web 服务描述信息,该描述信息用 WSDL 写成,各种支持 Web 服务的机器都能阅读。

(3) 绑定。利用从 Web 服务中介者返回的描述信息生成相应的 SOAP 消息,发送给 Web 服务提供者,以实现 Web 服务的调用;Web 服务提供者按 SOAP 消息执行相应的 Web 服务,并将服务结果返回给 Web 服务请求者。

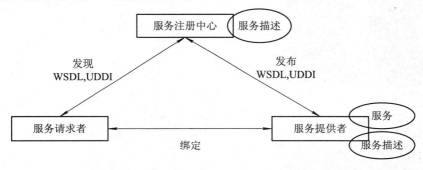

图 7-1　Web Service 的体系结构

7.1.3　创建 XML Web Service

在 ASP.NET 中创建一个 Web 服务与创建一个网页类似。但是 Web 服务没有用户接口和可视化组件,并且 Web 服务仅包含方法。可以在一个扩展名为 .asmx 的文件中编写 Web 服务代码,也可以放在代码隐藏文件中。

下面来创建一个具有查询功能的 Web 服务,程序实现的主要步骤如下:

(1) 打开 Visual Studio 2010 开发环境,选择"ASP.NET 空 Web 应用程序"创建一个项目,命名为 ch0701,如图 7-2 所示。用鼠标右键单击该名称,在弹出的快捷菜单中选择"添加",在"添加"中选择"新建项",如图 7-3 所示,然后选择 Web 服务,然后命名 WebService,如图 7-4 所示。点击"添加(A)"按钮后,如图 7-5 所示。

图 7-2　新建 Web Service 项目

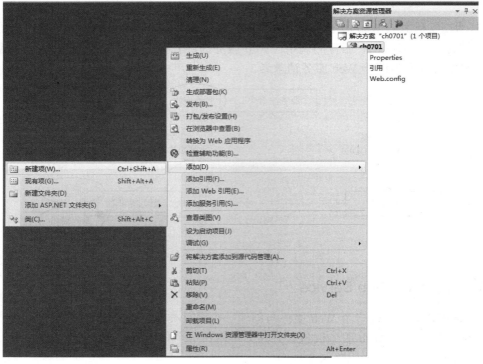

图 7-3 添加新建项

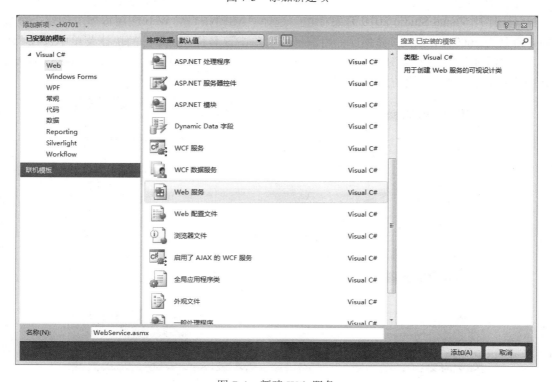

图 7-4 新建 Web 服务

第 7 章 Web Service 技术

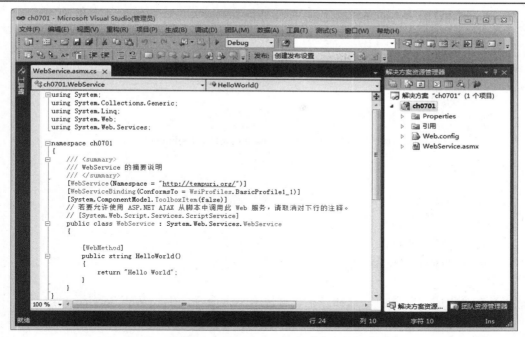

图 7-5 Web Service 代码隐藏文件

(2) 在创建的 Web Service 文件中添加自定义 Web Service 方法 Select，在 .cs 文件最前面添加 Using System.Data.SqlClient，相关代码如下：

[WebMethod(Description = "此段代码可以通过输入学生姓名，实现学生信息返回功能")]

public string Select(String name)
{
　　SqlConnection conn = new SqlConnection("Server = .; uid = sa; pwd = 123456; database =
　　　　ASPNET");
　　conn.Open();
　　SqlCommand cmd = new SqlCommand("select * from student where name = ' " + name + " ' ", conn);
　　SqlDataReader dr = cmd.ExecuteReader();
　　string txtMessage = "";
　　if(dr.Read())
　　{
　　txtMessage = "学生编号：" + dr["id"];
　　txtMessage += "姓名：" + dr["name"];
　　txtMessage += "性别：" + dr["sex"];
　　txtMessage += "爱好：" + dr["hobby"];
　　}
　　else
　　{

```
        if(string.IsNullOrEmpty(name))
        {
            txtMessage="<Font Color = 'Blue'>请输入姓名</Font>";
        }
        else
        {
            txtMessage = "<Font Color = 'Red'>查无此人! </Font>";
        }
    }
    cmd.Dispose();
    dr.Dispose();
    conn.Dispose();
    return txtMessage;
}
```

(3) 在"生成"菜单中,选择"生成解决方案"命令,生成 Web Service。
(4) 单击运行,将显示 Web Service 帮助页面,如图 7-6 所示。
(5) 单击 Select 方法的链接将显示它的测试页面,如图 7-7 所示。

图 7-6 Web Service 帮助页面　　　　　　图 7-7 Select 方法的测试页面

(6) 在测试页中输入联系人姓名,单击"调用"按钮,即可调用 Web 服务的相应方法并显示方法的返回结果。如图 7-8 所示。

图 7-8 Select 方法返回的结果页面

7.1.4 调用 XML Web Service

创建完 Web Service，开发人员应该创建一个客户端应用程序来查找 Web Service，发现 Web Service 中的可用方法，而且要创建客户端代理，并将 Web Service 方法代理到客户端中，这样客户端就可以如同实现本地调用一样使用远程 Web Service。

创建一个 Web 应用程序来调用刚刚创建的 Web Service。运行结果如图 7-9 所示。

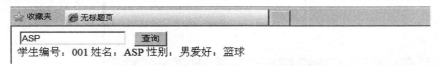

图 7-9 调用 Web Service

实现步骤如下：

（1）打开 Visual Studio 2010 开发环境，新建一个 ASP.NET 空网站，向 ASP.NET 网站中添加一个 Web 窗体，命名为 ch0701.aspx。

（2）在 ch0701.aspx 页面上添加一个 TextBox 控件、一个 Button 控件和一个 Label 控件，分别用来输入姓名、执行查询操作和显示查询的信息。

（3）在"解决方案资源管理器"中，用鼠标右击项目，在弹出的快捷菜单中选择"添加服务引用"选项，弹出"添加服务引用"对话框，如图 7-10 所示。用户可以通过该对话框查找本解决方案中的服务，也可以查找本地计算机上或者网络上的服务。

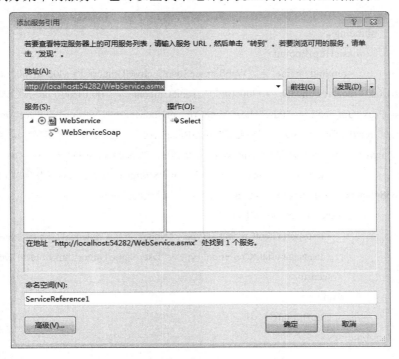

图 7-10 "添加服务引用"对话框

（4）单击图 7-10 中的"确定"按钮，将在"解决方案资源管理器"中添加一个名为 App_WebReferences 的目录，在该目录中将显示添加的 Service 服务，如图 7-11 所示。

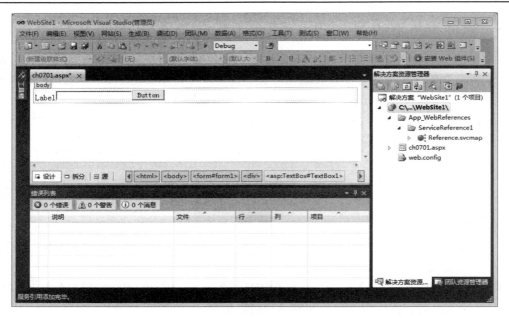

图 7-11 添加的 Service 服务

(5) 添加完服务引用后,将在 Web.config 文件中添加一个<system.serviceModel>,代码如下:

<system.serviceModel>
　<bindings>
　　<basicHttpBinding>
　　　<binding name = "WebServiceSoap" closeTimeout = "00:01:00" openTimeout = "00:01:00" receiveTimeout = "00:10:00" sendTimeout = "00:01:00" allowCookies = "false" bypassProxyOnLoca l = "false" hostNameComparisonMode = "StrongWildcard" maxBufferSize = "65536" maxBufferPoolSize = "524288" maxReceivedMessageSize = "65536" messageEncoding = "Text" textEncoding = "utf-8" transferMode = "Buffered" useDefaultWebProxy = "true">
　　　　<readerQuotas maxDepth = "32" maxStringContentLength = "8192" maxArrayLength = "16384" maxBytesPerRead = "4096" maxNameTableCharCount = "16384"/>
　　　　<security mode = "None">
　　　　　<transport clientCredentialType = "None" proxyCredentialType = "None" realm = ""/>
　　　　　<message clientCredentialType = "UserName" algorithmSuite = "Default"/>
　　　　</security>
　　　</binding>
　　</basicHttpBinding>
　</bindings>
　<client>
　　<endpoint address = "http://localhost:54282/WebService.asmx" binding = "basicHttpBinding" bindingConfiguration = "WebServiceSoap" contract = "GHFGH"/>

         </client>
      </system.serviceModel>

在 ch0701.aspx 页的"查询"按钮控件的 Click 事件中，通过使用服务对象，调用其中的 Select 方法查询信息，代码如下：

```
protected void Button1_Click(object sender, EventArgs e)
{
    Service.WebServiceSoapClient service = new Service.WebServiceSoapClient();
    string strMessage = service.Select(TextBox1.Text);
    string[] strMessage = strMessage.Split(new Char[] { ',' });
    labMessage.Text = "详细信息：</br>";
    foreach (string str in strMessages)
    {
        labMessage.Text += str + "</br>";
    }
}
```

7.2 案 例 分 析

计算器是我们常用的小工具，实现的方法也很多，下面用 Web Service 实现简单计算器的功能。

实现步骤如下：

(1) 新建一个网站 ch0702，在这个网站中新建一个网页 CalculatorForWeb.aspx，在解决方案资源管理器中右击项目名称，在弹出的快捷菜单中选择"添加新项"命令，打开"添加新项"对话框，选择"Web 服务"选项，单击"添加"按钮，完成 Web 服务的创建。

(2) 系统自动生成一个 ASMX 接口文件 WebService.asmx 和一个 C# 后台代码文件 WebService.cs，在 WebService.cs 要实现计算器最基本的"+"、"–"、"＊"、"／"运算，添加主要代码如下：

```
[WebMethod]
public double Sum(double a, double b)
{
    return a + b;
}
[WebMethod]
public double Sub(double a, double b)
{
    return a-b;
}
[WebMethod]
```

```
        public double Mult(double a, double b)
        {
            return a*b;
        }
        [WebMethod]
        public double Div(double a, double b)
        {
            return a/b;
        }
```

(3) 完成 Web 服务中功能代码的编写后,按前面介绍的方法,将创建的 Web 服务添加到网站中,主要步骤如图 7-12 所示。

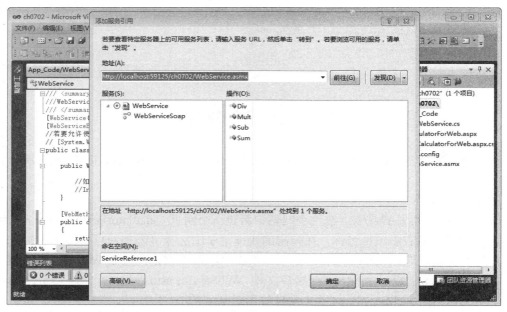

图 7-12　添加 Web 服务到项目中

(4) 拖放 16 个 Button 控件到 CalculatorForWeb.aspx 主页中,Button1～10 完成文本框中数字的输入,Button11～16 完成逻辑运算,再添加一个 TextBox 控件用于显示输入的数字及运算结果。

(5) 在后台代码 CalculatorForWeb.aspx.cs 中,编写 16 个 Button 控件的 Click 事件代码,编程之前,首先进行如下初始化工作:

```
        public static double temp1;
        public static double temp2;
        public static int m;
        public bool dot = false;
```

16 个 Button 控件的 Click 事件中"="按钮的 Click 事件最为重要,代码如下:

```
        protected void Button16_Click(object sender, EventArgs e)
```

```
            {
                if(this.TextBox1.Text == ""&&temp1 != null)
                {
                    this.TextBox1.Text = temp1.ToString();
                    dot = true;
                }
                else
                {
                    double temp3 = 0.0;
                    temp2 = Convert.ToDouble(this.TextBox1.Text);
                    WebService result = new WebService();
                    switch(m)
                    {
                    case 0:
                        temp3 = result.Sum(temp1, temp2);
                        break;
                    case 1:
                        temp3 = result.Sub(temp1, temp2);
                        break;
                    case 2:
                        temp3 = result.Mult(temp1, temp2);
                        break;
                    case 3:
                        temp3 = result.Div(temp1, temp2);
                        break;
                default:
                        Response.Write("数据有误,请重新输入!");
                        break;
                    }
                if(temp3>double.MaxValue)
                {
                Response.Write("<script>alert('结果值超出双精度最大值!')</script>");
                return;
                }
                this.TextBox1.Text = temp3.ToString();
                dot = true;
            }
        }
```

本 章 小 结

本章首先介绍了 Web Service 的概念,可从 XML、SOAP、WSDL、UDDI 四个方面来进行理解。Web Service 是一个平台独立的、低耦合的、自包含的、基于可编程的 Web 应用程序,可使用开放的 XML(标准通用标记语言下的一个子集)标准来描述、发布、发现、协调和配置这些应用程序,用于开发分布式的互操作的应用程序。其次介绍了 XML Web Service 的工作原理,实现一个完整的 Web 服务包括发布、查找、绑定三个步骤。然后介绍了 XML Web Service 的创建和调用过程。最后采用简单计算器设计过程详细展现了 XML Web Service 技术的使用。

练 习 题

1. 简述 Web Service 的基本概念。
2. 使用哪个属性可以指定 Web Service 使用的语言?
3. 如何在 ASP.NET 网站中调用 Web Service 服务?

第 8 章　Ajax 技术

在 2005 年，Google 通过其 Google Suggest 使 Ajax 变得流行起来。Google Suggest 使用 Ajax 创造出动态性极强的 Web 界面：当用户在谷歌的搜索框输入关键字时，JavaScript 会把这些字符发送到服务器，然后服务器会返回一个搜索建议的列表。

Ajax 是一种用于创建快速动态网页的技术。通过在后台与服务器进行少量数据交换，Ajax 可以使网页实现异步更新。这意味着可以在不重新加载整个网页的情况下，对网页的某部分进行更新。传统的网页(不使用 Ajax)如果需要更新内容，必须重载整个网页面。有很多使用 Ajax 的应用程序案例，如新浪微博、Google 地图、开心网等等。

在继续学习之前，需要对下面的知识有基本的了解：HTML / XHTML、CSS 和 JavaScript / DOM。

本章学习目标：

- 掌握 Ajax 技术；
- 了解 Ajax 与传统 Web 的区别；
- 掌握 Ajax 的工作方式；
- 掌握 Ajax 的常用控件。

8.1　Ajax 技术简介

8.1.1　什么是 Ajax

Ajax 是实现 Web 2.0 服务中的核心技术，全称为 "异步 JavaScript 和 XML 技术" (Asynchronous JavaScript and XML)，它在 2005 年由 Jesse James Garrett 首先提出，是指一种用于创建更好更快以及交互性更强的网页开发技术。Ajax 本身并不是一门新的语言或技术，它实际上是多种思想和技术的融合体。具体表现在：

(1) 使用 XHTML 和 CSS 标准化呈现；
(2) 使用 DOM 实现动态显示和交互；
(3) 使用 XML 和 XSLT 进行数据交换与处理；
(4) 使用 XMLHttpRequest 进行异步数据读取；
(5) 使用 JavaScript 绑定和处理所有数据。

Ajax 的本质就是 JavaScript 技术，与 XML 其实没有太大关系。Ajax 的核心技术理念在于使用 XMLHttpRequest 对象发送异步请求。通过 Ajax，可使用 JavaScript 的 XMLHttpRequest 对象来直接与服务器进行通信。通过这个对象，JavaScript 可在不重载页面的情况下与 Web 服务器交换数据。

最初为 XMLHttpRequest 对象提供浏览器支持的是微软公司。Ajax 在浏览器与 Web 服务器之间使用异步数据传输(HTTP 请求)，这样就可使网页从服务器请求少量的信息，而不是整个页面，因而可使因特网应用程序更小、更快、更友好。Ajax 技术的出现，挽救了传统的 B/S 结构，并赋予 Web 应用新的生命。如果要用简单的一句话介绍 Ajax 是什么，可以说"它是在 B/S 结构上给予用户 C/S 的界面观感"。

8.1.2 Ajax 中的技术

正如前面所述，Ajax 并不是一种新的语言或技术，而是几种技术的结合，从而形成功能强大的新技术。Ajax 技术是 Web 2.0 的重要技术之一，互联网上各种 Blog 系统、RSS、Wiki 系统和 SNS 交友网络等，都大量使用了 Ajax 技术。Ajax 包括：

(1) JavaScript：实现客户端的数据发送和界面更新，是 Ajax 实现的编程语言；
(2) XMLHttpRequest：浏览器内置的用以进行异步数据发送和接收的对象，是 Ajax 核心对象；
(3) CSS + div：用以实现用户界面更加友好；
(4) DOM 模型：Ajax 常见的技巧就是使用 JS 响应 DOM 组件事件或更新；
(5) XML：XML 仅是一种传输数据的格式，在 Ajax 应用中常以 XML 格式在 C/S 间交换数据；
(6) Html：展示浏览器上的内容。

Ajax 技术中没有 Java，Ajax 关注的是在浏览器上的展示。Java 的代码不可能跑到浏览器上。也就是说 Ajax 是独立于后台服务器的一种技术，应用 Ajax 时，与后端采用何种编程语言无关。

8.1.3 Ajax 与传统 Web 的区别

Ajax 被提出不久，就被广泛应用到大量 B/S 结构的应用中，改进了传统的 Web 应用，给浏览者一种更连续的体验。

传统 Web 页面的服务是基于 HTTP 协议的，所以它永远也改变不了"请求—响应"的模式。用户必须"点"一下，它才能动一下，而且每次都必须刷新整个页面，这也意味着服务器要将所有页面上的数据传送下来，即使用户的点击只是需要改变页面上一行几个字的内容。反过来说，提交请求后需要等待服务器响应，如果服务器响应还没有完全结束，则用户只能等待，不能继续发送请求。

Ajax 代码运行在浏览器和服务器之间，通过编程，可以让 Ajax 代码仅从服务器上提取需要改变的数据，也只改变页面中需要改变的某一部分：某一个 div 层、表格中的某一个单元格。用户不会看到页面全部被刷新了。Ajax 的最大优势在于异步交互，即浏览者在浏览页面时，可同时向服务器发送请求，甚至可以不用等待前一次请求得到完全响应，便再次发送请求。这种异步请求的方式，非常类似于传统的桌面应用。通过使用 Ajax 技术，可以使互联网网页具有更友好的人机交互和更美观的浏览界面。

Ajax 技术带给互联网一场全新的革命。目前，几乎所有的 B/S 应用都广泛地使用了 Ajax 技术。Ajax 技术甚至催生了一种新的网络游戏平台。Ajax 并不是要颠覆传统的 B/S 结构的应用，而只是让 B/S 结构的应用更加完善。

传统的 Web 同步发送请求交互流程如图 8-1 所示，Ajax 应用的异步发送请求交互流程如图 8-2 所示。

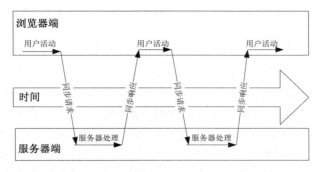

图 8-1　同步发送请求交互流程

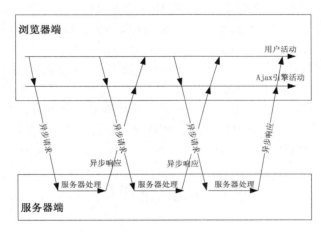

图 8-2　异步发送请求交互流程

8.1.4　Ajax 的特征

通过上面的介绍，可总结出 Ajax 的特征如下：

(1) 异步发送请求。异步发送请求是 Ajax 应用最核心的内容。Ajax 应用的一大好处在于给用户的连续体验。用户发送请求后，还可以在当前页面浏览，或者继续发送请求，即使服务器响应还没有完成。而服务器响应完成后，浏览器并不是重新加载整个页面，而是仅加载需要更新的部分。

(2) 服务器响应是数据，而不是页面内容。与传统的 Web 应用不同的是，服务器不再生成整个 Web 页面。在 Ajax 应用中，网络负载主要集中在应用加载期，也就是页面第一次下载时。一旦页面下载成功，则相当于在客户端部署了复杂的应用。而后面的操作将是相当迅速的，客户端的 JavaScript 负责与服务器通信，从服务器获取必须更新的部分数据，而不再是整个页面内容。

(3) 浏览器中的是应用，不是简单视图。传统的 Web 应用中，浏览器只是简单视图。对于 Ajax 应用，浏览器不仅可以包括简单逻辑，甚至可以保存用户会话状态。因为 Ajax 应用有个特点：无须刷新页面即可完成内容的动态更新。Ajax 应用初始化时，需要加载大量的 JavaScript 代码。这些 JavaScript 代码中已经包含了部分业务逻辑，将在后台默默工作，负责处理部分逻辑，异步提交请求，以及读取服务器响应数据，动态更新页面。

Ajax 应用特别适用于交互较多、频繁读取数据、数据分类良好的 Web 应用。

8.1.5 Ajax 的工作方式

Ajax 的核心是 XMLHttpRequest，它提供了异步发送请求的能力。这里要对异步有一个正确的认识。所谓异步，是指基于 Ajax 的应用与服务器通信的方式。对于传统的 Web 应用，每次用户发送请求，向服务器请求获得新数据时，浏览器都会完全丢弃当前页面，就只等待重新加载新的页面。这样在服务器完全响应之前，用户浏览器将一片空白，用户的动作必须中断。而异步指用户发送请求后，完全无须等待，请求在后台发送，不会阻塞用户当前活动。用户无须等待第一次请求得到完全响应，即可发送第二次请求。

使用 Ajax 的异步模式，浏览器就不必等用户请求操作，无需重新下载整个页面，一样可以显示服务器的响应数据。Ajax 使用 JavaScript 来回传送数据，XMLHttpRequest 是 Ajax 的核心，JavaScript 则是 Ajax 技术的黏合剂。整个 Ajax 应用的工作过程如下：

(1) JavaScript 脚本使用 XMLHttpRequest 对象向服务器发送请求。发送请求时，既可以发送 GET 请求，也可以发送 POST 请求。

(2) JavaScript 脚本使用 XMLHttpRequest 对象解析服务器响应数据。

(3) JavaScript 脚本通过 DOM 动态更新 HTML 页面。也可以为服务器响应数据增加 CSS 样式表，在当前网页的某个部分加以显示。

8.2　Ajax 常用控件

8.2.1 ScriptManager 控件

ScriptManager 控件是 ASP.NET Ajax 中的核心控件，用来处理页面上所有组件以及页面局部更新。它主要负责生成并发送给浏览器所有客户端的 JavaScript 脚本代码，以便能够在 JavaScript 中访问 Web Service。任何一个想要试用 Ajax 的 ASP.NET 页面有且只能有一个 ScriptManager 控件。

系统只有在网站中添加一个 Ajax Web 窗体后，才会自动添加一个 ScriptManager 控件，如果需要此控件，可以像前面章节介绍的那样，将它从工具箱中拖动到页面中。ScriptManager 控件如图 8-3 所示。

ScriptManager 是服务器控件，所有工作都在服务器上完成后，才将产生的脚本传送到浏览器中。当拖动 ScriptManager 控件到页面中后，只有在设计网页时能够看到，在浏览时不会被看到。因为页面中有且只能有一个 ScriptManager 控件，若用模板页设计网页，可将 ScriptManager 控件放在模板页中。

第 8 章 Ajax 技术

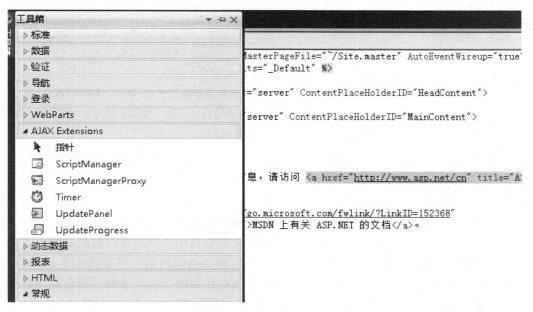

图 8-3 ScriptManager 控件

ScriptManager 控件常用的属性和方法如表 8-1 所示。

表 8-1 ScriptManager 控件的常用属性和方法

属性及方法	说 明
AsyncPostBackErrorMessage 属性	异步回送发生错误时的自定义错误信息
AsyncPostBackTimeout 属性	异步回送超时限制,默认值为 90,单位为 s
EnablePartialRendering 属性	是否支持页面的局部更新,默认值为 True
ScriptPath 属性	设置所有脚本的根目录,为全局属性
RegisterAsyncPostBackControl 方法	注册具有异步回送行为的控件
OnAsyncPostBackError 方法	异步回送发生异常时的服务器端处理函数
OnResolveScriptReference 方法	指定 ResolveScriptReference 事件的服务器端处理函数,在该函数中可以修改某一脚本的路径、版本等信息

8.2.2 UpdatePanel 控件

UpdatePanel 控件为其包含的局部页面提供了异步回送、局部更新功能。当页面中只有一部分需要更新时,UpdatePanel 控件省去了整个页面更新时传送其他不变部分带来的不必要的网络流量。这种页面的局部更新方式也避免了整页更新方式所带来的页面闪烁,让页面中内容的切换显得更为平滑。

在页面中添加一个 ScriptManager 控件,再添加一个或多个 UpdatePanel 控件,把将要采用异步更新的页面部分包围起来便可实现局部更新。

UpdatePanel 控件的常用属性如表 8-2 所示。

表 8-2　UpdatePanel 控件的常用属性

属　性	说　明
ContentTemplate	定义 UpdatePanel 控件中的内容
Triggers	定义 UpdatePanel 控件的异步/同步触发器集合
ChildrenAsTriggers	UpdatePanel 控件中子控件的回送是否会引发 UpdatePanel 控件的更新
RenderMode	定义 UpdatePanel 控件最终呈现的 HTML 元素。Block 以块状方式显示，呈现为<div>；Inline 为内联方式，呈现为<span>
UpdateMode	定义 UpdatePanel 控件的更新模式，有 Always 和 Conditional 两个值

8.2.3　UpdateProgress 控件

ASP.NET Ajax 中引入 UpdateProgress 控件，能够实现在页面进行异步更新时自动显示进度的作用。对于整页更新模式，浏览器的加载进度条指示了当前页面的加载状况，而对于 Ajax 浏览器的进度条将不再起作用。这样，只有服务器端的响应完全到达客户端时，用户才能知道更新完成，而一个好的设计，用户应该在任何时刻都能了解系统目前正在做什么。UpdateProgress 控件的引入能够满足这一需求。

UpdateProgress 控件的常用属性如表 8-3 所示。

表 8-3　UpdateProgress 控件的常用属性

属　性	说　明
AssociateUpdatePanelID	设置与 UpdateProgress 相关联的 UpdatePanel
DisplayAfter	回送触发多少毫秒后显示 UpdateProgress
DynamicLayout	UpdateProgress 控件的显示方式。当为 True 时，UpdateProgress 控件不显示时不占用空间；当为 False 时，UpdateProgress 控件不显示时仍然占用空间

如果没有设定 AssociateUpdatePanelID 属性，则任何一个异步更新都会显示 UpdateProgress 控件。相反，如果将 AssociateUpdatePanelID 属性设为某个 UpdatePanel 控件的 ID，那只有该 UpdatePanel 控件引发的异步更新时才会显示相关联的 UpdateProgress 控件。

8.2.4　Timer 控件

Timer 控件是 Ajax 中又一个重要的服务器端控件。它在客户端通过 JavaScript 每隔一段指定的时间触发一次回送，同时触发其 Tick 事件。如果服务器端指定了相应的事件处理方法，则执行该方法。在 Ajax 中，Timer 控件通常作为触发器配合 UpdatePanel 使用，从而实现局部页面定时刷新、图片自动播放、超时自动退出等功能。

Timer 控件的常用属性和事件如表 8-4 所示。

表 8-4　Timer 控件的常用属性和事件

属性及事件	说　明
Enabled 属性	是否启用定时器，可通过设定该属性来开始或停止定时器的运行
Interval 属性	定时触发的时间间隔，默认值为 60000，单位为 ms
Tick 事件	指定时间间隔到期后触发，可在<asp:Timer>标签的声明中通过 OnTick 属性指定该事件的处理方法

8.2.5 ScriptManagerProxy 控件

ScriptManagerProxy 控件是内容页和模板页中定义的 ScriptManager 控件之间的桥梁。在页面中，ScriptManagerProxy 控件的外观和操作与标准控件 ScriptManager 很相似，但是，ScriptManagerProxy 控件实际上只是一个 Proxy 类，该类可以将其所有的设置传递给模板页中真正的 ScriptManager 控件。

8.3　jQuery 技术

8.3.1　jQuery 概述

jQuery 是一个快速的、简洁的 Javascript 库，使用户能更方便地处理 HTML documents、events，实现动画效果，并且方便地为网站提供 Ajax 交互。jQuery 由美国人 John Resig 创建，至今已吸引了来自世界各地的众多 JavaScript 高手加入其团队。jQuery 是继 prototype 之后又一个优秀的 JavaScript 框架。其宗旨是"WRITE LESS,DO MORE"，即"写更少的代码，做更多的事情"。

那么究竟 jQuery 是什么，能为我们做些什么？这是我们最关注的问题。在我们平常的使用过程中肯定都接触过 jQuery，只是我们很少去关注它的实现，比如：

(1) 登录中国移动网上营业厅，当鼠标移动到"移动商城"栏目上时，就会显示其相关内容，如图 8-4 所示；将鼠标移动到"我的移动"栏目上时，将显示已办理业务、套餐等相关内容。

图 8-4　移动商城相关内容显示

(2) 在访问中国移动时，最醒目的莫过于中间轮播的图片新闻了，那么这个以幻灯片轮播形式显示的图片就是应用 jQuery 的幻灯片轮播插件实现的，如图 8-5 所示。

图 8-5　轮播的图片新闻

当然，jQuery 的应用还有很多，这里只是简单介绍两种，让大家初步认识一下 jQuery 的应用。

8.3.2　jQuery 的特点

jQuery 是一个简洁快速的 JavaScript 脚本库，它能让用户在网页上简单地操作文档、处理事件、运行动画效果或添加异步交互。jQuery 的设计会改变用户写 JavaScript 代码的方式，提高编程效率。其主要特点如下：

(1) 代码简单易懂。jQuery 的选择器用起来很方便，好比说用户要找到某个 dom 对象的相邻元素 js 可能要写好几行代码，而 jQuery 一行代码就搞定了，再比如用户要将一个表格的隔行变色，jQuery 也是一行代码即可搞定。

(2) 跨浏览器。jQuery 基本兼容了现在主流的浏览器，不用再为浏览器的兼容问题而伤透脑筋。它支持的浏览器包括 IE 6.0+、FF 1.5+、Safari 2.0+、Opera 9.0+。

(3) 链式的语法风格。jQuery 的链式操作可以把多个操作写在一行代码里。

(4) 插件丰富。树形菜单、日期控件、图片切换插件、弹出窗口等基本前台页面上的组件都有对应插件，并且用 jQuery 插件做出来的效果很炫，可以根据自己的需要去改写和封装插件，简单实用。

(5) 可扩展性强。jQuery 提供了扩展接口——JQuery.extend(object)，可以在 jQuery 的命名空间上增加新函数。jQuery 的所有插件都是基于这个扩展接口开发的。

8.3.3　jQuery 的下载与配置

假如想要在自己的网站中应用 jQuery 库，就需要下载并配置。下面简单介绍一下 jQuery 的下载与配置。

1. jQuery 的下载

进入 jQuery 的官网 http://jquery.com，如图 8-6 所示。

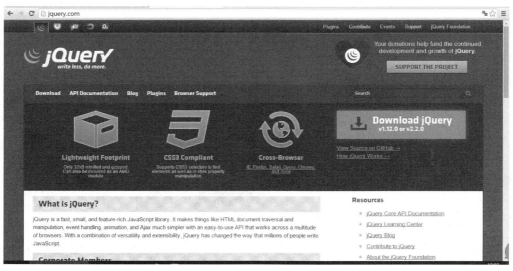

图 8-6　jQuery 官网首页

在图 8-6 中，可以下载最新版本的 jQuery 库，选中 Download 标签或者 Download jQuery 按钮，弹出下载页面，如图 8-7 所示。在此页面选择相关版本，将弹出如图 8-8 所示的下载对话框。

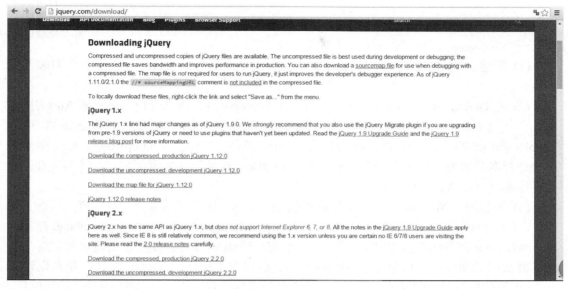

图 8-7　jQuery 版本

图 8-8　下载 jQuery2.2.0min

单击"保存"按钮，将 jQuery 库下载到本地计算机上，下载后的文件名为 jQuery2.2.0.min.js。

2. jQuery 的配置

将 jQuery 库下载到本地计算机后，还需要在项目中配置 jQuery 库。即将下载后的文件放置到项目的指定文件夹中，通常放置在 JS 文件夹中，然后在需要应用 jQuery 的页面中使用下面的语句，将其引用到文件中：

```
<script language = "javascript" src = "JS/jquery2.2.0.min.js"></script>
```

或者

```
<script src = "JS/jquery2.2.0.min.js" type = "text/javascript"></script>
```

8.4 案例分析

随着计算机网络的不断进步，聊天室对大家来说已经不再陌生。本节将使用 Ajax 技术开发一个异步刷新的聊天室系统。其开发步骤如下：

(1) 新建一个 ASP.NET 网站，命名为 Chat，默认主页为 Default.aspx，该页作为聊天室主页。

(2) 在 Default.aspx 页面中添加一个 ScriptManager 控件，用来管理页面中的 Ajax 引擎；添加一个 UpdatePanel 控件，用来控制局部刷新；在 UpdatePanel 控件内部添加 3 个 DropDownList 控件、一个 TextBox 和一个 Button 控件，其中 3 个 DropDownList 控件分别用来选择名称符号、名称颜色和字体颜色，TextBox 控件用来输入要发送的内容，Button 控件用来执行发送聊天信息操作。

(3) 添加一个 Web 窗体，命名为 MsgContent.aspx，用于显示聊天信息内容。

(4) 在 MsgContent.aspx 页面中添加一个 ScriptManager 控件和一个 UpdatePanel 控件，ScriptManager 控件用于管理页面中的 Ajax 引擎，UpdatePanel 控件用于实现局部更新，以便实时获取最新的聊天信息；在 UpdatePanel 控件中添加一个 Timer 控件，并且设置其 Interval 属性为 2000 毫秒(即 2 秒)，用于每 2 秒钟获取一次聊天信息；添加两个 Label 控件，分别用来显示当前在线人数和聊天信息。

(5) 在 Default.aspx 页面中添加一个 Iframe 标记，用于引入 MsgContent.aspx 页面，代码如下：

```
<iframe id = "msgFrame" width = "100%" style = "HEIGHT:440px;VISIBILITY:inherit;
Z-INDEX:1;border-style:groove" src = "MsgContent.aspx" scrolling = "no" bordercolor = green
frameborder = "0"></iframe>
```

(6) 创建一个"全局应用程序类"Global.asax 文件，在其 Application_Start 事件中初始化 Application 变量，代码如下：

```
void Application_Start(object sender, EventArgs e)
{
//在应用程序启动时运行的代码
Application["count"] = 0;
}
```

(7) 在 Global.asax 文件的 Session_Start 事件中，首先使用一个 Application 变量记录哪个用户进入了聊天室，然后使 Application["Count"]的变量值累加 1，即表示在线人数增加 1 个。代码如下：

```
void Session_Start(object sender, EventArgs e)
{
//在新会话启动时运行的代码
Application.Lock();
Application.Set("Msg", "" + Application["Msg"] + "<br><font color = '#666666' size = <欢迎" +
```

```csharp
        Request.UserHostName + "进入聊天室></font>");
        Application["count"] = int.Parse(Application["count"].ToString()) + 1;
        Application.UnLock();
    }
```

(8) 在 Global.asax 文件的 Session_End 事件中使 Application["Count"]变量值减 1，即表示在线人数减少 1 个，然后移除当前用户。代码如下：

```csharp
    void Session_End(object sender, EventArgs e)
    {
        //在会话结束时运行的代码
        //注意：只有在 Web.config 文件中的 sessionstate 模式设置为 InProc 时，才会引发 Session_End
        //事件。如果会话模式设置为 StateServer 或 SQLServer，则不会引发该事件
        Application.Lock();
        Application["count"] = int.Parse(Application["count"].ToString())-1;
        Application.UnLock();
        Application.Lock();
        Application.Set("Msg", "" + Application["Msg"] + "<br><font color = '#666666' size = 2><" +
            Session["name"].ToString() + "离开了 聊天室>></font>");
        Application.UnLock();
    }
```

(9) 在 Default.aspx.cs 中编写代码，获取上线用户 IP 地址和发送聊天信息。代码如下：

```csharp
    protected void Page_Load(object sender, EventArgs e)
    {
        Session["name"] = Request.UserHostName;
    }
    protected void Button1_Click(object sender, EventArgs e)
    {
        Application.Set("Msg", Application["Msg"] + "<br><font color = " + ddlName.Text + " size =
        '2px'>" + ddlSign.Text + Request.UserHostName + ddlSign.Text + "说：</font><font color =
        " + ddlContest.Text + " size = '2px'>" + TextBox1.Text + "</font><font size =
        '2px'>[" + DateTime.Now.ToString() + "]</font>");
    }
```

(10) 在 MsgContent.aspx.cs 中编写代码，定时获取聊天信息。代码如下：

```csharp
    protected void Timer1_Tick(object sender, EventArgs e)
    {
        try
        {lblMsg.Text = Application["Msg"].ToString();
        lblcount.Text = "聊天室在线人数：" + Application["count"].ToString() + "人郑重声明：禁止
            发送一些不健康话题，否则后果自负！";
        }
```

```
            catch(Exception ex)
            {
                throw new Exception(ex.Message, ex);
            }
        }
```

本 章 小 结

  本章内容讲解了 Ajax 技术的概念，简单介绍了 Ajax 与传统 Web 的区别、Ajax 的特征和工作方式。

  Ajax 常用控件包括 ScriptManager、UpdatePanel、UpdateProgress、Timer 以及 ScriptManagerProxy 控件，每一种控件都简单介绍了其常用属性。

  jQuery 技术是一个快速的、简洁的 JavaScript 库，使用户能更方便地处理 HTML documents、events，实现动画效果，并且方便地为网站提供 Ajax 交互。本章主要介绍了其概念、特点。最后介绍了基于 Ajax 的聊天室系统。

练 习 题

  1．什么是 Ajax？
  2．简述 Ajax 的工作方式。
  3．采用 Ajax 控件实现如下功能：
(1) 当用户在文本框中输入文字后，UpdatePanel 中的标签文字会随之更新。
(2) 用户以幻灯片播放的形式浏览服务器某个目录中的图像文件。

第9章 反射技术

反射(Reflection)是 .NET 中的重要机制,通过反射,可以在运行时获得 .NET 中每一个类型(包括类、结构、委托、接口和枚举等)的成员,包括每个成员的名称、限定符、参数、方法、属性、事件和构造函数等。通过反射,可对每一个类型了如指掌,从而可以使用该类型。例如,通过获得类的构造函数的信息可直接创建对象,并调用该类的相关方法。

本章将探讨支持反射的重要基类,包括 System.Type 和 System.Reflection.Assembly 类,它们可以访问反射提供的许多功能。

本章学习目标:
- 掌握反射技术的基本原理;
- 熟悉反射技术中的相关类;
- 掌握反射的基本应用。

9.1 反射机制概述

反射机制主要用来开发对灵活性和扩展性要求很高的软件系统,普通的程序没必要使用。使用了反射后,程序在更新的时候无需重新编译,只要将更新的 Dll 换掉即可完成程序的更新和升级。而将反射和配置文件相结合,可以开发出功能随意增、删、改的软件,具备了极大的灵活性和扩展性。反射提高了程序的灵活性,降低了耦合性,提高了自适应能力,同时也大大提高了程序的复用性。

.NET 可执行应用程序结构分为应用程序域、程序集、模块、类型、成员几个层次,公共语言运行库加载器管理应用程序域,这种管理包括将每个程序集加载到相应的应用程序域以及控制每个程序集中类型层次结构的内存布局。程序集包含模块,而模块包含类型,类型又包含成员,反射则提供了封装程序集、模块和类型的对象。我们可以使用反射动态地创建类型的实例,将类型绑定到现有对象或从现有对象中获取类型,然后调用类型的方法或访问其字段和属性。

但是任何事物都有两面性,不是所有场合都适合使用反射技术的。使用反射也会有其缺点,首先带来的一个很大的问题就是性能问题,使用反射基本上是一种解释操作,用于字段和方法接入时要远慢于直接代码。再就是使用反射会使程序内部逻辑模糊化,程序员在调试代码的时候很希望看到清晰的程序逻辑,而反射却绕过了源代码,因此会带来一定的维护性问题,同时反射代码比相应的直接代码更加复杂。

9.2 反射相关类

Type 和 Assembly 类是访问反射所提供的扩展功能的两个核心类。

Type 类封装了关于类型的元数据,是进行反射的入口。当获得了类型的 Type 对象后,根据 Type 提供的属性和方法可以获得这个类型的所有信息,包括字段、属性、事件、参数、构造函数等。获取给定类型的 Type 引用有三种常用方式:

(1) 使用 typeof 运算符获取。代码如下:

  Type tp = typeof(string);

(2) 使用对象 GetType()方法获取。代码如下:

  string s = "grayworm";
  Type tp = s.GetType();

(3) 通过调用 Type 类的静态方法 GetType()获取。代码如下:

  Type tp = Type.GetType("System.String");

上面这三类代码都是获取 string 类型的 Type,在取出 string 类型的 Type 引用 tp 后,我们就可以通过 tp 来探测 string 类型的结构了。代码如下:

```
string n = "grayworm";
Type tp = n.GetType();
foreach (MemberInfo mi in tp.GetMembers())
{
    Console.WriteLine("{0}/t{1}", mi.MemberType, mi.Name);
}
```

Type 类的主要属性如表 9-1 所示。

表 9-1 Type 类的主要属性

属性	说明
Assembly	获取当前类型的程序集
Attributes	获取关系链接表,并允许导航从父表到子表的集合
FullName	获取该类型的完全限定名称,包括其命名空间,但不包括程序集
Name	获取当前成员的名称
IsClass	获取一个值,通过该值指示 Type 是否是一个类或委托,即,不是值类型或接口
IsPublic	获取一个值,该值指示 Type 是否声明为公共类型
Namespace	获取 Type 的命名空间
TypeHandle	获取当前 Type 的句柄

Type 类的主要方法如表 9-2 所示。

表 9-2　Type 类的主要方法

方　　法	说　　明
Equals(Type)	确定当前 Type 的基础系统类型是否与指定 Type 的基础系统类型相同
Finalize()	在垃圾回收将某一对象回收前允许该对象尝试释放资源并执行其他清理操作
GetConstructors()	返回为当前 Type 定义的所有公共构造函数
GetFields()	返回当前 Type 的所有公共字段
GetMember(String)	搜索具有指定名称的公共成员
GetMethod(String)	搜索具有指定名称的公共方法
GetType(String)	获取具有指定名称的 Type，执行区分大小写的搜索
GetTypeHandle(Object)	获取指定对象的 Type 的句柄
MemberwiseClone()	创建当前 Object 的浅表副本(继承自 Object)

Assembly 类可以获得程序集的信息，也可以动态地加载程序集，以及在程序集中查找类型信息，并创建该类型的实例。以下为通过程序集名称返回 Assembly 对象的几种方法：

(1) 通过 DLL 文件名称返回 Assembly 对象。代码如下：

　　Assembly ass = Assembly.Load("DLL_FileName");

(2) 通过 Assembly 获取程序集中的类。代码如下：

　　Assembly ass = Assembly.LoadFrom("DLL_FileName.dll");

(3) 通过 Assembly 获取程序集中所有的类。代码如下：

　　Type t = ass.GetType("DLL_FileName.NewClass");//参数必须是类的全名

　　Type[] t = ass.GetTypes();

(4) 通过程序集的名称反射。代码如下：

　　Assembly ass = Assembly.Load("DLL_FileName ");

　　Type t = ass.GetType("DLL_FileName.NewClass");

　　Object obj = Activator.CreateInstance(t, "grayworm",

　　"http://hi.baidu.com/grayworm");

　　MethodInfo mi = t.GetMethod("show");

　　mi.Invoke(obj, null);

(5) 通过 DLL 文件全名反射其中的所有类型。代码如下：

　　Assembly a = Assembly.LoadFrom("xxx.dll 的路径");

　　Type[] aa = a.GetTypes();

　　foreach(Type t in aa)

　　{

　　　　if(t.FullName == "a.b.c")

　　　　{　　//创建类型的实例

　　　　　　object o = Activator.CreateInstance(t);

　　　　}

　　}

Assembly 类的主要属性如表 9-3 所示。

表 9-3 Assembly 类的主要属性

属　　性	说　　明
Modules	获取包含此程序集中模块的集合
ManifestModule	获取包含当前程序集清单的模块
Location	获取包含清单的已加载文件的完整路径或 UNC 位置
FullName	获取程序集的显示名称
EntryPoint	获取此程序集的入口点
ImageRuntimeVersion	获取表示公共语言运行时（CLR）的版本的字符串，该信息保存在包含清单的文件中
HostContext	获取用于加载程序集的主机上下文

Assembly 类的主要方法如表 9-4 所示。

表 9-4 Assembly 类的主要方法

方　　法	说　　明
CreateInstance(String)	使用区分大小写的搜索，从此程序集中查找指定的类型，然后使用系统激活器创建它的实例
CreateQualifiedName(String, String)	创建由类型的程序集的显示名称限定的类型的名称
GetAssembly(Type)	获取当前加载的程序集在其中定义指定的类型
GetModules()	获取作为此程序集的一部分的所有模块
GetType()	返回当前实例的类型
GetType(String)	获取程序集实例中具有指定名称的 Type 对象
GetCustomAttributesData()	返回有关已应用于当前 Assembly（表示为 CustomAttributeData 对象）的特性的信息
GetCustomAttribute(Type)	检索应用于指定的程序集的指定类型的自定义属性
Load(String)	通过给定程序集的长格式名称加载程序集
LoadFile(String)	加载指定路径上的程序集文件的内容
LoadFrom(String)	已知程序集的文件名或路径，加载程序集
MemberwiseClone()	创建当前 Object 的浅表副本

9.3 案例分析

本章案例为通过反射机制获取可执行程序中的类名以及类成员。

1. 设计思路

在控制台程序中，通过 Assembly 类的 LoadFrom 方法加载可执行程序，再通过 Type 类的实例去获取可执行程序中所有的类，以及类的属性与方法。

2. 程序设计

(1) 在 Visual Studio 2010 中创建一个 C# 控制台项目 reflection。

(2) 将可执行文件 run_class.exe 复制到项目文件夹下，该可执行程序中定义类 MyClassT 和 Student 的对象。

(3) 在 reflection 主函数中，将类 MyClassT 和 Student 的成员函数名、参数等信息通过反射获取，并将其函数名、参数等信息显示到屏幕。添加代码如下：

```csharp
Console_reflection
{
    class Program
    {
        static void Main(string[] args)
        {
            //加载指定的程序集
            Assembly asm = Assembly.LoadFrom(@"..\run_class.exe");
            //获取程序集中的所有类型列表
            Type[] alltype = asm.GetTypes();
            Console.WriteLine(asm.FullName);
            foreach (Type temp in alltype)
            {
                //打印出 MyClass 程序集中的所有类型名称
                Console.WriteLine(temp.Name);
                //获取类里面的成员函数，MethodInfo 对象在 System.Reflection 命名空间下
                MethodInfo[] mi = temp.GetMethods();
                foreach (MethodInfo m in mi)              //遍历 mi 对象数组
                {
                    Console.Write(m.ReturnType.Name);     //返回方法的返回类型
                    Console.Write(" " + m.Name + "(");    //返回方法的名称
                    //获取方法参数列表并保存在 ParameterInfo 对象数组中
                    ParameterInfo[] pi = m.GetParameters();
                    for (int i = 0; i < pi.Length; i++)
                    {
                        //方法的参数的类型和名称
                        Console.Write(pi[i].ParameterType.Name);
                        Console.Write(" " + pi[i].Name);  //方法的参数名
                        if (i + 1 < pi.Length)
                        {
                            Console.Write(", ");
                        }
                    }
```

```
                Console.Write(")");
                Console.WriteLine(); //换行
            }
        }
        Console.ReadKey();
    }
}
```
运行效果如图 9-1 所示。

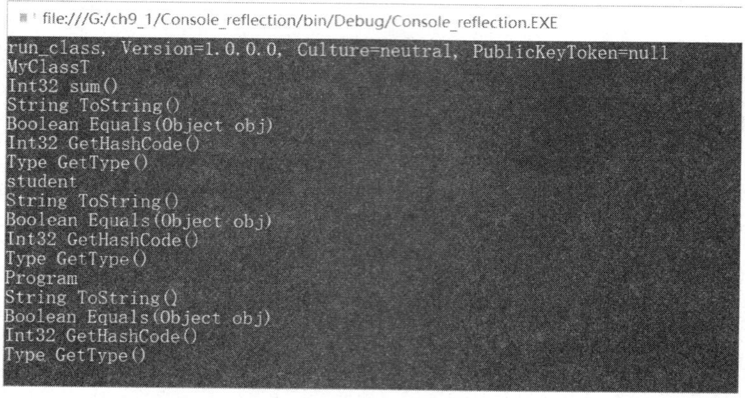

图 9-1 反射案例运行结果

本 章 小 结

本章内容以讲解反射技术为主，反射是 .NET 中的重要机制，通过反射可以得到 *.exe 或 *.dll 等程序集内部的接口、类、方法、字段、属性、特性等信息，还可以动态创建出类型实例并执行其中的方法。

Type 和 Assembly 类是访问反射所提供的扩展功能的两个核心类，要求熟练掌握其常用属性与方法。

练 习 题

1. 反射机制的原理是什么？
2. 简述反射机制的优势以及应用场合。
3. 简述 Type 类型对象的初始化方式，获取对象类型的方法。
4. 简述 Assembly 类的相关方法的功能。

第10章 三层架构

软件架构(Software Architecture)是一系列相关的抽象模式,用于指导大型软件系统各个方面的设计。软件架构是一个系统的草图,它描述的对象是直接构成系统的抽象组件。通过软件架构设计各个组件之间的连接更加明确并且可以相对细致地描述组件之间的通讯。在实现阶段,这些抽象组件被细化为实际的组件,比如具体某个类或者对象。在面向对象领域中,组件之间的连接通常用接口来实现。

分层架构(Layered Architecture)是最常见的软件架构,也是事实上的标准架构。这种架构将软件分成若干个水平层,每一层都有清晰的角色和分工,不需要知道其他层的细节。层与层之间通过接口通信。所以如果一旦哪一层的需求发生了变化,就只需要更改相应的层中的代码而不会影响到其他层中的代码。这样就能更好地实现软件开发中的分工,有利于组件的重用。

通常意义上的三层架构就是将整个软件系统划分为三层:界面层(User Interface layer)、业务逻辑层(Business Logic Layer)、数据访问层(Data access layer)。区分层次的目的即为了实现"高内聚低耦合"的软件设计思想。

本章学习目标:

- 理解软件架构和分层的概念;
- 理解三层架构的设计理念;
- 理解三层架构的优缺点;
- 学会 ASP.NET 三层架构软件的实现。

10.1 概　　述

10.1.1 软件架构和分层

1. 软件架构

软件体系结构是构建计算机软件实践的基础。与建筑师设定建筑项目的设计原则和目标时,作为绘图员画图的基础一样,一个软件架构师或者系统架构师陈述软件构架以作为满足不同客户需求的实际系统设计方案的基础。从目的、主题、材料和结构的联系上来说,软件架构可以和建筑物的架构相比拟。一个软件架构师需要有广泛的软件理论知识和相应的经验来实施和管理软件产品的高级设计。软件架构师定义和设计软件的模块化、模块之间的交互、用户界面风格、对外接口方法、创新的设计特性,以及高层事务的对象操作、逻辑和流程。

2. 分层设计

层次系统风格将软件结构组织成一个层次结构，一个分层系统是分层次组织的，每层对上层提供服务，同时对下层来讲也是一个服务的对象。在一些分层系统中，内部的层只对相邻的层可见。除了相邻的外层或经过挑选用于输出的特定函数以外，内层都被隐藏起来。这种风格支持基于可增加抽象层的设计。由于每一层最多只影响两层，同时只要给相邻层提供相同的接口，允许每层用不同的方法实现，分层设计同样为软件重用提供了强大的支持。

3. 物理分层和逻辑分层

软件的分层包含两种含义：一种是物理分层，即每一层都运行在单独的机器上，这意味着创建分布式的软件系统；一种是逻辑分层，指的是在单个软件模块中完成特定的功能。界面层、业务逻辑层和数据库访问层运行在同一台机器上，这台机器即是应用服务器。数据库软件安装在另外一台机器上，这台机器称为数据库服务器，因此整个系统物理上分为两层，而逻辑上分为三层结构。

4. 分层系统体系结构的优缺点

适当地为软件分层，将会提高软件的以下性能：

(1) 伸缩性(指应用程序是否支持更多的用户)。

(2) 可维护性(指的是当发生需求变化时，只需修改软件的某一部分，不会影响其他部分的代码。层数越多，可维护性也会不断提高)。

(3) 可扩展性(指的是在现有系统中增加新功能的难易程度。层数越少，增加新功能就越容易破坏现有的程序结构。层数越多，就可以在每个层中提供扩展点，不会打破应用的整体框架)。

(4) 可重用性(指的是程序代码没有冗余，同一个程序能满足各种需求)。

(5) 可管理性(管理系统的难易程度)。

软件分层的缺点如下：

(1) 软件分层越多，对软件设计人员的要求就越高。在设计阶段，必须花时间构思合理的体系结构。

(2) 软件分层越多，调试会越困难。如果应用规模比较小，业务逻辑很简单，软件层数少反而会简化开发流程并提高开发效率。

5. 设计分层的原则

(1) 实现和接口分离原则。这是对所有模块接口的一个通用原则。不同的层次实际上是不同的模块，只不过这些模块在逻辑关系上有上下的依赖关系。在这个分离原则之下，层次之间的互换性就可以得到保证。对于一般的软件设计来说，最常见的是抽象层，即把应用部分与一些具体的实现分离开来。

(2) 单向性原则。软件的分层应该是单向的，即只能上层调用下层，反过来通常是不行的。因为上层调用下层，结果是上层离不开下层，但下层可以独立地存在。如果下层同时调用上层，上下层就紧密地耦合在一起，谁也离不开谁，形成了软件中的共生现象，导致模块的互换性和可重用性得不到保证。

(3) 服务接口的粒度提升原则。每层的存在应该是为了完成一定的使用，从软件设计和程序编写的角度来讲，应该向上一层提供更加方便快捷的服务接口。简单重复下一层功能的层是没有意义的，一般越往上层服务接口的粒度越大。对很多应用软件来说，在与数据库直接打交道的地方有数据抽象层。该层把上层的应用同具体的数据库引擎分离开来。在此之上，建立业务对象层(business object)，把具体的业务逻辑反映到该层次上。再往上是交互的用户界面等。

多层结构系统具有良好的可拓展性、可维护性和稳定的系统质量，同时，可以提高软件的可重用性，节省项目的开发时间。在软件开发中，具体采取几层构架，可根据系统的业务繁简程度灵活运用。

10.1.2 三层架构简介

在软件项目开发的过程中，比较常见的是把整个项目分为三层架构，其中包括：① 表示层(User Interface，UI)；② 业务逻辑层(Business Logic Layer，BLL)；③ 数据访问层(Data Access Layer，DAL)。三层的作用分别介绍如下：

• 表示层：为用户提供交互操作界面，这一点不论是对于 Web 窗体还是 WinForm 窗体都是如此，就是用户界面操作。

• 业务逻辑层：负责关键业务的处理和数据的传递。复杂的逻辑判断和涉及数据库的数据验证都需要在此做出处理。根据传入的值返回用户想得到的值，或者处理相关的逻辑。

• 数据访问层：负责对数据库数据的访问，主要为业务逻辑层提供数据，根据传入的值来操作数据库数据增加、删除、查询及修改等操作。

三层结构是一种严格分层方法，即数据访问层(DAL)只能被业务逻辑层(BLL)访问，业务逻辑层只能被表示层(UI)访问，用户通过表示层将请求传送给业务逻辑层，业务逻辑层完成相关业务规则和逻辑的设计，并通过数据访问层访问数据库获得数据，然后按照相反的顺序依次返回将数据显示在表示层，三层之间的关系如图 10-1 所示。有的三层结构还加了 Factory、Model 等其他层，实际都是在这三层基础上的一种扩展和应用。

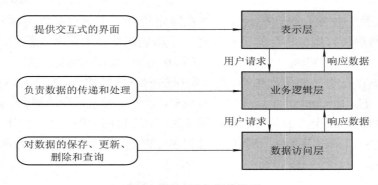

图 10-1 三层之间的关系

10.1.3 三层架构的优缺点

三层架构的优点如下：
(1) 开发人员可以只关注整个结构中的其中某一层；
(2) 可以很容易地用新的实现来替换原有层次的实现；
(3) 可以降低层与层之间的依赖；

(4) 有利于标准化；

(5) 利于各层逻辑的复用；

(6) 结构更加的明确；

(7) 在后期维护的时候，极大地降低了维护成本和维护时间。

三层架构的缺点如下：

(1) 降低了系统的性能。这是不言而喻的。如果不采用分层式结构，很多业务可以直接访问数据库，以此获取相应的数据，如今却必须通过中间层来完成；

(2) 有时会导致级联的修改。这种修改尤其体现在自上而下的方向。如果在表示层中需要增加一个功能，为保证其设计符合分层式结构，可能需要在相应的业务逻辑层和数据访问层中都增加相应的代码。

10.1.4 三层架构和 MVC

MVC 全名是 Model View Controller，是模型(Model)－视图(View)－控制器(Controller)的缩写，是一种软件设计典范，用于用一种业务逻辑和数据显示分离的方法组织代码，这个方法的假设前提是：如果业务逻辑被聚集到一个部件里面，而且界面和用户围绕数据的交互能被改进和个性化定制而不需要重新编写业务逻辑。MVC 被独特地发展起来用于映射传统的输入、处理和输出功能在一个逻辑的图形化用户界面的结构中。

在三层架构中，一般也会有一个 Model 层，用来与数据库的表相对应，也就是所谓 ORM(Object Relational Mapping，对象关系映射)中的 Object。这个 Model 是包含一些属性信息的实体类，这些实体类中一般不包含数据读取。

MVC 主要用于表现层，三层主要用于体系架构，三层一般是表现层、业务逻辑层、数据访问层，其中表现层又可以分成 M、V、C(Model、View、Controller)，即模型、视图、控制器。

MVC 模式是一种复合设计模式，一种在特定场合用于解决某种实际问题而得出的可以反复实践的解决方案。巧合的是它也有三个事物组成，于是乎人们就有了一种想当然的对应关系：展示层-View；业务逻辑层-Control；持久层-Model。首先 MVC 中的三个事物之间并不存在明显的层次结构，没有明显的向下依赖关系，相反的，View 和 Model 往往是比较独立的，而 Control 是连接两者的桥梁，他们更像是横向的切分。这样一来就出现一个结果，MVC 中每个块都是可以独立测试的，而三层结构中，上层模块的运行测试需要下层代码提供接口。相对来说，MVC 复杂得多，但是结构更清晰，耦合性更低。

10.2 三层架构系统的实现

本章将通过一个"留言板"的项目来讲解三层架构系统的实现过程，"留言板"项目需要实现的功能主要包括：

(1) 任何访问者可以进行留言，留言完成后，不会立即显示正文，而是要经过管理员审核后才可显示。

(2) 任何访问者可以对留言发表评论。

(3) 管理员可以对留言进行回复(这个回复不同于评论，是直接显示在正文下面，而且是一个留言只能有一个回复)，并可对留言与评论实行删除，以及对留言进行通过验证操作。

(4) 管理员分为超级管理员和普通管理员。超级管理员只有一个，负责对普通管理员实行添加、删除操作。普通管理员可以有多个，负责对留言的管理，并可以修改自己的登录密码。

10.2.1 实体层

实体类是现实实体在计算机中的表示。它贯穿于整个架构，负担着在各层次及模块间传递数据的职责。一般来说，实体类可以分为"贫血实体类"和"充血实体类"，前者仅仅保存实体的属性，而后者还包含一些实体间的关系与逻辑。我们在本章中所讲到的实体类将是"贫血实体类"。大多情况下，实体类和数据库中的表(这里指实体表，不包括表示多对多对应的关系表)是一一对应的，但这并不是一个限制，在复杂的数据库设计中，有可能出现一个实体类对应多个表，或者交叉对应的情况。在本章的例子中，实体类和表是一一对应的，并且实体类中的属性和表中的字段也是对应的。

我们先来看一下数据库表结构的设计。本系统所包含的数据库表主要包括：管理员表(TAdmin)、留言表(TMessage)和评论表(TComment)。它们对应表结构的设计分别见表10-1、表10-2和表10-3。

表 10-1 管理员表(TAdmin)

字段名称	字段类型	字段说明	是否为空	备注
ID	Int	管理员 ID	Not Null	主键，自增
Name	varchar(20)	登录名	Not Null	
Password	varchar(50)	登录密码	Not Null	使用 MD5 加密

表 10-2 留言表(TMessage)

字段名称	字段类型	字段说明	是否为空	备注
ID	Int	留言 ID	Not Null	主键，自增
GuestName	varchar(20)	留言者用户名	Not Null	
GuestEmail	varchar(100)	留言者 E-mail	Null	
Content	Text	留言内容	Not Null	
Time	Datetime	发表留言时间	Not Null	
Reply	Text	回复	Null	

表 10-3 评论表(TComment)

字段名称	字段类型	字段说明	是否为空	备注
ID	int	评论 ID	Not Null	主键，自增
Content	text	评论内容	Not Null	
Time	datetime	发表评论时间	Not Null	
MessageID	int	所属留言的 ID		外键

在设计系统的实体层之前,我们先来看一下系统的工程组成,如图 10-2 所示:

整个系统初期包括 6 个工程,每个工程的主要作用为:

- MessageBoard——Web 网站,表示层;
- Entity——项目类型为类库,存放实体类;
- Factory——项目类型为类库,存放和依赖注入及 IoC 相关的类;
- IBLL——项目类型为类库,存放业务逻辑层接口;
- IDAL——项目类型为类库,存放数据访问层接口;

图 10-2 系统的初期工程组成

- Utility——项目类型为类库,存放各种工具类及辅助类。

然而这只是一个初期架构,主要是将整个系统搭一个框架,在后续开发中,将会有其他工程会被陆陆续续添加进来。

在 Entity 工程中,包含了 AdminInfo、MessageInfo、CommentInfo 三个实体类,具体的代码如下:

```
//AdminInfo 实体类文件:AdminInfo.cs
using System;
namespace MessageBoard.Entity
{
    /**/
    /// <summary>
    /// 实体类-管理员
    /// </summary>
    [Serializable]
    public class AdminInfo
    {
        private int id;
        private string name;
        private string password;
        public int ID
        {
            get { return this.id; }
            set { this.id = value; }
        }
        public string Name
        {
            get { return this.name; }
```

```csharp
            set { this.name = value; }
        }
        public string Password
        {
            get { return this.password; }
            set { this.password = value; }
        }
    }
}
//MessageInfo 实体类文件：MessageInfo.cs
using System;
namespace MessageBoard.Entity
{
    /**/
    /// <summary>
    /// 实体类-留言
    /// </summary>
    [Serializable]
    public class MessageInfo
    {
        private int id;
        private string guestName;
        private string guestEmail;
        private string content;
        private DateTime time;
        private string reply;
        public int ID
        {
            get { return this.id; }
            set { this.id = value; }
        }
        public string GuestName
        {
            get { return this.guestName; }
            set { this.guestName = value; }
        }
        public string GuestEmail
        {
            get { return this.guestEmail; }
            set { this.guestEmail = value; }
```

```csharp
            }
            public string Content
            {
                get { return this.content; }
                set { this.content = value; }
            }
            public DateTime Time
            {
                get { return this.time; }
                set { this.time = value; }
            }
            public string Reply
            {
                get { return this.reply; }
                set { this.reply = value; }
            }
        }
    }
//CommentInfo 实体类文件：CommentInfo.cs;
    using System;
    namespace MessageBoard.Entity
    {
        /**/
        /// <summary>
        ///     实体类-评论
        /// </summary>
        [Serializable]
        public class CommentInfo
        {
            private int id;
            private string content;
            private DateTime time;
            private int messageId;
            public int ID
            {
                get { return this.id; }
                set { this.id = value; }
            }
            public string Content
```

```
            {
                get { return this.content; }
                set { this.content = value; }
            }
            public DateTime Time
            {
                get { return this.time; }
                set { this.time = value; }
            }
            public int MessageID
            {
                get { return this.messageId; }
                set { this.messageId = value; }
            }
        }
    }
```

Serializable(序列化)的 attribute，是为了利用序列化的技术，准备用于序列化的对象必须设置 [System.Serializable] 标签，该标签指示一个类可以序列化。便于在网络中传输和保存这个标签是类可以被序列化的特性，表示这个类可以被序列化。

什么叫序列化？我们都知道对象是暂时保存在内存中的，不能用 U 盘拷走了，有时为了使用介质转移对象，并且把对象的状态保持下来，就需要把对象保存下来，这个过程就叫做序列化。

什么叫反序列化？就是再把介质中的东西还原成对象的过程。

在进行这些操作的时候都需要这个可以被序列化，要能被序列化，就得给类头加 [Serializable]特性。

由以上我们可以看出，实体类的代码很简单，仅仅是负责实体的表示和数据的传递，不包含任何逻辑性内容。

10.2.2 数据访问层

数据访问层也被叫做持久层，其主要功能是负责数据库的访问。简单来说，就是实现对数据表的 select、insert、update、delete 的操作。

> 数据访问层的第一种实现：Access + SQL

在具体编写实现代码之前，我们需要做一些准备工作：

第一步，我们要将 Access 数据库搭建完成，具体做法如下。

在 Web 工程下新建一个文件夹，命名为 AccessData，并在其中新建一个 mdb 文件(即 Access 数据库文件)，将数据表及表间关系建好，这里不再赘述。

第二步，我们要进行一些配置。

打开 Web 工程下的 Web.config 文件，在其中的 appSettings 节点下，添加如下键值：

<add key = "AccessConnectionString" value = "Provider = Microsoft.Jet.OLEDB.4.0;Data Source =

{DBPath}"/>

      <add key = "AccessPath" value = "~/AccessData/AccessDatabase.mdb"/>

代码的第一句为 Access 的连接字符串，第二句为 Access 数据库文件的路径，其中"~"表示网站根目录。

第三步，新建一个工程。

我们要新建一个工程 AccessDAL(类库类型)，用来存放 Access 数据访问层的代码。

准备工作做完了，现在来实现具体的代码。

1. 编写数据访问助手类

因为很多数据访问操作流程很相似，所以，这里将一些可复用的代码抽取出来，编写成助手类，以此减少代码量，提高代码复用性。

这个助手类放在 AccessDAL 下，叫 AccessDALHelper，主要负责 Access 数据库的访问。它包括三个方法：

(1) GetConnectionString：从配置文件中读取配置项，组合成连接字符串。

(2) ExecuteSQLNonQuery：执行指定 SQL 语句，不返回任何值，一般用于 Insert，Delete，Update 命令。

(3) ExecuteSQLDataReader：执行 SQL 语句返回查询结果，一般用于 Select 命令。

具体代码如下：

```
//设计针对 Access 数据库操作的助手类：AccessDALHelper.cs
    using System;
    using System.Web;
    using System.Web.Caching;
    using System.Configuration;
    using System.Data;
    using System.Data.OleDb;
    using MessageBoard.Utility;
    namespace MessageBoard.AccessDAL
    {
        /// <summary>
        /// Access 数据库操作助手
        /// </summary>
        public sealed class AccessDALHelper
        {
            /// <summary>
            /// 读取 Access 数据库的连接字符串
            /// 首先从缓存里读取，如果不存在则到配置文件中读取，并放入缓存
            /// </summary>
            /// <returns>Access 数据库的连接字符串</returns>
            private static string GetConnectionString()
```

```csharp
{
    if (CacheAccess.GetFromCache("AccessConnectionString") != null)
    {
        Return
        CacheAccess.GetFromCache("AccessConnectionString").ToString();
        //从 Cache 中获取 Access 数据库连接字符串
        //CacheAccess 为辅助类,用于缓存操作,参见 10.3.2 小节
    }
    else
    {
        string dbPath = ConfigurationManager.AppSettings["AccessPath"];
        //从 Web.Config 文件中读取 Access 数据库文件路径
        string dbAbsolutePath =
            HttpContext.Current.Server.MapPath(dbPath);
        string connectionString =
        ConfigurationManager.AppSettings["AccessConnectionString"];
        //从 Web.Config 文件中读取 Access 数据库的连接字符串
        CacheDependency fileDependency = new
        CacheDependency(HttpContext.Current.Server.MapPath("Web.Config"));
        //建立针对"Web.Config"文件的缓存依赖项
        CacheAccess.SaveToCache("AccessConnectionString",
        connectionString.Replace("{DBPath}", dbAbsolutePath), fileDependency);
        //将 Access 数据库的连接字符串存入缓存中,参见 10.3.2 小节
        return connectionString.Replace("{DBPath}", dbAbsolutePath);
    }
}
/// <summary>
/// 执行 SQL 语句并且不返回任何值
/// </summary>
/// <param name = "SQLCommand">所执行的 SQL 命令</param>
/// <param name = "parameters">参数集合</param>
public static void ExecuteSQLNonQuery(string
    SQLCommand, OleDbParameter[] parameters)
{
    OleDbConnection connection =
    new OleDbConnection(GetConnectionString());
    OleDbCommand command = new OleDbCommand(SQLCommand, connection);
    for (int i = 0; i < parameters.Length; i++)
    {
```

```csharp
            command.Parameters.Add(parameters[i]);
        }
        connection.Open();
        command.ExecuteNonQuery();
        connection.Close();
    }

    /// <summary>
    /// 执行 SQL 语句并返回包含查询结果的 DataReader
    /// </summary>
    /// <param name = "SQLCommand">所执行的 SQL 命令</param>
    /// <param name = "parameters">参数集合</param>
    /// <returns></returns>
    public static OleDbDataReader ExecuteSQLDataReader(string SQLCommand, OleDbParameter[] parameters)
    {
        OleDbConnection connection = new OleDbConnection(GetConnectionString());
        OleDbCommand command = new OleDbCommand(SQLCommand, connection);
        for (int i = 0; i < parameters.Length; i++)
        {
            command.Parameters.Add(parameters[i]);
        }
        connection.Open();
        OleDbDataReader dataReader = command.ExecuteReader();
        //connection.Close();
        return dataReader;
    }
}
```

2．实现具体的数据访问操作类

因为前面已经定义了数据访问层接口，所以实现数据访问操作类就是比较机械重复的工作了。下面仅以 Admin 的数据访问操作类为例，具体实现代码如下：

```csharp
//Admin 的数据访问操作类：AdminDAL.cs
using System;
using System.Collections.Generic;
using System.Text;
```

```csharp
using System.Data;
using System.Data.OleDb;
using MessageBoard.IDAL;
using MessageBoard.Entity;
namespace MessageBoard.AccessDAL
{
    public class AdminDAL : IAdminDAL//继承 IAdminDAL,详见 10.3.1 小节
    {
        /// <summary>
        /// 插入管理员
        /// </summary>
        /// <param name = "admin">管理员实体类</param>
        /// <returns>是否成功</returns>
        public bool Insert(AdminInfo admin)
        {
            string SQLCommand = "insert into [TAdmin]([Name], [Password]) values(@name, @password)";
            OleDbParameter[] parameters = {
                new OleDbParameter("name", admin.Name),
                new OleDbParameter("password", admin.Password)
            };
            try
            {
                AccessDALHelper.ExecuteSQLNonQuery(SQLCommand, parameters);
                return true;
            }
            catch
            {
                return false;
            }
        }

        /// <summary>
        /// 删除管理员
        /// </summary>
        /// <param name = "id">欲删除的管理员的 ID</param>
        /// <returns>是否成功</returns>
        public bool Delete(int id)
```

```csharp
    {
        string SQLCommand = "delete from [TAdmin] where [ID] = @id";
        OleDbParameter[] parameters = {
            new OleDbParameter("id", id)};
        try
        {
            AccessDALHelper.ExecuteSQLNonQuery(SQLCommand,
                parameters);
            return true;
        }
        catch
        {
            return false;
        }
    }
    /// <summary>
    /// 更新管理员信息
    /// </summary>
    /// <param name = "admin">管理员实体类</param>
    /// <returns>是否成功</returns>
    public bool Update(AdminInfo admin)
    {
        string SQLCommand = "update [TAdmin] set
        [Name] = @name, [Password] = @password where [ID] = @id";
        OleDbParameter[] parameters = {
            new OleDbParameter("id", admin.ID),
            new OleDbParameter("name", admin.Name),
            new OleDbParameter("password", admin.Password)
        };
        try
        {
            AccessDALHelper.ExecuteSQLNonQuery(SQLCommand,
                parameters);
            return true;
        }
        catch
        {
            return false;
        }
```

```csharp
}
/// <summary>
/// 按 ID 取得管理员信息
/// </summary>
/// <param name = "id">管理员 ID</param>
/// <returns>管理员实体类</returns>
public AdminInfo GetByID(int id)
{
    string SQLCommand = "select * from [TAdmin] where [ID] = @id";
    OleDbParameter[] parameters = {
        new OleDbParameter("id", id)};
    try
    {
        OleDbDataReader dataReader =
        AccessDALHelper.ExecuteSQLDataReader(SQLCommand,
        parameters);
        if (!dataReader.HasRows)
        {
            throw new Exception();
        }
        AdminInfo admin = new AdminInfo();
        dataReader.Read();
        admin.ID = (int)dataReader["ID"];
        admin.Name = (string)dataReader["Name"];
        admin.Password = (string)dataReader["Password"];
        return admin;
    }
    catch
    {
        return null;
    }
}
/// <summary>
/// 按用户名及密码取得管理员信息
/// </summary>
/// <param name = "name">用户名</param>
/// <param name = "password">密码</param>
/// <returns>管理员实体类，不存在时返回 null</returns>
public AdminInfo GetByNameAndPassword(string name, string password)
```

```csharp
    {
        string SQLCommand = "select * from [TAdmin] where [Name] = @name
            and [Password] = @password";
        OleDbParameter[] parameters = {new OleDbParameter("name", name),
            new OleDbParameter("password", password)
        };
        try
        {
            OleDbDataReader dataReader =
            AccessDALHelper.ExecuteSQLDataReader(SQLCommand,
            parameters);
            if (!dataReader.HasRows)
            {
                throw new Exception();
            }

            AdminInfo admin = new AdminInfo();
            dataReader.Read();
            admin.ID = (int)dataReader["ID"];
            admin.Name = (string)dataReader["Name"];
            admin.Password = (string)dataReader["Password"];
            return admin;
        }
        catch
        {
            return null;
        }
    }
    /// <summary>
    /// 按管理员名取得管理员信息
    /// </summary>
    /// <param name = "name">管理员名</param>
    /// <returns>管理员实体类</returns>
    public AdminInfo GetByName(string name)
    {
        string SQLCommand = "select * from [TAdmin] where
            [Name] = @name";
        OleDbParameter[] parameters = {
            new OleDbParameter("name", name)
```

```csharp
            };
            try
            {
                OleDbDataReader dataReader =
                AccessDALHelper.ExecuteSQLDataReader(SQLCommand,
                 parameters);
                if (!dataReader.HasRows)
                {
                    throw new Exception();
                }

                AdminInfo admin = new AdminInfo();
                dataReader.Read();
                admin.ID = (int)dataReader["ID"];
                admin.Name = (string)dataReader["Name"];
                admin.Password = (string)dataReader["Password"];
                return admin;
            }
            catch
            {
                return null;
            }
        }
        /// <summary>
        /// 取得全部管理员信息
        /// </summary>
        /// <returns>管理员实体类集合</returns>
        public IList<AdminInfo> GetAll()
        {
            string SQLCommand = "select * from [TAdmin]";
            try
            {
                OleDbDataReader dataReader =
                AccessDALHelper.ExecuteSQLDataReader(SQLCommand, null);
                if (!dataReader.HasRows)
                {
                    throw new Exception();
                }
                IList<AdminInfo> adminCollection = new List<AdminInfo>();
```

```csharp
            int i = 0;
            while (dataReader.Read())
            {
                AdminInfo admin = new AdminInfo();
                admin.ID = (int)dataReader["ID"];
                admin.Name = (string)dataReader["Name"];
                admin.Password = (string)dataReader["Password"];

                adminCollection.Add(admin);
                i++;
            }
            return adminCollection;
        }
        catch
        {
            return null;
        }
    }
}
```

可以看出，这里主要包括三种类型的操作，一种是修改型，如 Insert；一种是返回单个实体类型，如 GetByID；还有一种是返回实体类集合型，如 GetAll，MessageDAL 和 CommentDAL 的实现非常相似，在这里不再赘述。

> 数据访问层的第二种实现：SQL Server + 存储过程。

1．编写数据库辅助类

由于访问数据库的代码很相似，这里我们仍需要编写一个数据库辅助类，来将常用代码封装起来，方便复用。虽然在这里只使用到了存储过程，但是为了扩展性考虑，这个数据库辅助类仍然包含了通过 SQL 访问数据库的方法。具体实现代码如下：

```csharp
//设计针对 SQL Server 数据库访问辅助类：SQLServerDALHelper.cs
using System;
using System.Collections.Generic;
using System.Configuration;
using System.Data;
using System.Data.SqlClient;
namespace MessageBoard.SQLServerDAL
{
    /// <summary>
    /// SQLServer 数据库操作助手
```

/// </summary>
public sealed class SQLServerDALHelper
{
    /// <summary>
    /// 用于连接 SQLServer 数据库的连接字符串，存于 Web.config 中
    /// </summary>
    private static readonly string _sqlConnectionString = ConfigurationManager.AppSettings["SQLServerConnectionString"];
    /// <summary>
    /// 执行 SQL 命令，不返回任何值
    /// </summary>
    /// <param name = "sql">SQL 命令</param>
    public static void ExecuteSQLNonQurey(string sql)
    {
        SqlConnection connection = new SqlConnection(_sqlConnectionString);
        SqlCommand command = new SqlCommand(sql, connection);
        connection.Open();
        command.ExecuteNonQuery();
        connection.Close();
    }

    /// <summary>
    /// 执行 SQL 命令，并返回 SqlDataReader
    /// </summary>
    /// <param name = "sql">SQL 命令</param>
    /// <returns>包含查询结果的 SqlDataReader</returns>
    public static SqlDataReader ExecuteSQLReader(string sql)
    {
        SqlConnection connection = new SqlConnection(_sqlConnectionString);
        SqlCommand command = new SqlCommand(sql, connection);
        connection.Open();
        SqlDataReader sqlReader = command.ExecuteReader();
        //connection.Close();
        return sqlReader;
    }

    /// <summary>
    /// 执行存储过程，不返回任何值
    /// </summary>

/// <param name = "storedProcedureName">存储过程名</param>
/// <param name = "parameters">参数</param>
```csharp
public static void ExecuteProcedureNonQurey(string
  storedProcedureName, IDataParameter[] parameters)
{
    SqlConnection connection = new SqlConnection(_sqlConnectionString);
    SqlCommand command = new
    SqlCommand(storedProcedureName, connection);
    command.CommandType = CommandType.StoredProcedure;
    if (parameters != null)
    {
        foreach (SqlParameter parameter in parameters)
        {
            command.Parameters.Add(parameter);
        }
    }
    connection.Open();
    command.ExecuteNonQuery();
    connection.Close();
}
```

/// <summary>
/// 执行存储，并返回 SqlDataReader
/// </summary>
/// <param name = "storedProcedureName">存储过程名</param>
/// <param name = "parameters">参数</param>
/// <returns>包含查询结果的 SqlDataReader</returns>
```csharp
public static SqlDataReader ExecuteProcedureReader(string
storedProcedureName, IDataParameter[] parameters)
{
    SqlConnection connection = new SqlConnection(_sqlConnectionString);
    SqlCommand command = new
    SqlCommand(storedProcedureName, connection);
    command.CommandType = CommandType.StoredProcedure;
    if (parameters != null)
    {
        foreach (SqlParameter parameter in parameters)
        {
            command.Parameters.Add(parameter);
```

```
                }
            }
            connection.Open();
            SqlDataReader sqlReader = command.ExecuteReader();
            //connection.Close();

            return sqlReader;
        }
    }
}
```

2. 实现数据访问层

新建一个工程 SQLDAL(类库类型),用来存放 SQL SERVER 数据访问层的代码。
最后仍以管理员模块为例,看一下具体数据访问层的实现,代码如下:

```
//Admin 的数据访问操作类:AdminDAL.cs
using System;
using System.Collections.Generic;
using System.Text;
using System.Data;
using System.Data.SqlClient;
using MessageBoard.IDAL;
using MessageBoard.Entity;
namespace MessageBoard.SQLServerDAL
{
    public class AdminDAL : IAdminDAL
    {
        /// <summary>
        /// 插入管理员
        /// </summary>
        /// <param name = "admin">管理员实体类</param>
        /// <returns>是否成功</returns>
        public bool Insert(AdminInfo admin)
        {
            SqlParameter[] parameters =
                {
                    new SqlParameter("@Name", SqlDbType.NVarChar),
                    new SqlParameter("@Password", SqlDbType.NVarChar)
                };
            parameters[0].Value = admin.Name;
```

```csharp
        parameters[1].Value = admin.Password;
        try
        {
            SQLServerDALHelper.ExecuteProcedureNonQurey(
            "Pr_InsertAdmin", parameters);
            return true;
        }
        catch
        {
            return false;
        }
    }

    /// <summary>
    /// 删除管理员
    /// </summary>
    /// <param name = "id">要删除的管理员的 ID</param>
    /// <returns>是否成功</returns>
    public bool Delete(int id)
    {
        SqlParameter[] parameters =
        {
            new SqlParameter("@ID", SqlDbType.Int)
        };
        parameters[0].Value = id;
        try
        {
            SQLServerDALHelper.ExecuteProcedureNonQurey(
            "Pr_DeleteAdmin", parameters);
            return true;
        }
        catch
        {
            return false;
        }
    }
     /// <summary>
    /// 更新管理员信息
    /// </summary>
```

```csharp
/// <param name = "admin">管理员实体类</param>
/// <returns>是否成功</returns>
public bool Update(AdminInfo admin)
{
    SqlParameter[] parameters =
        {
            new SqlParameter("@ID", SqlDbType.Int),
            new SqlParameter("@Name", SqlDbType.NVarChar),
            new SqlParameter("@Password", SqlDbType.NVarChar)
        };
    parameters[0].Value = admin.ID;
    parameters[1].Value = admin.Name;
    parameters[2].Value = admin.Password;
    try
    {
        SQLServerDALHelper.ExecuteProcedureNonQurey(
        "Pr_UpdateAdmin", parameters);
            return true;
    }
    catch
    {
        return false;
    }
}


/// <summary>
///  按 ID 取得管理员信息
/// </summary>
/// <param name = "id">管理员 ID</param>
/// <returns>管理员实体类</returns>
public AdminInfo GetByID(int id)
{
    SqlParameter[] parameters =
        {
            new SqlParameter("@ID", SqlDbType.Int)
        };
    parameters[0].Value = id;
    SqlDataReader dataReader = null;
    try
```

```csharp
        {
            dataReader = SQLServerDALHelper.ExecuteProcedureReader(
                "GetAdminByID", parameters);
            dataReader.Read();
            AdminInfo admin = new AdminInfo();
            admin.ID = (int)dataReader["ID"];
            admin.Name = (string)dataReader["Name"];
            admin.Password = (string)dataReader["Password"];
            return admin;
        }
        catch
        {
            return null;
        }
        finally
        {
            dataReader.Close();
        }
    }
    /// <summary>
    /// 按用户名及密码取得管理员信息
    /// </summary>
    /// <param name = "name">用户名</param>
    /// <param name = "password">密码</param>
    /// <returns>管理员实体类,不存在时返回 null</returns>
    public AdminInfo GetByNameAndPassword(string name, string password)
    {
        SqlParameter[] parameters =
            {
                new SqlParameter("@Name", SqlDbType.NVarChar),
                new SqlParameter("@Password", SqlDbType.NVarChar)
            };
        parameters[0].Value = name;
        parameters[1].Value = password;
        SqlDataReader dataReader = null;
        try
        {
            dataReader = SQLServerDALHelper.ExecuteProcedureReader(
                "GetAdminByNameAndPassword", parameters);
```

```csharp
            dataReader.Read();
            AdminInfo admin = new AdminInfo();
            admin.ID = (int)dataReader["ID"];
            admin.Name = (string)dataReader["Name"];
            admin.Password = (string)dataReader["Password"];
            return admin;
        }
        catch
        {
            return null;
        }
        finally
        {
            dataReader.Close();
        }
    }

    /// <summary>
    /// 按管理员名取得管理员信息
    /// </summary>
    /// <param name = "name">管理员名</param>
    /// <returns>管理员实体类</returns>
    public AdminInfo GetByName(string name)
    {
        SqlParameter[] parameters =
            {
                new SqlParameter("@Name", SqlDbType.NVarChar)
            };
        parameters[0].Value = name;
        SqlDataReader dataReader = null;
        try
        {
            dataReader = SQLServerDALHelper.ExecuteProcedureReader(
            "GetAdminByName", parameters);
            dataReader.Read();
            AdminInfo admin = new AdminInfo();
            admin.ID = (int)dataReader["ID"];
            admin.Name = (string)dataReader["Name"];
            admin.Password = (string)dataReader["Password"];
```

```csharp
            return admin;
        }
        catch
        {
            return null;
        }
        finally
        {
            dataReader.Close();
        }
    }

    /// <summary>
    /// 取得全部管理员信息
    /// </summary>
    /// <returns>管理员实体类集合</returns>
    public IList<AdminInfo> GetAll()
    {
        SqlDataReader dataReader = null;
        try
        {
            dataReader = SQLServerDALHelper.ExecuteProcedureReader(
                "GetAllAdmin", null);
            IList<AdminInfo> adminCollection = new List<AdminInfo>();
            while (dataReader.Read())
            {
                AdminInfo admin = new AdminInfo();
                admin.ID = (int)dataReader["ID"];
                admin.Name = (string)dataReader["Name"];
                admin.Password = (string)dataReader["Password"];
                adminCollection.Add(admin);
            }

            return adminCollection;
        }
        catch
        {
            return null;
        }
```

```
            finally
            {
                dataReader.Close();
            }
        }
    }
}
```
以上就是我们数据库访问层的两种实现方法。

10.2.3 业务逻辑层

在这节中，我们将实现一个 MessageBoard 的业务逻辑层。

在实际应用中，业务逻辑层是至关重要的，它承载着整个系统最核心的部分，也是客户最关注的部分。这一部分的实现，通常需要技术专家和领域专家通力合作，按照实际的业务要求进行编写。本章的案例业务逻辑较为简单，只是体现出了上下层的调用关系。

在本节的业务逻辑层实现中，业务逻辑层主要承担了以下职责：
(1) 对不同数据访问层的封装。使得表示层可以不关心具体的数据访问层。
(2) 业务逻辑数据的填充与转换。如管理员口令的加密。
(3) 核心业务的实现。

这里很多业务逻辑只有一行代码，即一个业务逻辑方法恰好对应一个数据访问方法，但是也有通过多个数据访问方法实现业务的。如 AdminBLL 中的 ChangePassword 方法就调用了 AdminDAL 的 GetByID 和 Update 两个方法。另外，虽然许多方法只调用一个数据访问方法，但是从命名看也能看出两者关注角度的不同。如 AdminDAL 中的 GetByNameAndPassword，这个名字显然是从数据库的角度看问题——指按照指定的 Name 和 Password 两个字段的值取出相应信息，至于这样做的业务意义它不需要知道。而 AdminBLL 中，调用它的方法叫 Login，这是从业务角度看问题——即这个方法是管理员登录。

下面，我们将分步实现业务逻辑层。

1. 建立工程

在这个架构中，业务逻辑层是可以替换的。即业务逻辑层不是直接耦合于表示层，而是通过依赖注入机制实现。所以，我们这里将这个业务逻辑层不直接命名为 BLL，而是新建一个叫 SimpleBLL 的工程，放置我们这个业务逻辑层的相关代码。

2. 配置依赖注入

业务逻辑层要通过反射工厂加载相应的数据访问层，这样就需要在 Web.config 中配置需要使用的数据访问层(关于依赖注入和反射技术的内容将在 10.3 中讲解)。打开 Web.config，找到 appSettings 节点下的 "DAL" 项，将其中的 value 赋予我们要使用的数据访问层工程名称，例如：要使用 AdminDAL，则这一项应该这样写：

```
<add key = "DAL" value = " AdminDAL "/>
```

3. 编写散列加密工具类

因为在业务逻辑层的多处需要用到散列加密，所以在 Utility 工程下写一个辅助类

Encryptor，完成这个工作，这个辅助类的具体代码如下：

```csharp
//Encryptor.cs
using System;
using System.Collections.Generic;
using System.Text;
namespace MessageBoard.Utility
{
    /**//// <summary>
    /// 辅助类-用于对敏感数据进行 Hash 散列，达到加密效果
    /// </summary>
    public sealed class Encryptor
    {
        /**//// <summary>
        /// 使用 MD5 算法求 Hash 散列
        /// </summary>
        /// <param name = "text">明文</param>
        /// <returns>散列值</returns>
        public static string MD5Encrypt(string text)
        {
            return System.Web.Security.FormsAuthentication
                .HashPasswordForStoringInConfigFile(text, "MD5");
        }
        /**//// <summary>
        /// 使用 SHA1 算法求 Hash 散列
        /// </summary>
        /// <param name = "text">明文</param>
        /// <returns>散列值</returns>
        public static string SHA1Encrypt(string text)
        {
            return System.Web.Security.FormsAuthentication
                .HashPasswordForStoringInConfigFile(text, "SHA1");
        }
    }
}
```

4．实现业务逻辑层

有了上述准备工作和以前实现的组件，业务逻辑层的实现非常直观。这里仅以管理员为例，展示如何实现业务逻辑层。

AdminBLL 类建立在 SimpleBLL 工程下的 AdminBLL.cs 文件中，实现了 IAdminBLL

接口，其具体代码如下：

```csharp
//AdminBLL.cs
using System;
using System.Collections.Generic;
using System.Text;
using MessageBoard.Entity;
using MessageBoard.Factory;
using MessageBoard.IBLL;
using MessageBoard.IDAL;
using MessageBoard.Utility;
namespace MessageBoard.IBLL
{
    /**//// <summary>
    /// 业务逻辑层接口-管理员
    /// </summary>
    public class AdminBLL : IAdminBLL
    {
        /**//// <summary>
        /// 添加管理员
        /// </summary>
        /// <param name = "admin">新管理员实体类</param>
        /// <returns>是否成功</returns>
        public bool Add(AdminInfo admin)
        {
            admin.Password = Encryptor.MD5Encrypt(admin.Password);
            return DALFactory.CreateAdminDAL().Insert(admin);
            //通过业务逻辑工厂类生成具体的 AdminDAL 对象，详见 10.3.2 小节依赖注入
        }
        /**//// <summary>
        /// 删除管理员
        /// </summary>
        /// <param name = "id">要删除的管理员的 ID</param>
        /// <returns>是否成功</returns>
        public bool Remove(int id)
        {
            return DALFactory.CreateAdminDAL().Delete(id);
        }
        /**//// <summary>
        /// 修改管理员密码
```

```csharp
/// </summary>
/// <param name = "id">要修改密码的管理员的 ID</param>
/// <param name = "password">新密码</param>

/// <returns>是否成功</returns>
public bool ChangePassword(int id, string password)
{
    password = Encryptor.MD5Encrypt(password);
    AdminInfo admin = DALFactory.CreateAdminDAL().GetByID(id);
    admin.Password = password;
    return DALFactory.CreateAdminDAL().Update(admin);
}
/**//// <summary>
/// 管理员登录
/// </summary
/// <param name = "name">管理员登录名</param>
/// <param name = "password">管理员密码</param>
/// <returns>如果登录成功，则返回相应管理员的实体类，否则返回 null</returns>
public AdminInfo Login(string name, string password)
{
    password = Encryptor.MD5Encrypt(password);
    return DALFactory.CreateAdminDAL().GetByNameAndPassword(name, password);
}
/**//// <summary>
/// 取得全部管理员信息
/// </summary>
/// <returns>管理员实体类集合</returns>
public IList<AdminInfo> GetAll()
{
    return DALFactory.CreateAdminDAL().GetAll();
}
        }
    }
```

10.2.4 表示层

在这节当中，我们将讨论一下表示层的实现方法。

表示层是一个系统的"门脸"，不论你的系统设计的多么优秀，代码多么漂亮，系统的可扩展性多么高，但是最终用户接触到的大多是表示层的东西。所以，表示层的优劣对于用户最终对系统的评价至关重要。一般来说，表示层的优劣有以下两个评价指标：

(1) 美观：即外观设计漂亮，能给人美的感觉。

(2) 易用：即具有良好的用户体验，用户用起来方便顺手，用户觉得系统易于使用。

表示层的设计牵扯到很多非技术性问题，如美工、用户心理学等问题，但是在本书的内容中，将不过多涉及这些问题，因为这些内容和本书的内容关系不是很密切。这里将主要从技术实现的角度讨论表示层的设计。

一般来说，表示层的职责有以下两点：

(1) 接收用户的输入。

(2) 向用户呈现信息。

总体来说，就是与用户的交互。

而表示层的实现技术也是多种多样的，如 C/S 架构下一般使用 Windows 窗体技术(甚至是命令行窗体)，而 B/S 架构下主要是使用 Web 页的形式实现。而且在 Ajax 技术出现以后，又分出了同步模型的 B/S 架构实现和异步模型的 B/S 架构实现。在这章中，将主要讨论同步模型下 B/S 架构的表示层实现，而基于 Ajax 技术的异步模型已在第 8 章中讨论过。

另外，提到表示层的实现，大家一定会想到 MVC 这个词，不错 MVC 已经成为表示层设计的经典模式。J2EE 平台上的 Struts 和最近微软推出的 ASP.NET MVC 都是实现 MVC 模式的框架。但是为了突出本章的重点——分层，而且也为了照顾初学者。这里将不设计 MVC 模式，而是用传统 WebForm 的方式来完成表示层的设计。

以下的所有内容，将围绕"管理员登录"这个用例展开。下面我们来逐步实现管理员登录的表示层设计。

1. 设计界面

为实现这个功能，我们首先要有一个 Web 页面。设计好的页面如图 10-3 所示：

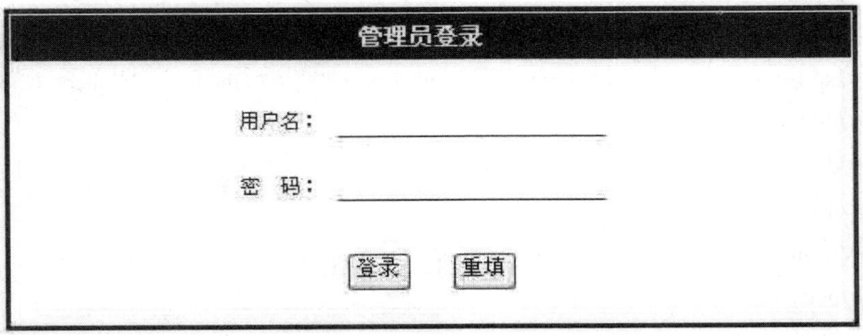

图 10-3 管理员登录界面

首先，我们要在名称为"MessageBoard"的 Web 网站工程下建立一个新的 aspx 文件，叫做 Login.aspx，这就是管理员登录的 Web 页面。完成后这个文件的代码如下：

```
//Login.aspx:

<%@ Page Language = "C#" AutoEventWireup = "true" CodeFile = "Login.aspx.cs" Inherits = "Login" %>

<!DOCTYPE html PUBLIC "-//W3C//DTD XHTML 1.0 Transitional//EN" "http://www.w3.org/TR/xhtml1/DTD/xhtml1-transitional.dtd">
```

```
<html xmlns = "http://www.w3.org/1999/xhtml" >
<head runat = "server">
<title>管理员登录</title>
<link href = "Styles/Common.css" rel = "stylesheet" type = "text/css" />
<link href = "Styles/Login.aspx.css" rel = "stylesheet" type = "text/css" /> 10</head>
<body>
<form id = "form1" runat = "server">
<div id = "container">
<div id = "box">
<h1>管理员登录</h1>
<table id = "forms" cellpadding = "0" cellspacing = "0">
<tr>
<td>用户名：</td>
<td><asp:TextBox ID = "Name" TextMode = "SingleLine" runat = "ser ver">
</asp:TextBox></td>
</tr>
<tr>
<td>密    码：</td>
<td><asp:TextBox ID = "Password" TextMode = "Password" runat = " server">
</asp:TextBox></td>
</tr>
</table>
<div id = "buttons">
<asp:Button ID = "Submit" runat = "server" Text = "登录" OnClick = "Submit_Click"/>
<asp:Button ID = "Cancel" runat = "server" Text = "重填" OnClick = "Cancel_Click" />
</div>
</div>
</div>
</form>
</body>
</html>
```

可以看到，在这个文件里，主要是各种页面元素的结构，但是他们的外观却没有定义。我们注意到，在这个文件的开头引用了两个外部的 CSS 文件，那里才是定义外观的地方。其中 Common.css 是全局通用外观，而 Login.aspx.css 是这个页面的专用外观。

这是比较提倡的一种表示层设计的方法。即将结构与表现分离，其思想很类似目前的"标准化网页设计"(有人称之为 DIV + CSS 布局)，其核心思想是一样的，只不过这里没那么严格，并且适当的地方可以考虑使用 Table 布局。一般方法可以是这样的：aspx 文件中只存储页面结构，不存在任何与外观有关的代码。在工程中可以有一个专门的文件夹放置 CSS 文件，除了通用样式外，每个文件有与自己同名的 CSS 文件，如 Login.aspx 配套的就是 Login.aspx.css，这样，就可以使得结构与表现相分离。

在我的工程中，有一个 Styles 文件夹，专门存放 CSS 文件。下面把 Common.css 和 Login.aspx.css 文件的代码附上：

```css
/*Common.css:*/
*{}{
    margin:0;
    padding:0;
}
h1, h2, h3, h4, h5, h6{}{
    font-size:12px;
}
#container{}{
    width:100%;
}
/*Login.aspx.css*/
#box{}{
    width:40%;
    margin:200px auto auto auto;
    border:3px solid #036;
}
h1{}{
    margin:1px;
    padding:5px 0;
    font-size:14px;
    color:#FFF;
    background:#036;
    text-align:center;
}
#forms{}{
    margin:20px auto;
    font-size:12px;
    color:#036;
}
#forms input{}{
    margin:10px;
    border:0;
    border-bottom:1px solid #036;
    width:160px;
}
```

```
#buttons{}{
    margin-bottom:20px;
    text-align:center;
}
#buttons input{}{
    margin:0 10px;
}
```

2. 页面逻辑

页面设计完成之后，但是要想页面能够有操作能力，还要有页面逻辑才行。我们登录的页面逻辑是这样的：首先根据用户输入的用户名和密码，检查是否是系统管理员(系统管理员只有一个，其用户名和密码定义在 Web.config 中。系统管理员可以添加、修改和删除普通管理员)，如果是，则在 Session 中存储相应信息，并以系统管理员的身份登录后台管理页面。如果不是，则检查是否是普通管理员，如果是，则将此管理员的信息存储到 Session 中，以普通管理员身份返回主页。如果不是，则显示登录失败的提示。

当然，这里身份的控制还需要在后台页面和主页那边有 Session 检查才能完成。例如，当请求后台页时，要检查 Session 中相应信息是否完整，如果不完整则是非法请求，不允许访问此页面。而在主页也是，如果 Session 相应项中有普通管理员的信息，表明当前用户是管理员，要显示修改、回复、删除等按钮，否则是游客，则不显示这些按钮。

我们首先要配置系统管理员的用户名和密码，打开 Web.config，在<appSettings>节点下添加如下项：

```
<add key = "AdministratorName" value = "admin"/>
<add key = "AdministratorPassword" value = "123456"/>
```

这里的配置信息，前一个是系统管理员的用户名，这里设为"admin"，而后一项为密码，设为"123456"。由于一般情况下 Web.config 是不允许请求的，所以这里不用担心密码泄露。普通管理员登录的业务已经在业务逻辑层实现了，表示层可以直接调用。而系统管理员的判断、Session 的操作检查及页面跳转都放在表示层里。

所有的逻辑实现代码都放在"Submit"这个 button 控件的 Click 事件中，具体代码参考如下：

```
//Login.aspx.cs:
    using System;
    using System.Data;
    using System.Configuration;
    using System.Collections;
    using System.Web;
    using System.Web.Security;
    using System.Web.UI;
    using System.Web.UI.WebControls;
    using System.Web.UI.WebControls.WebParts;
```

第 10 章 三层架构

```csharp
using System.Web.UI.HtmlControls;
using MessageBoard.Entity;
using MessageBoard.IBLL;
using MessageBoard.Factory;
    public partial class Login : System.Web.UI.Page
    {
        protected void Page_Load(object sender, EventArgs e)
        {
        }
        protected void Cancel_Click(object sender, EventArgs e)
        {
            this.Name.Text = "";
            this.Password.Text = "";
        }
        protected void Submit_Click(object sender, EventArgs e)
        {
            String administratorName = ConfigurationManager
                .AppSettings["AdministratorName"];
            string administratorPassword = ConfigurationManager
                .AppSettings["AdministratorPassword"];
            //如果是系统管理员，则以系统管理员身份登录到后台
            if (this.Name.Text == administratorName && this.Password.Text ==
            administratorPassword)
            {
                Session["Administrator"] = "Administrator";
                Response.Redirect("~/Manage.aspx");
                return;
            }
            //判断是否为普通管理员，如果是，则以管理员身份登录到留言本，否则显示登录失败
            //表示层调用业务逻辑层，通过反射工厂模式选择指定的 BLL 层进行调用
            AdminInfo admin = BLLFactory.CreateAdminBLL().Login(this.Name.Text,
            this.Password.Text);
            if (admin != null)
            {
                Session["Admin"] = admin;
                Response.Redirect("~/Default.aspx");
            }
            else
            {
```

```
            Response.Redirect("~/Error.aspx?errMsg= 登录失败");
        }
    }
}
```

10.3 三层架构改进——依赖注入

10.3.1 接口的设计与实现

在这一节中,我们将进行接口的设计,这里包括数据访问层接口和业务逻辑层接口。在分层架构中,接口扮演着非常重要的角色。它不但直接决定了各层中的各个操作类需要实现何种操作,而且它明确了各个层次的职责。接口也是系统实现依赖注入机制不可缺少的部分。

接口(Interface)定义了所有类继承接口时应遵循的语法规则。接口定义了语法规则"做什么"部分,派生类定义了语法规则"怎么做"部分。

接口定义了属性、方法和事件,这些都是接口的成员。接口只包含了成员的声明。成员的定义是派生类的责任。接口提供了派生类应遵循的标准结构。接口使得实现接口的类或结构在形式上保持一致。

抽象类在某种程度上与接口类似,但是,它们大多只是用在当只有少数方法由基类声明并由派生类实现时。

接口使用 interface 关键字声明,它与类的声明类似。接口声明默认是 public 的。下面是一个接口声明的实例:

```
//InterfaceImplementer.cs
    interface IMyInterface
    {
        void MethodToImplement();
    }
```

以上代码定义了接口 IMyInterface。通常接口以 I 字母开头,这个接口只有一个方法 MethodToImplement(),没有参数和返回值,当然我们可以按照需求设置参数和返回值。值得注意的是,该方法并没有具体的实现。

可以用下面的代码实现以上接口:

```
class InterfaceImplementer : IMyInterface
{
    static void Main()
    {
        InterfaceImplementer iImp = new InterfaceImplementer();
        iImp.MethodToImplement();
    }
```

```
            public void MethodToImplement()
            {
                    Console.WriteLine("MethodToImplement() called.");
            }
    }
```
继承接口后，我们需要实现接口的方法 MethodToImplement()，方法名必须与接口定义的方法名一致。

本项目的接口设计将按如下顺序进行：

首先由前文的需求分析，列出主要的 UI 部分。

(1) 分析各个 UI 需要什么业务逻辑支持，从而确定业务逻辑层接口。

(2) 分析业务逻辑层接口需要何种数据访问操作，从而确定数据访问层接口。

(3) 另外，为保证完全的面向对象特性，接口之间的数据传递主要靠实体类或实体类集合，禁止使用 DataTable 等对象传递数据。

通过 10.2 节中的需求分析，可以列出系统中主要应包括以下 UI：

UI01——主页面，列出全部的留言及相应评论，支持分页显示。留言按发表时间逆序显示，评论紧跟在相应留言下。管理员可以通过相应链接对留言执行通过验证、删除、回复以及对评论进行删除操作。游客可通过相应连接进入发表留言评论页面。

UI02——发表留言页面，供游客发表新留言。

UI03——发表评论页面，供游客发表评论。

UI04——回复留言页面，供管理员回复留言。

UI05——管理员登录页面。

UI06——管理员修改个人密码的页面。

UI07——超级管理员登录后的页面，主要提供管理员列表。可以通过相应链接将指定管理员删除。

UI08——添加新管理员的页面。

UI09——操作成功完成后的跳转提示页面。

UI10——系统出现异常时显示友好出错信息的页面。

由 UI 识别业务逻辑操作，主要应包括以下几种：

UI01：按分页取得留言，按指定留言取得全部评论，将指定留言通过验证，将指定留言删除，将指定评论删除。

UI02：添加新留言。

UI03：添加新评论。

UI04：回复留言。

UI05：管理员登录。

UI06：修改管理员密码。

UI07：取得全部管理员信息，删除管理员。

UI08：添加新管理员。

经过整理，可得以下接口操作：

IAdminBLL：Add(添加管理员)，Remove(删除管理员)，ChangePassword(修改管理员密

码), Login(管理员登录), GetAll(取得全部管理员信息)。

IMessageBLL: Add(添加留言), Remove(删除留言), Revert(回复留言), Pass(将留言通过验证), GetByPage(按分页取得留言)。

ICommentBLL: Add(添加评论), Remove(删除评论), GetByMessage(按留言取得全部评论)。

以上这三个接口文件都放在 IBLL 工程下, 具体代码如下:

//IAdminBLL.cs

```
using System;
using System.Collections.Generic;
using System.Text;
using MessageBoard.Entity;
namespace MessageBoard.IBLL
{
    /// <SUMMARY>
    /// 业务逻辑层接口-管理员
    /// </SUMMARY>
    public interface IAdminBLL
    {
        /// <SUMMARY>
        /// 添加管理员
        /// </SUMMARY>
        /// <PARAM name = "admin">新管理员实体类</PARAM>
        /// <RETURNS>是否成功</RETURNS>
        bool Add(AdminInfo admin);

        /// <SUMMARY>
        /// 删除管理员
        /// </SUMMARY>
        /// <PARAM name = "id">要删除的管理员的 ID</PARAM>
        /// <RETURNS>是否成功</RETURNS>
        bool Remove(int id);

        /// <SUMMARY>
        /// 修改管理员密码
        /// </SUMMARY>
        /// <PARAM name = "id">要修改密码的管理员的 ID</PARAM>
        /// <PARAM name = "password">新密码</PARAM>
        /// <RETURNS>是否成功</RETURNS>
        bool ChangePassword(int id, string password);
```

```csharp
        /// <summary>
        /// 管理员登录
        /// </summary>
        /// <param name = "name">管理员登录名</param>
        /// <param name = "password">管理员密码</param>
        /// <returns>如果登录成功,则返回相应管理员的实体类,否则返回 null
        /// </returns>
        AdminInfo Login(string name, string password);

        /// <summary>
        /// 取得全部管理员信息
        /// </summary>
        /// <returns>管理员实体类集合</returns>
        IList<AdminInfo> GetAll();
    }
}
//IMessageBLL.cs:
using System;
using System.Collections.Generic;
using System.Text;
using MessageBoard.Entity;

namespace MessageBoard.IBLL
{
    /// <summary>
    /// 业务逻辑层接口-留言
    /// </summary>
    public interface IMessageBLL
    {
        /// <summary>
        /// 添加留言
        /// </summary>
        /// <param name = "message">新留言实体类</param>
        /// <returns>是否成功</returns>
        bool Add(MessageInfo message);

        /// <summary>
        /// 删除留言
        /// </summary>
```

/// <PARAM name = "id">欲删除的留言的 ID</PARAM>
/// <RETURNS>是否成功</RETURNS>
bool Remove(int id);

/// <SUMMARY>
/// 回复留言
/// </SUMMARY>
/// <PARAM name = "id">要回复的留言的 ID</PARAM>
/// <PARAM name = "reply">回复的信息</PARAM>
/// <RETURNS>是否成功</RETURNS>
bool Revert(int id, string reply);

/// <SUMMARY>
/// 将留言通过验证
/// </SUMMARY>
/// <PARAM name = "id">通过验证的留言的 ID</PARAM>
/// <RETURNS>是否成功</RETURNS>
bool Pass(int id);

/// <SUMMARY>
/// 按分页取得留言信息
/// </SUMMARY>
/// <PARAM name = "pageSize">每页显示几条留言</PARAM>
/// <PARAM name = "pageNumber">当前页码</PARAM>
/// <RETURNS>留言实体类集合</RETURNS>
IList<MessageInfo> GetByPage(int pageSize, int pageNumber);
    }
}

//ICommentBLL.cs：
using System;
using System.Collections.Generic;
using System.Text;
using MessageBoard.Entity;

namespace MessageBoard.IBLL
{
    /// <SUMMARY>
    /// 业务逻辑层接口-评论

```
            /// </SUMMARY>
            public interface ICommentBLL
            {
                /// <SUMMARY>
                /// 添加评论
                /// </SUMMARY>
                /// <PARAM name = "comment">新评论实体类</PARAM>
                /// <RETURNS>是否成功</RETURNS>
                bool Add(CommentInfo comment);

                /// <SUMMARY>
                /// 删除评论
                /// </SUMMARY>
                /// <PARAM name = "id">欲删除的评论的 ID</PARAM>
                /// <RETURNS>是否成功</RETURNS>
                bool Remove(int id);
                /// <SUMMARY>
                /// 取得指定留言的全部评论
                /// </SUMMARY>
                /// <PARAM name = "messageId">指定留言的 ID</PARAM>
                /// <RETURNS>评论实体类集合</RETURNS>
                IList<CommentInfo> GetByMessage(int messageId);
            }
        }
```

由业务逻辑确定数据访问操作如下：

IAdminBLL 需要的数据访问操作：插入管理员，删除管理员，更新管理员信息，按 ID 取得管理员信息，按登录名与密码取得管理员信息，取得全部管理员信息。

IMessageBLL 需要的数据访问操作：插入留言，删除留言，更新留言信息，按 ID 取得留言信息，按分页取得留言信息。

ICommentBLL 需要的数据访问操作：插入评论，删除评论，按留言取得全部评论信息。

另外，添加管理员时需要验证是否存在同名管理员，所以需要添加一个"按登录名取得管理员信息"。

对以上操作进行整理，可得如下接口操作：

IAdminDAL：Insert，Delete，Update，GetByID，GetByName，GetByNameAndPassword，GetAll。

IMessageDAL：Insert，Delete，Update，GetByID，GetByPage。

ICommentDAL：Insert，Delete，GetByMessage。

这三个接口文件放在 IDAL 工程下，具体代码如下：

```
//IAdminDAL.cs：
    using System;
```

```csharp
using System.Collections.Generic;
using System.Text;
using MessageBoard.Entity;
namespace MessageBoard.IDAL
{
    /// <SUMMARY>
    /// 数据访问层接口-管理员
    /// </SUMMARY>
    public interface IAdminDAL
    {
        /// <SUMMARY>
        /// 插入管理员
        /// </SUMMARY>
        /// <PARAM name = "admin">管理员实体类</PARAM>
        /// <RETURNS>是否成功</RETURNS>
        bool Insert(AdminInfo admin);
        /// <SUMMARY>
        /// 删除管理员
        /// </SUMMARY>
        /// <PARAM name = "id">要删除的管理员的 ID</PARAM>
        /// <RETURNS>是否成功</RETURNS>
        bool Delete(int id);

        /// <SUMMARY>
        /// 更新管理员信息
        /// </SUMMARY>
        /// <PARAM name = "admin">管理员实体类</PARAM>
        /// <RETURNS>是否成功</RETURNS>
        bool Update(AdminInfo admin);

        /// <SUMMARY>
        /// 按 ID 取得管理员信息
        /// </SUMMARY>
        /// <PARAM name = "id">管理员 ID</PARAM>
        /// <RETURNS>管理员实体类</RETURNS>
        AdminInfo GetByID(int id);
        /// <SUMMARY>
        /// 按管理员名取得管理员信息
        /// </SUMMARY>
```

```csharp
        /// <PARAM name = "name">管理员名</PARAM>
        /// <RETURNS>管理员实体类</RETURNS>
        AdminInfo GetByName(string name);
        /// <SUMMARY>
        /// 按用户名及密码取得管理员信息
        /// </SUMMARY>
        /// <PARAM name = "name">用户名</PARAM>
        /// <PARAM name = "password">密码</PARAM>
        /// <RETURNS>管理员实体类,不存在时返回 null</RETURNS>
        AdminInfo GetByNameAndPassword(string name, string password);
        /// <SUMMARY>
        /// 取得全部管理员信息
        /// </SUMMARY>
        /// <RETURNS>管理员实体类集合</RETURNS>
        IList<AdminInfo> GetAll();
    }
}
//IMessageDAL.cs:
    using System;
    using System.Collections.Generic;
    using System.Text;
    using MessageBoard.Entity;

    namespace MessageBoard.IDAL
    {
        /// <SUMMARY>
        /// 数据访问层接口-留言
        /// </SUMMARY>
        public interface IMessageDAL
        {
            /// <SUMMARY>
            /// 插入留言
            /// </SUMMARY>
            /// <PARAM name = "message">留言实体类</PARAM>
            /// <RETURNS>是否成功</RETURNS>
            bool Insert(MessageInfo message);

            /// <SUMMARY>
            /// 删除留言
```

```csharp
        /// </SUMMARY>
        /// <PARAM name = "id">欲删除的留言的 ID</PARAM>
        /// <RETURNS>是否成功</RETURNS>
        bool Delete(int id);

        /// <SUMMARY>
        /// 更新留言信息
        /// </SUMMARY>
        /// <PARAM name = "message">留言实体类</PARAM>
        /// <RETURNS>是否成功</RETURNS>
        bool Update(MessageInfo message);
        /// <SUMMARY>
        /// 按 ID 取得留言信息
        /// </SUMMARY>
        /// <PARAM name = "id">留言 ID</PARAM>
        /// <RETURNS>留言实体类</RETURNS>
        MessageInfo GetByID(int id);

        /// <SUMMARY>
        /// 按分页取得留言信息
        /// </SUMMARY>
        /// <PARAM name = "pageSize">每页显示几条留言</PARAM>
        /// <PARAM name = "pageNumber">当前页码</PARAM>
        /// <RETURNS>留言实体类集合</RETURNS>
        IList<MessageInfo> GetByPage(int pageSize, int pageNumber);
    }
}
//ICommentDAL.cs：
using System;
using System.Collections.Generic;
using System.Text;
using MessageBoard.Entity;
namespace MessageBoard.IDAL
{
    /// <SUMMARY>
    ///数据访问层接口-评论
    /// </SUMMARY>
    public interface ICommentDAL
    {
```

/// <SUMMARY>
/// 插入评论
/// </SUMMARY>
/// <PARAM name = "comment">评论实体类</PARAM>
/// <RETURNS>是否成功</RETURNS>
bool Insert(CommentInfo comment);
/// <SUMMARY>
/// 删除评论
/// </SUMMARY>
/// <PARAM name = "id">欲删除的评论的 ID</PARAM>
/// <RETURNS>是否成功</RETURNS>
bool Delete(int id);

/// <SUMMARY>
/// 取得指定留言的全部评论
/// </SUMMARY>
/// <PARAM name = "messageId">指定留言的 ID</PARAM>
/// <RETURNS>评论实体类集合</RETURNS>
IList<CommentInfo> GetByMessage(int messageId);
        }
    }

至此，系统所需的 2 个接口层设计完毕，分别是 IBLL 和 IDAL。这 2 个接口层将为依赖注入的实现提供基础。

10.3.2 依赖注入

控制反转(Inversion of Control，英文缩写为 IoC)是框架的重要特征，并非面向对象编程的专用术语。它包括依赖注入(Dependency Injection，简称 DI)和依赖查找(Dependency Lookup)。我们设计的分层架构，层与层之间应该是松散耦合的。因为是单向单一调用，所以，这里的"松散耦合"实际是指上层类不能具体依赖于下层类，而应该依赖于下层提供的一个接口。这样，上层类不能直接实例化下层中的类，而只持有接口，至于接口所指变量最终究竟是哪一个类的对象，则由依赖注入机制决定。

之所以这样做，是为了实现层与层之间的"可替换"式设计，例如，现在需要换一种方式实现数据访问层，只要这个实现遵循了前面定义的数据访问层接口，业务逻辑层和表示层不需要做任何改动，只需要改一下配置文件系统即可正常运行。另外，基于这种结构的系统，还可以实现并行开发。即不同开发人员可以专注于自己的层次，只有接口被定义好了，开发出来的东西就可以无缝连接。

依赖注入的理论基础是 Abstract Factory 设计模式，这里结合具体实例简单介绍一下。以数据访问层为例，图 10-4 展示了 Abstract Factory 模式的应用。

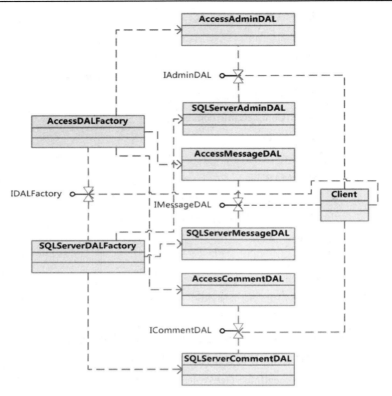

图 10-4 通过 Abstract Factory 模式设计的数据库访问层

假设有针对 Access 和 SQLServer 两种数据库的数据访问层，它们都实现了数据访问层接口。每个数据访问层有自己的工厂，所有工厂都实现自 IDALFactory 接口。而客户类(这里就是业务逻辑层类)仅与工厂接口、数据访问层接口耦合，而与具体类无关，这样，只要通过配置文件确定实例化哪个工厂，就可以得到不同的数据访问层。

然而，这种设计虽然可行，但是代码比较冗余，因为这样需要为数据访问层的每一个实现编写一个工厂，业务逻辑层也一样。.NET 平台引入的反射机制，给我们提供了一种解决方案。使用反射，每个层只需要一个工厂，然后通过从配置文件中读出程序集的名称，动态加载相应类。另外，为了提高依赖注入机制的效率，这里引入缓存机制。下面来看具体实现。

首先，需要在 Web 工程的 Web.config 文件的<appSettings>节点下添加如下两个项：

<add key = "DAL" value = ""/>

<add key = "BLL" value = ""/>

这两个配置选项分别存储要应用的数据访问和业务逻辑层的程序集名称。value 目前是空，是因为目前还没有各个层次的具体实现。

为实现缓存操作，我们将缓存操作封装成一个辅助类，放在 Utility 工程下，具体代码如下：

```
//CacheAccess.cs
using System;
```

```csharp
using System.Web;
using System.Web.Caching;
namespace MessageBoard.Utility
{
    /// <summary>
    ///辅助类，用于缓存操作
    /// </summary>
    public sealed class CacheAccess
    {
        /// <summary>
        ///将对象加入到缓存中
        /// </summary>
        /// <param name = "cacheKey">缓存键值</param>
        /// <param name = "cacheObject">缓存对象内容</param>
        /// <param name = "dependency">缓存的依赖项，也就是此项的更改意味着缓存内容已经
        //过期。如果没有依赖项，可将此值设置为 NULL。
        ///</param>
        public static void SaveToCache(string cacheKey, object cacheObject,
        CacheDependency dependency)
        {
            Cache cache = HttpRuntime.Cache;
            cache.Insert(cacheKey, cacheObject, dependency);
        }
        /// <summary>
        /// 从缓存中取得对象，不存在则返回 null
        /// </summary>
        /// <param name = "cacheKey">缓存键</param>
        /// <returns>获取的缓存对象</returns>
        public static object GetFromCache(string cacheKey)
        {
            Cache cache = HttpRuntime.Cache;
            return cache[cacheKey];
        }
    }
}
```

因为很多依赖注入代码非常相似，为了减少重复性代码，我们将可复用的代码先封装在一个类中。具体代码如下(这个类放在 Factory 工程下)：

```csharp
//DependencyInjector.cs
using System;
```

```csharp
using System.Configuration;
using System.Reflection;
using System.Web;
using System.Web.Caching;
using MessageBoard.Utility;
namespace MessageBoard.Factory
{
    /// <summary>
    /// 依赖注入提供者
    /// 使用反射机制实现
    /// </summary>
    public sealed class DependencyInjector
    {
        /// <summary>
        /// 取得数据访问层对象
        /// 首先检查缓存中是否存在，如果不存在，则利用反射机制返回对象
        /// </summary>
        /// <param name = "className">数据访问类名称</param>
        /// <returns>数据访问层对象</returns>
        public static object GetDALObject(string className)
        {
            /// <summary>
            ///取得数据访问层名称，首先检查缓存，如果不存在，则到配置文件 Web.Config 中读取
            /// 缓存依赖项
            /// </summary>
            //从缓存中读取 dal 具体实现层的名称
            object dal = CacheAccess.GetFromCache("DAL");
            if (dal == null)
            {
                //创建 dal 具体实现层名称的依赖项
                CacheDependency fileDependency = new CacheDependency(HttpContext.Current.Server.MapPath("Web.Config"));
                //从 Web.Config 文件中读取 dal 具体实现层名称
                dal = ConfigurationManager.AppSettings["DAL"];
                //读取的内容保存到缓存中
                CacheAccess.SaveToCache("DAL", dal, fileDependency);
            }
            /// <summary>
            ///取得数据访问层对象
            /// </summary>
            string dalName = (string)dal;
            string fullClassName = dalName + "." + className;
```

```csharp
        //从缓存中读取指定的 dal 对象
        object dalObject = CacheAccess.GetFromCache(className);
        if (dalObject == null)
        {   //创建缓存依赖项
            CacheDependency fileDependency = new CacheDependency(HttpContext.Current.Server.MapPath("Web.Config"));
            //通过反射机制创建数据处理 dal 对象
            dalObject = Assembly.Load(dalName).CreateInstance(fullClassName);
            //dal 对象保存在缓存中
            CacheAccess.SaveToCache(className, dalObject,
                fileDependency);
        }
        return dalObject;
}


/// <summary>
/// 取得业务逻辑层对象
/// 首先检查缓存中是否存在，如果不存在，则利用反射机制返回对象
/// </summary>
/// <param name = "className">业务逻辑类名称</param>
/// <returns>业务逻辑层对象</returns>
public static object GetBLLObject(string className)
{   /// <summary>
    /// 取得业务逻辑层名称，首先检查缓存，如果不存在，则到配置文件中读取
    /// 缓存依赖项为 Web.Config 文件
    /// </summary>
    //从缓存中读取 bll 具体实现层的名称
    object bll = CacheAccess.GetFromCache("BLL");
    if (bll == null)
    {
        //创建 bll 具体实现层名称的缓存依赖项
        CacheDependency fileDependency = new CacheDependency(HttpContext.Current.Server.MapPath("Web.Config"));
        //从 Web.Config 文件中读取 bll 具体实现层名称
        bll = ConfigurationManager.AppSettings["BLL"];
        //保存在缓存中
        CacheAccess.SaveToCache("BLL", bll, fileDependency);
    }
```

```csharp
        /// <summary>
        /// 取得业务逻辑层对象
        /// </summary>
        string bllName = (string)bll;
        string fullClassName = bllName + "." + className;
        object bllObject = CacheAccess.GetFromCache(className);
        if (bllObject == null)
        {
            //创建缓存依赖项
            CacheDependency fileDependency = new
            CacheDependency(HttpContext.Current.Server.MapPath("Web.Config"));
            //通过反射机制创建数据处理 bll 对象
            bllObject =
            Assembly.Load(bllName).CreateInstance(fullClassName);
            //bll 对象保存在缓存中
            CacheAccess.SaveToCache(className, bllObject, fileDependency);
        }
        return bllObject;
    }
  }
}
```

在 Utility 工程中使用两个辅助类，实现数据访问层工厂和业务逻辑层工厂。具体代码如下：

```csharp
//DALFactory.cs：
using System;
using MessageBoard.IDAL;
namespace MessageBoard.Factory
{
    /// <summary>
    /// 数据访问层工厂，用于获取相应的数据访问层对象
    /// 使用 Abstract Factory 设计模式、反射机制、缓存机制设计
    /// </summary>
    public sealed class DALFactory
    {
        /// <summary>
        /// 获取管理员数据访问层对象
        /// </summary>
        /// <returns>管理员数据访问层对象</returns>
        public static IAdminDAL CreateAdminDAL()
```

```csharp
            {
                return (IAdminDAL)DependencyInjector.GetDALObject("AdminDAL");
            }
            /// <summary>
            /// 获取留言数据访问层对象
            /// </summary>
            /// <returns>留言数据访问层对象</returns>
            public static IMessageDAL CreateMessageDAL()
            {
                return
                (IMessageDAL)DependencyInjector.GetDALObject("MessageDAL");
            }
            /// <summary>
            /// 获取评论数据访问层对象
            /// </summary>
            /// <returns>评论数据访问层对象</returns>
            public static ICommentDAL CreateCommentDAL()
            {
                return (ICommentDAL)DependencyInjector.GetDALObject("CommentDAL");
            }
        }
    }
```

//BLLFactory.cs：

```csharp
    using System;
    using MessageBoard.IBLL;
    namespace MessageBoard.Factory
    {
        /// <summary>
        /// 业务逻辑层工厂，用于获取相应的业务逻辑层对象
        /// 使用 Abstract Factory 设计模式、反射机制和缓存机制设计
        /// </summary>
        public sealed class BLLFactory
        {
            /// <summary>
            /// 获取管理员业务逻辑层对象
            /// </summary>
            /// <returns>管理员业务逻辑层对象</returns>
            public static IAdminBLL CreateAdminBLL()
            {
```

```csharp
        return (IAdminBLL)DependencyInjector.GetBLLObject("AdminBLL");
    }
    /// <summary>
    /// 获取留言业务逻辑层对象
    /// </summary>
    /// <returns>留言业务逻辑层对象</returns>
    public static IMessageBLL CreateMessageBLL()
    {
        return 
        (IMessageBLL)DependencyInjector.GetBLLObject("MessageBLL");
    }
    /// <summary>
    /// 获取评论业务逻辑层对象
    /// </summary>
    /// <returns>评论业务逻辑层对象</returns>
    public static ICommentBLL CreateCommentBLL()
    {
        return (ICommentBLL)DependencyInjector.GetBLLObject("CommentBLL");
    }
  }
}
```

10.3.3 反射机制的使用

什么是反射？指程序可以访问、检测和修改它本身状态或行为的一种能力。反射提供了封装程序集、模块和类型的对象(Type 类型)。可以使用反射动态创建类型的实例，将类型绑定到现有对象，或从现有对象获取类型并调用其方法或访问其字段和属性。如果代码中使用了属性，可以利用反射对它们进行访问。

反射机制是 .Net 中获取运行时类型信息的方式，.Net 的应用程序由几个部分：程序集(Assembly)、模块(Module)、类(class)组成，而反射提供一种编程的方式，让程序员可以在程序运行期获得这几个组成部分的相关信息。

详细内容请参见本书的第 9 章。

10.3.4 缓存及缓存依赖项跟踪

1. 缓存的应用

缓存应用的目的：缓存主要是为了提高数据的读取速度。因为服务器和应用客户端之间存在着流量的瓶颈，所以读取大容量数据时，使用缓存来直接为客户端服务，可以减少客户端与服务器端的数据交互，从而大大提高程序的性能。

缓存的引用空间为 System.Web.Caching，缓存命名空间主要提供三种操作：缓存数据对象、对象的缓存依赖和数据库的缓存依赖。其中缓存任何对象都使用一个类 Cache，但当缓存发生改变时，普通对象和数据库对象的依赖处理不同。

Cache 类用来存储数据对象，并提供方法对这些对象进行操作。Cache 类属于字典类，其根据一定的规则存储用户需要的数据，这些数据的类型不受限制，可以是字符串、数组、数据表、Dataset 和哈希表等。使用 Cache 类的优点是当缓存的数据发生变化时，Cache 类会让数据失效，并实现缓存数据的重新添加，然后通知应用程序，报告缓存的及时更新。

Cache 类的方法主要提供对缓存数据的操作，如增、删、改等。

Add　将数据添加到 Cache 对象；

Insert　向 Cache 中插入数据项，可用于修改已经存在的数据缓存项；

Remove　移除 Cache 对象中的缓存数据项；

Get　从 Cache 对象中获取指定的数据项，注意返回的是 Object 类型，需要进行类型转换；

GetType　从 Cache 对象中获取数据项的类型，判断数据类型后，才方便进行转换。

2. 缓存依赖类：CacheDependency 类

CacheDependency 类被称为是缓存依赖类，其具体意义表现在当缓存对象的实际数据发生改变时，它能及时通知缓存对象。例如缓存对象 "Category" 保存的是一个 XML 文件的数据，如果 XML 文件发生了变化，那么系统通过 CacheDependency 类就会及时更新缓存对象 "Category" 的内容，这样就能保证用户读取的永远是最新的数据。

10.4 案 例 分 析

在这章的案例分析中，我们将使用以上介绍的三层架构实现一个简单的超市会员管理系统。系统主要功能包括：会员注册，会员查询，会员积分增加，会员积分历史查询等。在案例中，我们将通过依赖注入的方式来选择针对不同数据库类型(SQL Server 和 Access 数据库)的 DAL 和 BLL 层。案例系统的项目组成如图 10-5 所示，每个项目的作用会在后面进行讲解。

图 10-5　案例系统的项目组成

10.4.1 数据库的设计

本案例主要涉及的数据库表结构有 2 个：会员表 TClient 和会员积分表 TClientPoint，表结构如表 10-4 和表 10-5 所示。

表 10-4 会员表(TClient)

字段名称	字段类型	字段说明	是否为空	备注
ID	int	会员 ID	Not Null	主键，自增
Name	varchar(20)	会员名	Not Null	
Tel	varchar(20)	会员电话	Not Null	
Address	varchar(100)	会员地址	Null	
Level	int	会员等级	Not Null	默认值为 1
Points	int	会员积分	Not Null	默认值为 0

表 10-5 会员积分表(TClientPoint)

字段名称	字段类型	字段说明	是否为空	备注
ID	int	积分 ID	Not Null	主键，自增
ClientID	int	会员 ID	Not Null	
Point	int	会员积分	Not Null	
GetTime	datetime	获得积分时间	Not Null	
TradeID	int	交易 ID	Not Null	关联产生的交易 ID

本案例采用两种数据库设计方式：SQL Server 和 Access。具体的设计过程由于篇幅关系不再进行详细的说明。生成的 SQL Server 数据库名称为"ClientManage"，生成的 Access 数据库文件名称为"Client.accdb"，并将该文件放到系统网站的"App_Data"目录下。

10.4.2 实体层的设计

根据系统数据库的设计，在实体层 Entity 中共有 2 个实体类，分别是：Client 和 ClientPoint，具体的代码实现如下：

```
//Client.cs
using System;
using System.Collections.Generic;
using System.Linq;
using System.Text;

namespace ClientManage.Entity
{   /// <summary>
    /// Client 实体类，与数据库表 TClient 结构设计相一致
    /// </summary>
    public class Client
    {   private int _ID;
        public int ID
        {
            get { return _ID; }
```

```csharp
            set { _ID = value; }
        }
        private string _Name;
        public string Name
        {
            get { return _Name; }
            set { _Name = value; }
        }
        private string _Tel;
        public string Tel
        {
            get { return _Tel; }
            set { _Tel = value; }
        }
        private string _Address;
        public string Address
        {
            get { return _Address; }
            set { _Address = value; }
        }
        private int _Level;
        public int Level
        {
            get { return _Level; }
            set { _Level = value; }
        }
        private int _Points;
        public int Points
        {
            get { return _Points; }
            set { _Points = value; }
        }
    }
}
//ClientPoint.cs
using System;
using System.Collections.Generic;
using System.Linq;
using System.Text;
```

```csharp
namespace ClientManage.Entity
{
    /// <summary>
    /// ClientPoint 实体类，与数据库表 TClientPoint 结构设计相一致
    /// </summary>
    public class ClientPoint
    {
        private int _ID;
        public int ID
        {
            get { return _ID; }
            set { _ID = value; }
        }
        private int _ClientID;
        public int ClientID
        {
            get { return _ClientID; }
            set { _ClientID = value; }
        }
        private int _Point;
        public int Point
        {
            get { return _Point; }
            set { _Point = value; }
        }
        private DateTime _GetTime;
        public DateTime GetTime
        {
            get { return _GetTime; }
            set { _GetTime = value; }
        }
        private int _TradeID;
        public int TradeID
        {
            get { return _TradeID; }
            set { _TradeID = value; }
        }
    }
}
```

10.4.3 接口层的设计

通过依赖注入的方式，使用抽象工厂模式来生成不同的 DAL 和 BLL 对象，并能够进行调用，需要进行接口层的设计。本系统中主要有两个接口层：IBLL 和 IDAL。其中 IBLL 中包括 IClientBLL 和 IClientPointBLL，具体的代码实现如下：

```csharp
//IClientBLL.cs
using System;
using System.Collections.Generic;
using System.Linq;
using System.Text;
using ClientManage.Entity;
namespace ClientManage. IBLL
{
    /// <summary>
    /// 定义 ClientBLL 的接口
    /// </summary>
    public interface IClientBLL
    {
        /// <summary>
        /// 注册会员
        /// </summary>
        /// <param name = "C">会员信息</param>
        /// <returns>是否注册成功</returns>
        bool Register(Client c);
        /// <summary>
        /// 根据会员名称，查询相应的会员
        /// </summary>
        /// <param name = "clientname">会员名称</param>
        /// <returns>会员列表</returns>
        List<Client> GetList(string clientname);
    }
}
//IClientPointBLL.cs
using System;
using System.Collections.Generic;
using System.Linq;
using System.Text;
using ClientManage.Entity;
```

```csharp
namespace ClientManage.IBLL
{
    /// <summary>
    /// 定义 ClientPointBLL 的接口
    /// </summary>
    public interface IClientPointBLL
    {
        /// <summary>
        /// 给指定会员增加积分
        /// </summary>
        /// <param name = "clientid">指定会员 id</param>
        /// <param name = "p">需要增加的积分</param>
        /// <returns>是否增加成功</returns>
        bool AddClientPoint(int clientid, int p);
        /// <summary>
        /// 查询指定会员 id 的积分记录
        /// </summary>
        /// <param name = "clientid">会员 id</param>
        /// <returns>积分记录列表</returns>
        List<ClientPoint> GetClientPoints(int clientid);
    }
}
```

注意：因为在接口的设计中需要访问实体层 Entity 中的实体类的对象，需要在项目中添加对项目"Entity"的引用，并在程序的设计中加入命名空间的引用"using ClientManage.Entity"。

IDAL 中包括 IClientDAL 和 IClientPointDAL，具体的代码实现如下：

```csharp
//IClientDAL.cs
using System;
using System.Collections.Generic;
using System.Linq;
using System.Text;
using ClientManage.Entity;
namespace ClientManage.IDAL
{
    /// <summary>
    /// 定义 ClientDAL 的接口
    /// </summary>
    public interface IClientDAL
    {
```

```csharp
/// <summary>
/// 注册会员
/// </summary>
//<param name = "c">会员信息</param>
/// <returns>是否注册成功</returns>
bool Register(Client c);
/// <summary>
/// 根据会员名称,查询相应的会员
/// </summary>
/// <param name = "clientname">会员名称</param>
/// <returns>会员列表</returns>
List<Client> GetList(string clientname);
/// <summary>
/// 根据客户 id,更新指定客户的总积分
/// </summary>
/// <param name = "clientid">客户 id</param>
/// <param name = "point">增加的积分</param>
/// <returns>是否成功</returns>
bool UpdateClientPoint(int clientid, int point);
        }
    }
//IClientPointDAL.cs
using System;
using System.Collections.Generic;
using System.Linq;
using System.Text;
using ClientManage.Entity;
namespace ClientManage.IDAL
{
    /// <summary>
    /// 定义 ClientPointDAL 的接口
    /// </summary>
    public interface IClientPointDAL
    {
        /// <summary>
        /// 给指定会员增加积分
        /// </summary>
        /// <param name = "clientid">指定会员 id</param>
        /// <param name = "p">需要增加的积分</param>
```

```csharp
        /// <returns>是否增加成功</returns>
        bool AddClientPoint(int clientid, int p);
        /// <summary>
        /// 查询指定会员 id 的积分记录
        /// </summary>
        /// <param name = "clientid">会员 id</param>
        /// <returns>积分记录列表</returns>
        List<ClientPoint> GetClientPoints(int clientid);
    }
}
```

同样，需要在项目中添加对项目"Entity"的引用，并在程序的设计中加入命名空间的引用"using ClientManage.Entity"。

10.4.4 工厂层的设计

本系统将抽象工厂模式的实现放在 Utility 项目中，在 Utility 中同时包含了对 Cache 的操作，主要包括了 CacheAccess、DependencyInjector、DALFactory 和 BLLFactory 四个类。CacheAccess 和 DependencyInjector 两个类的实现和之前的设计内容相同，这里不再详细说明。下面给出 DALFactory 和 BLLFactory 类的实现代码。

编写 Utility 项目时，需要在项目中添加对项目"IBLL"和"IDAL"的引用，并在程序的设计中加入命名空间的引用"using ClientManage.IBLL"和"using ClientManage.IDAL"。

具体的实现代码如下：

```csharp
//BLLFactory.cs
using System;
using ClientManage.IBLL;
namespace ClientManage.Factory
{
    /// <summary>
    /// 业务逻辑层工厂，用于获取相应的业务逻辑层对象
    /// 使用 Abstract Factory 设计模式、反射机制和缓存机制设计
    /// </summary>
    public sealed class BLLFactory
    {
        /// <summary>
        /// 获取客户业务逻辑层对象
        /// </summary>
        /// <returns>客户业务逻辑层对象</returns>
        public static IClientBLL CreateClientBLL()
        {
            return (IClientBLL)DependencyInjector.GetBLLObject("ClientBLL");
```

```csharp
        }
        /// <summary>
        /// 获取客户积分业务逻辑层对象
        /// </summary>
        /// <returns>客户积分业务逻辑层对象</returns>
        public static IClientPointBLL CreateClientPointBLL()
        {
            Return
       (IClientPointBLL)DependencyInjector.GetBLLObject("ClientPointBLL");
        }
    }
}
//DALFactory.cs
    using System;
    using ClientManage.IDAL;
    namespace ClientManage.Factory
    {    /// <summary>
        /// 数据访问层工厂，用于获取相应的数据访问层对象
        /// 使用 Abstract Factory 设计模式、反射机制、缓存机制设计
        /// </summary>
        public sealed class DALFactory
        {    /// <summary>
            /// 获取客户数据访问层对象
            /// </summary>
            /// <returns>客户数据访问层对象</returns>
            public static IClientDAL CreateClientDAL()
            {
                return (IClientDAL)DependencyInjector.GetDALObject("ClientDAL");
            }
            /// <summary>
            /// 获取客户积分数据访问层对象
            /// </summary>
            /// <returns>客户积分数据访问层对象</returns>
            public static IClientPointDAL CreateClientPointDAL()
            {
                return
        (IClientPointDAL)DependencyInjector.GetDALObject("ClientPointDAL");
            }
        }
```

}

最后,需要在 Web 工程的 Web.config 文件的<appSettings>节点下添加如下两个项:

<add key = "DAL" value = ""/>

<add key = "BLL" value = ""/>

两个项的 value 值可以根据不同的 DAL 和 BLL 实现层的命空间进行配置,如"SQLDAL"和"SQLBLL"表示选择了基于 SQL SERVER 数据库的 DAL 和 BLL 实现层。

10.4.5 数据访问层的设计

本系统需要根据不同的数据库类型设计数据访问层:SQLDAL 和 AccessDAL,由于篇幅的原因,此处只给出 SQLDAL 的实现,AccessDAL 的实现大家可以自行练习。

SQLDAL 项目中包含了两个类:ClientDAL 和 ClientPointDAL,这两个类应该继承接口 IClientDAL 和 IClientPointDAL。其中 ClientDAL 类的实现代码如下:

```csharp
//ClientDAL.cs
using System;
using System.Collections.Generic;
using System.Linq;
using System.Text;
using ClientManage.IDAL;
using ClientManage.Entity;
using System.Data;
using System.Data.SqlClient;
namespace SQLBLL
{
    public class ClientDAL:IClientDAL
    {
        /// <summary>
        /// 注册会员
        /// </summary>
        /// <param name = "client">会员信息</param>
        /// <returns>是否注册成功</returns>
        public bool Register(Client client)
        {
            //数据库连接字符串
            string strConn = "Data Source = .;Initial Catalog = ClientManage;Integrated Security = True";
            //插入数据库的 sql 语句:向 TClient 表中插入数据
            string strSql = "insert into TClient(Name, Tel, Address, Level, Points) values(@p1, @p2, @p3, 1, 0)";
            SqlConnection conMain = new SqlConnection(strConn);
```

```csharp
SqlCommand cmdClient = new SqlCommand();
cmdClient.Connection = conMain;
cmdClient.CommandText = strSql;
//插入的数据来自 client 对象的属性
cmdClient.Parameters.Add(new SqlParameter("@p1", client.Name));
cmdClient.Parameters.Add(new SqlParameter("@p2", client.Tel));
cmdClient.Parameters.Add(new SqlParameter("@p3", client.Address));
conMain.Open();
//执行插入操作，返回成功操作的记录条数
int intCount = comd.ExecuteNonQuery();
conMain.Close();
if (intCount == 1)
{
    return true;
}
else
{
    return false;
}

}
/// <summary>
/// 根据会员名称，查询相应的会员
/// </summary>
/// <param name = "clientName">会员名称</param>
/// <returns>会员列表</returns>
public List<Client> GetList(string clientName)
{
    List<Client> lstClient = new List<Client>();
    //数据库连接字符串
    string strConn  =   "Data Source = .;Initial Catalog = ClientManage;Integrated Security = True";
    //查询语句：从 TClient 表中根据客户名称模糊查询
    string strSql = "select * from TClient where [name] like '%" + clientName + "%'";
    DataSet dsClient = new DataSet();
    SqlConnection conMain = new SqlConnection(strConn);
    SqlDataAdapter sdaClient = new SqlDataAdapter(strSql, conMain);
    conMain.Open();
    sdaClient.Fill(dsClient);
```

```
            conMain.Close();
            //通过循环访问 DataSet 中的查询结果，并生成 List<Client>
            for (int i = 0; i < dsClient.Tables[0].Rows.Count; i++)
            {
                Client c = new Client();
                c.ID = Int16.Parse(dsClient.Tables[0].Rows[i]["ID"].ToString());
                c.Name = dsClient.Tables[0].Rows[i]["Name"].ToString();
                c.Tel = dsClient.Tables[0].Rows[i]["Tel"].ToString();
                c.Address = dsClient.Tables[0].Rows[i]["Address"].ToString();
                c.Level = Int16.Parse(
                    dsClient.Tables[0].Rows[i]["Level"].ToString());
                c.Points = Int16.Parse(
                    dsClient.Tables[0].Rows[i]["Points"].ToString());
                lstClient.Add(c);
            }
            return lstClient;
        }
        /// <summary>
        /// 根据客户 id，更新指定客户的总积分
        /// </summary>
        /// <param name = "clientId">客户 id</param>
        /// <param name = "point">增加的积分</param>
        /// <returns>是否成功</returns>
        public bool UpdateClientPoint(int clientId, int point)
        {
            //数据库连接字符串
            string strCon = "Data Source = .;Initial Catalog = ClientManage;Integrated Security = True";
            //更新数据库 TClient 表的 sql 语句
            string strSql = "update TClient set points = points + " + point.ToString() + " where clientid = " + clientId.ToString();
            SqlConnection conMain = new SqlConnection(strCon);
            SqlCommand cmdClient = new SqlCommand();
            cmdClient.Connection = conMain;
            cmdClient.CommandText = strSql;
            conMain.Open();
            //执行更新操作，返回成功操作的记录条数
            int intCount = comd.ExecuteNonQuery();
            conMain.Close();
            if (intCount == 1)
```

```
                {
                    return true;
                }
                else
                {
                    return false;
                }
            }
        }
    }
```

注意：需要在项目中添加对项目"Entity"和"IDAL"的引用。

ClientPointDAL 类的代码和 ClientDAL 类的代码实现比较类似，主要继承了接口 IClientPointDAL，实现了 AddClientPoint 和 GetClientPoints 两个方法，由于篇幅关系，这里不再详细说明。

10.4.6 业务逻辑层的设计

同理，本系统需要根据不同的数据访问层设计业务逻辑层：SQLBLL 和 AccessBLL，由于篇幅的原因，此处只给出 SQLBLL 的实现，AccessBLL 的实现大家可以自行练习。

SQLBLL 项目中包含了两个类：ClientBLL 和 ClientPointBLL，这两个类应该继承接口 IClientBLL 和 IClientPointBLL。

ClientBLL 类的实现代码如下：

```
//ClientBLL.cs
    using System;
    using System.Collections.Generic;
    using System.Linq;
    using System.Text;
    using ClientManage.Factory;
    using ClientManage.IBLL;
    using ClientManage.Entity;
    namespace SQLBLL
    {
        public class ClientBLL:IClientBLL
        {
            /// <summary>
            /// 通过抽象工厂的方式，选择对应的 DAL 对象，进行注册会员
            /// </summary>
            /// <param name = " client ">会员对象信息</param>
            /// <returns>是否注册成功</returns>
            public bool Register(Client client)
```

```csharp
            {
                return (DALFactory.CreateClientDAL()).Register(client);
            }
            /// <summary>
            /// 通过抽象工厂的方式，选择对应的 DAL 对象，根据会员名称，查询相
            /// 应的会员
            /// </summary>
            /// <param name = "clientName">会员名称</param>
            /// <returns>会员列表</returns>
            public List<Client> GetList(string clientName)
            {
                return (DALFactory.CreateClientDAL()).GetList(clientname);
            }
        }
    }
```

ClientPointBLL 类的实现代码如下：

```csharp
//ClientPointBLL.cs
    using System;
    using System.Collections.Generic;
    using System.Linq;
    using System.Text;
    using ClientManage.Factory;
    using ClientManage.IBLL;
    using ClientManage.Entity;
    namespace SQLBLL
    {
        public class ClientPointBLL:IClientPointBLL
        {
            /// <summary>
            /// 通过抽象工厂的方式，选择对应的 DAL 对象，给指定会员增加积分，同时
            ///    修改会员总积分
            /// </summary>
            /// <param name = "clientId">指定会员 id</param>
            /// <param name = "point">需要增加的积分</param>
            /// <returns>是否增加成功</returns>
            public bool AddClientPoint(int clientId, int point)
            {
                bool blFlag1 =
                (DALFactory.CreateClientPointDAL()).AddClientPoint(clientId, point);
```

```
            bool blFlag2 =
            (DALFactory.CreateClientDAL()).UpdateClientPoint(clientId, point);
            if (blFlag1 && blFlag2)
            {
                return true;
            }
            else
            {
                return false;
            }
        }
        /// <summary>
        /// 通过抽象工厂的方式，选择对应的 DAL 对象，查询指定会员 id 的积分记录
        /// </summary>
        /// <param name = "clientId">会员 id</param>
        /// <returns>积分记录列表</returns>
        public List<ClientPoint> GetClientPoints(int clientId)
        {
            return (DALFactory.CreateClientPointDAL()).GetClientPoints(clientId);
        }
    }
}
```

注意：需要在项目中添加对项目"Entity"、"IBLL"、"IDAL"和"Utility"的引用。

10.4.7 表示层的设计

在界面的设计过程中，我们只设计了会员注册页面和会员查询页面，这两个页面在网站"ClientManage"下，其他的页面因为篇幅原因不再此处讲解。网站"ClientManage"需要添加项目"Entity"、"IBLL"和"Utility"项目的引用，下面给出页面的设计代码和逻辑处理代码。

1．会员注册页面

本页面主要为收集会员的注册信息，并提交给 BLL 层进行处理，界面设计如图 10-6 所示。

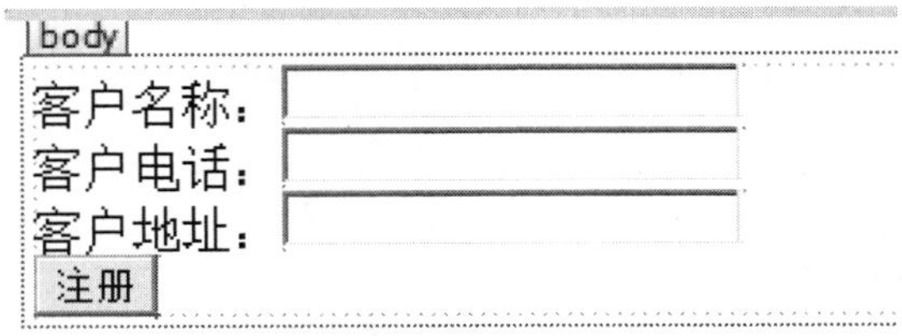

图 10-6　会员注册界面设计

(1) 会员注册页面的设计代码如下:

```
<%@ Page Language = "C#" AutoEventWireup = "true" CodeFile = "Register.aspx.cs" Inherits = "Register" %>
<!DOCTYPE html PUBLIC "-//W3C//DTD XHTML 1.0 Transitional//EN" "http://www.w3.org/TR/xhtml1/DTD/xhtml1-transitional.dtd">
<html xmlns = "http://www.w3.org/1999/xhtml">
<head runat = "server">
    <title></title>
</head>
<body>
    <form id = "form1" runat = "server">
    <div>
        客户名称：<asp:TextBox ID = "tbName" runat = "server">
        </asp:TextBox>
        <br />
        客户电话：<asp:TextBox ID = "tbTel" runat = "server">
        </asp:TextBox>
        <br />
        客户地址：<asp:TextBox ID = "tbAddress" runat = "server">
        </asp:TextBox>
        <br />
        <asp:Button ID = "btnRegister" runat = "server"
            onclick = "Button1_Click" Text = "注册" />
    </div>
    </form>
</body>
</html>
```

(2) 会员注册的逻辑处理代码如下:

```
using System;
using System.Collections.Generic;
using System.Linq;
using System.Web;
using System.Web.UI;
using System.Web.UI.WebControls;
using ClientManage.Entity;
using ClientManage.Factory;
using ClientManage.IBLL;

public partial class Register : System.Web.UI.Page
```

```
{
    protected void Page_Load(object sender, EventArgs e)
    {

    }
    protected void Button1_Click(object sender, EventArgs e)
    {
        //生成新的 client 对象
        Client c = new Client();
        c.Name = tbName.Text;
        c.Tel = tbTel.Text;
        c.Address = tbAddress.Text;
                    //通过抽象工厂模式选择对应的 BLL 对象，调用 BLL 对象的
                    //Register 方法进行注册
                    if (BLLFactory.CreateClientBLL().Register(c))
                    {
                        //转入注册成功处理；
                    }
    }
}
```

2．会员查询页面

本页面主要为根据输入的客户名称关键字，提交给 BLL 层进行查询，在界面中显示查询结果。界面设计如图 10-7 所示。

图 10-7 会员查询界面设计

(1) 会员查询页面的设计代码如下：

```
<%@ Page Language = "C#" AutoEventWireup = "true" CodeFile = "QueryClient.aspx.cs" Inherits = "QueryClient" %>


<!DOCTYPE html PUBLIC "-//W3C//DTD XHTML 1.0 Transitional//EN" "http://www.w3.org/TR/xhtml1/DTD/xhtml1-transitional.dtd">


<html xmlns = "http://www.w3.org/1999/xhtml">
```

```
<head runat = "server">
    <title></title>
</head>
<body>
    <form id = "form1" runat = "server">
    <div>
        客户名称：<asp:TextBox ID = "tbName" runat = "server">
        </asp:TextBox>
        <br />
        <asp:Button ID = "btnQuery" runat = "server"
            onclick = "Button1_Click"
            Text = "查询" />
        <br />
        <asp:GridView ID = "gbwMain" runat = "server"
            AutoGenerateColumns = "False"
            CellPadding = "4" ForeColor = "#333333" GridLines = "None">
            <AlternatingRowStyle BackColor = "White" />
            <Columns>
                <asp:BoundField DataField = "id" HeaderText = "客户 ID" />
                <asp:BoundField DataField = "Name" HeaderText = "客户名称" />
                <asp:BoundField DataField = "Tel" HeaderText = "客户电话" />
                <asp:BoundField DataField = "Address" HeaderText = "客户地址" />
                <asp:BoundField DataField = "Level" HeaderText = "客户级别" />
                <asp:BoundField DataField = "Points" HeaderText = "客户总积分" />
            </Columns>
            <EditRowStyle BackColor = "#2461BF" />
            <FooterStyle BackColor = "#507CD1" Font-Bold = "True"
                ForeColor = "White" />
            <HeaderStyle BackColor = "#507CD1" Font-Bold = "True"
                ForeColor = "White" />
            <PagerStyle BackColor = "#2461BF" ForeColor = "White"
                HorizontalAlign = "Center" />
            <RowStyle BackColor = "#EFF3FB" />
            <SelectedRowStyle BackColor = "#D1DDF1" Font-Bold = "True"
                ForeColor = "#333333" />
            <SortedAscendingCellStyle BackColor = "#F5F7FB" />
            <SortedAscendingHeaderStyle BackColor = "#6D95E1" />
            <SortedDescendingCellStyle BackColor = "#E9EBEF" />
            <SortedDescendingHeaderStyle BackColor = "#4870BE" />
```

```
            </asp:GridView>

          </div>
        </form>
      </body>
    </html>
```
(2) 会员查询的逻辑处理代码如下：

```csharp
using System;
using System.Collections.Generic;
using System.Linq;
using System.Web;
using System.Web.UI;
using System.Web.UI.WebControls;
using ClientManage.Entity;
using ClientManage.Factory;
using ClientManage.IBLL;

public partial class QueryClient : System.Web.UI.Page
{
    protected void Page_Load(object sender, EventArgs e)
    {

    }
    protected void Button1_Click(object sender, EventArgs e)
    {
        string strClientName = tbName.Text;
        //通过抽象工厂模式选择对应的 BLL 对象，调用 BLL 对象的
        //GetList 方法进行查询
        List<Client> lstclient =
        (BLLFactory.CreateClientBLL().GetList(strClientName));
        gbwMain.DataSource = lstclient;
        gbwMain.DataBind();
    }
}
```

本 章 小 结

本章内容以讲解软件三层架构为主，要求能够掌握软件架构和分层的基本概念，理解

三层架构的组成和层与层之间的调用关系，能够分析三层架构的优缺点，对比与 MVC 架构之间的区别。

在设计开发的过程中，要求能够编写每一层的代码，能够结合数据库技术，实现三层架构的软件信息系统。

在此基础之上，理解依赖注入的概念，通过接口的设计、反射机制、缓存及缓存依赖项等技术实现基于不同数据库开发的信息系统。

练 习 题

1. 什么是软件架构？软件分层的分类有哪些？
2. 三层架构如何分层？三层架构和 MVC 架构有何差异？
3. 什么是实体层？在三层架构中发挥什么作用？
4. 什么是依赖注入？如何在三层架构中实现依赖注入？
5. 编写 ASP.NET 网站，基于三层架构实现《学生成绩登记系统》，要求完成学生成绩的登记、修改、查询及删除功能。

第 11 章 ASP.NET MVC 4

MVC 模式是一种软件架构模式。它把软件系统分为三个部分：模型(Model)、视图(View)和控制器(Controller)。MVC 模式最早由 Trygve Reenskaug 在 1974 年提出，是施乐帕罗奥多研究中心(Xerox PARC)在 20 世纪 80 年代为程序语言 Smalltalk 发明的一种软件设计模式。

在最初的 ASP.NET 网页中，像数据库查询语句这样的数据层代码和像 HTML 这样的表示层代码混在一起。经验比较丰富的开发者会将数据从表示层分离开来，但这通常不是很容易做到的，它需要精心的计划和不断的尝试。MVC 从根本上强制性地将它们分开。尽管构造 MVC 应用程序需要一些额外的工作，但是它带给我们的好处是毋庸置疑的。

首先，多个视图能共享一个模型。如今，同一个 Web 应用程序会提供多种用户界面，例如用户希望既能够通过浏览器来收发电子邮件，还希望通过手机来访问电子邮箱，这就要求 Web 网站同时能提供 Internet 界面和 WAP 界面。在 MVC 设计模式中，模型响应用户请求并返回响应数据，视图负责格式化数据并把它们呈现给用户，业务逻辑和表示层分离，同一个模型可以被不同的视图重用，所以大大提高了代码的可重用性。

其次，控制器是高独立内聚的对象，与模型和视图保持相对独立，所以可以方便地改变应用程序的数据层和业务规则。例如，把数据库从 MySQL 移植到 Oracle，或者把 RDBMS 数据源改变成 LDAP 数据源，只需改变控制器即可。一旦正确地实现了控制器，不管数据来自数据库还是 LDAP 服务器，视图都会正确地显示它们。由于 MVC 模式的三个模块相互独立，改变其中一个不会影响其他两个，所以依据这种设计思想能构造良好的少互扰性的构件。

微软提供了基于 ASP.NET 技术的 ASP.NET MVC 框架，ASP.NET MVC 框架为创建基于 MVC 设计模式的 Web 应用程序提供了设计框架和技术基础，是一个轻量级的、高度可测试的框架。

本章学习目标：

- ➢ 掌握 MVC 模式的基本概念；
- ➢ 理解 Routing；
- ➢ 学会创建模型；
- ➢ 学会创建控制器；
- ➢ 学会使用视图。

11.1　MVC 4 开发环境安装配置

11.1.1　安装 Visual Studio 2010 SP1

为了使用最新的 ASP.NET MVC 4，必须安装 Visual Studio 2010 SP1，可在网上下载离线安装包，按照提示进行安装，如图 11-1、图 11-2、图 11-3 所示。

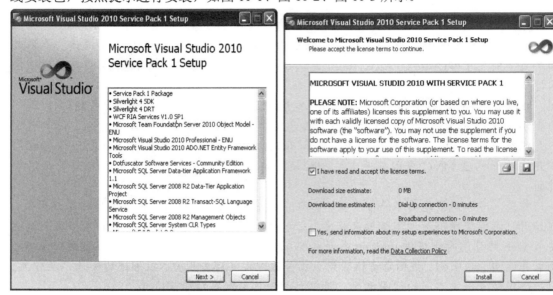

图 11-1　安装 Visual Studio 2010 SP1 启动界面　　图 11-2　安装 Visual Studio 2010 SP1 服务条款界面

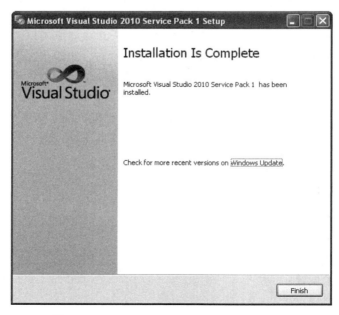

图 11-3　Visual Studio 2010 SP1 安装成功界面

安装完成之后，再次查看 About Visual Studio，发现已经成功安装 SP1 的补丁了。

11.1.2 安装 MVC 4

Visual Studio 2010 SP1 安装好了之后，那就可以开始安装 MVC 4。安装 MVC 4 之前新建项目的时候是没有 ASP.NET MVC 4 的项目模板的，只有 ASP.NET MVC 2 的模板。在微软的官网上可以下载 MVC 4 的安装文件。安装界面如图 11-4 和图 11-5 所示。

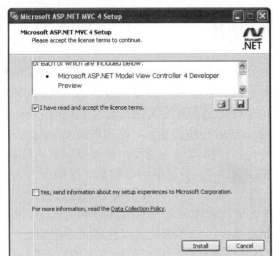
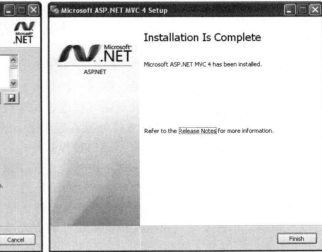

图 11-4　安装 ASP.NET MVC 4 服务条款界面　　图 11-5　ASP.NET MVC 4 安装完成界面

安装 MVC 4 完成后，重启 Visual Studio 2010，就可以看到已经可以选择 ASP.NET MVC 4 的项目了。

11.2　Microsoft Web 开发平台

1．活动服务页面

微软的第一个 Web 开发平台是 ASP(Active Server Pages，活动服务器页面)，它将脚本语言和代码放置于同一个文件里，网站里的每一个页面对应一个物理文件。当然现在还是有很多 ASP 网站在运行。但是时间长了开发人员就希望改进代码的复用性、更好地分离关注点以及更方便地进行面向对象的编程开发。2002 年，微软提供了一个新的 Web 开发平台——ASP.NET 来满足这些需求。

2．ASP.NET Web 表单

与 ASP 一样，ASP.NET 网站也提供了基于页面的方式，每个页面对应一个物理文件，称为 Web Form (Web 表单)，并且可以通过文件名访问。与 ASP 不同的是，Web Form 页面提供了代码分离机制，把代码文件和 HTML 标签分离到两个不同的文件中，ASP.NET Web Form 已经发展了很多年，但仍是很多开发人员的选择之一。

3．ASP.NET MVC

微软很快发现了 ASP.NET 开发人员的新需求，这些需求不同于之前基于页面的 Web

Form 方法。于是，微软在 2008 年发布了第一版 ASP.NET MVC。这与之前的 Web Form 方法完全不同，ASP.NET MVC 抛弃了基于页面的架构风格，使用了全新的 MVC (模型—视图—控制器)架构。与 ASP.NET Web Form 取代 ASP 不同，ASP.NET MVC 并没有取代 ASP.NET Web Form 的意思。恰恰相反，ASP.NET MVC 和 ASP.NET Web Form 可以共存，它们都构建于 ASP.NET 框架之上，并且都使用了很多相同的 Web API。ASP.NET MVC 和 ASP.NET Web Form 只是开发 ASP.NET 网站的不同方法。

11.3 MVC 架构

MVC 全名是 Model View Controller，是模型(Model)－视图(View)－控制器(Controller)的缩写，它是一种软件设计典范，即用一种业务逻辑、数据和界面显示分离的方法组织代码，将业务逻辑聚集到一个部件里面，在改进和个性化定制界面及用户交互的同时，不需要重新编写业务逻辑。MVC 被独特地发展起来用于映射传统的输入、处理和输出功能在一个逻辑的图形化用户界面的结构中。MVC 模式是一种严格实现应用程序各部分隔离的架构模式。这种"隔离"有一个更响亮的名字"分离关注点"，更通俗的名称是"松耦合"。松耦合的应用程序架构设计方式，无论是短期还是长期，在以下几方面都能带来巨大的好处：

(1) 开发。单个组件不直接依赖于其他组件，这就意味着每个组件可以独立部署，也可以被替换。这种不使用单一文件编译组件的方式减少了与之相关的组件之间的影响。

(2) 测试。组件之间的松耦合带来的好处就是允许测试代码可以替换真实的产品组件。这样可以尽可能减少直接调用数据库，可以直接让数据库调用组件返回静态数据。这种模拟测试大大地简化，提升了系统的真实性测试流程。

(3) 维护。隔离组件逻辑意味着把影响隔离到最少的组件中(通常只有一个)。改变的风险通常与组件影响的范围有关系，改变的数量越少，影响就越小，这是显而易见的。

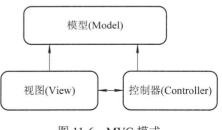

图 11-6 MVC 模式

MVC 模式把应用程序分割成三个部分：模型、视图和控制器，如图 11-6 所示。每个部分拥有特定的职责，而且它不需要关注其他层如何工作。

1. 模型

模型代表着核心的业务逻辑和数据。模型封装了域实体的属性和行为，并暴露出了实体的属性。例如，Auction 类代表"拍卖"的逻辑概念，暴露了一些属性，如 Title 和 CurrentBid，同时也包括表示行为的一些方法，如 Bid()。

2. 视图

视图负责转换模型并把它传递给表示层。在 Web 应用中，虽然视图有多种形式，但是通常指的是生成那些可以在用户浏览器中渲染的 HTML 代码，相同的模型可以在 HTML、PDF、XML，甚至 Excel 电子表格里展示。

遵循"分离关注点"的原则，视图应该关注于如何展示数据，而不应该包含任何业务逻辑——业务逻辑封装在模型中，这些模型可以提供视图需要的任何东西。

3. 控制器

控制器控制程序的逻辑，并且充当着视图和模型层之间协调的角色。控制器从视图层接收用户输入的信息，然后使用模型来执行特定的操作，并把最终的结果回传给视图。

11.4 ASP.NET MVC 4 的新特性

本节将深入解析 ASP.NET MVC 框架，介绍此框架绝大部分性能和功能。而且由于现在 ASP.NET MVC 已经到了 4.0 版本，除了介绍最新的特性外，本节主要介绍整个框架的基本概念。

下面首先对最新的 ASP.NET MVC 4.0 版本做一个简单的介绍。MVC 4.0 相比较于 MVC 3.0，它的新特性包括：

(1) Web API。MVC 4 包括一个更好的解决方案：ASP.NET Web API(称为作为 Web API)，该框架提供 ASP.NET MVC 的开发风格，是专为编写 HTTP 服务的。用于提供 REST 风格的 WebService，可以理解为 WebService 的另一种更好的实现方式，更加统一化。

(2) 移动项目模板使用 JQuery Mobile。如果将要创建的网站在移动端浏览，可以使用新的移动项目模板。此模板预配置的网站使用流行的 JQuery Mobile 库。

(3) 异步控制器。IIS 会使用新线程来处理每个请求，所以每个新请求与 IIS 的有限可用线程息息相关，甚至包括那些空闲的线程(例如，等待数据库查询或者 Web 服务返回结果的线程)。在 .NET 框架 4.0 和 IIS 7 中已经大幅增加了默认线程池的线程数量。尽量避免长时间独占资源仍然是最好的实践开发原则。为了更好地处理这种耗时很长的请求，ASP.NET MVC 4.0 引入了异步控制器机制，通过使用异步控制器，就可以告诉框架释放处理长请求的线程，在等待期间优先去完成其他的任务。一旦这些临时任务结束，ASP.NET MVC 框架就会让此线程返回到之前的长请求任务上。只要异步控制器正常执行完成，一样会返回结果，只是现在可以同时处理更多的请求。

(4) 显示模式。大部分情况下，移动设施上的数据显示模式与传统的 PC 桌面应用的一样，除了一些特定的专为移动设备设计的图形元素以外。ASP.NET MVC 显示模式提供了更为便捷的针对不同移动设备的显示方式。

(5) 合并与压缩。合并是 ASP.NET 4.5 中的新功能，使开发者很容易实现把多个文件合并成一个文件，可以实现 CSS、JavaScript 脚本以及其他文件的合并功能。合并多个文件意味着减少了 HTTP 请求的个数，同时提高了页面的加载速度。

压缩功能实现了对 JavaScript 脚本和 CSS 进行压缩的功能，它能够去除脚本或样式中不必要的空白和注释，同时能够优化脚本变量名的长度。

11.5 创建 ASP.NET MVC 4 应用程序

本节中将创建一个 ASP.NET MVC 程序：Ebusiness 网上交易网站。

为了创建新项目，需要先选择"Visual C#语言"→"Web"，然后选择 ASP.NET MVC 4

Web 应用程序项目模板,再输入网站名称"Ebusiness",如图 11-7 所示。

图 11-7　创建 ASP.NET MVC 4 项目

点击"确定"按钮后,就会看到另外一个带有更多选项的界面,如图 11-8 所示。这个新的对话框会要求定制 ASP.NET MVC 4 应用程序,然后 Visual Studio 就会创建指定的 ASP.NET MVC 4 网站。

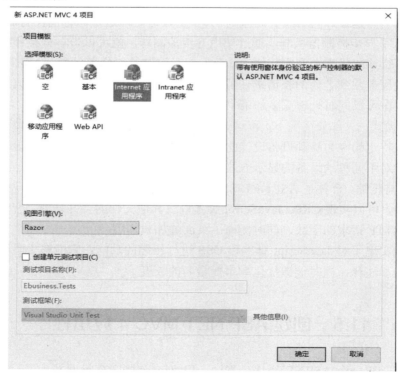

图 11-8　新建 ASP.NET MVC 4 项目配置

11.5.1 项目模板

ASP.NET MVC 4 提供了几种不同的项目模板，用于满足不同的场景需要。

1．空模板

空模板用于创建 ASP.NET MVC 4 网站的架构，包含基本的文件夹结构以及需要引用的 ASP.NET MVC 程序集，也包含可能要使用的 JavaScript 库。模板同样包含默认的视图布局以及标准配置代码的 Global.asax 文件。绝大部分 ASP.NET MVC 应用程序都会用到这些代码。

2．基本模板

基本模板按照 ASP.NET MVC 4 的规则创建了文件夹结构，包含 ASP.NET MVC 程序集的引用。这些模板表明了创建 ASP.NET MVC 4 项目所需要的最低标准的资源。

3．互联网应用程序模板

互联网应用程序(Internet Application)模板源于空模板，它进行了扩展，包含简单的默认控制器(Home Controller)和账户控制器 (Account Controller)。账户控制器包含用户注册和登录网站所需要的基本逻辑代码，以及这两个控制器需要的默认视图文件。

4．局域网应用程序模板

局域网应用程序(Intranet Application)模板与互联网应用程序模板很像，使用了基于 Windows 的验证机制，这也是企业局域网安全验证的首选机制。

5．移动应用程序模板

移动应用程序模板(Mobile Application Template)是互联网应用程序(Internet Application)模板的一个变种。这个模板针对移动设备进行了优化，而且包含了 jQuery Mobile JavaScript 框架以及与 JQuery Mobile 完美兼容的视图模板。

6．Web API

Web API 模板是互联网应用程序模板的变种，它预定义了 Web API 控制器。Web API 是一种新的轻量级的 RESTful HTTP Web 服务框架，可以与 ASP.NET MVC 无缝集成。Web API 是创建支持 Ajax 交互数据服务的首选，可以非常方便地用于创建这种轻量级服务。

本节的例子采用的是基本模板，新的 ASP.NET MVC 项目对话框可用于选择视图引擎以及要使用的语法。我们将会使用 Razor 来开发 Ebusiness 网站，所以就选择默认的"Razor"选项，当然可以随时修改使用别的视图引擎。

11.5.2 惯例优先原则

对于很多项目来说，遵从已有的惯例和使用合理的缺省选项是最快捷的开发方式。具体来说，如果在项目中遵守一定的惯例(比如命名规范)，就可以显著地减少系统需要的配置(比如处理器映射、视图解析器配置等)。ASP.NET MVC 就依赖于这种"惯例优先原则"，这也就意味着 ASP.NET MVC 会假定开发人员遵守特定的惯例来构建自己的程序而不是使用配置文件。

ASP.NET MVC 项目文件夹结构则是"惯例优先原则"最好的例子。它里面有三个元素分别对应于 MVC 架构模式——控制器文件夹、模型文件夹和视图文件夹，结构清晰，方便掌握。但是当我们仔细看那些文件夹时，就会发现更多的"惯例"。例如，不仅是控制器文件夹包含所有的控制器类，而且每个控制器类都以"Controller"结尾。整个 MVC 框架都使用这个惯例来注册控制器，并将它们与相应的路由器关联。

再对比视图文件夹时，这个惯例就显得没那么明显了，但是我们仍旧可以在视图文件夹的内部看到一个"Shared"的文件夹以及每个控制器相对应的文件夹。这样就可以帮助开发人员易于掌握自己向用户展示的视图位置了。

11.5.3 运行程序

项目创建完成，点击 F5 键运行 ASP.NET MVC 网站，你可以在浏览器中可以看到它的样子，如图 11-9 所示。

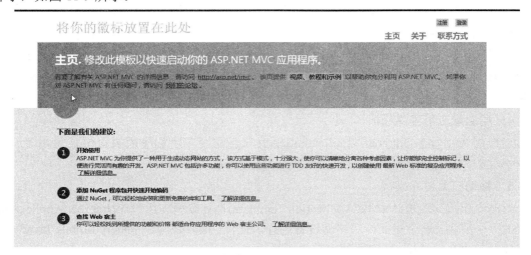

图 11-9 选择基本模板的 ASP.NET MVC 网站运行

模型、控制器和视图三者之间如何相互调用？图 11-10 展示了 ASP.NET MVC 处理请求的过程。

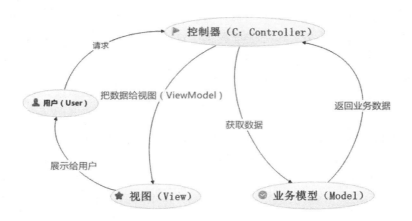

图 11-10 ASP.NET MVC 处理请求过程

11.6 路　　由

所有的 ASP.NET MVC 请求开始与其他的网站一样，使用一个带有 URL 的请求，这意味着尽管没有提及路由，但是 ASP.NET Routing 仍然是 ASP.NET MVC 请求的核心。简单来说，ASP.NET 路由是个模式匹配系统。开始时，应用程序使用路由表注册一种或者多种模式，告诉路由系统如何处理这些与模式匹配的请求。路由引擎在运行时接收到请求以后，它就会根据事先注册的 URL 模式匹配当前请求的 URL。

当路由引擎在路由表里发现匹配的模式时，它就会把请求转发给特定的处理器来处理；如果找不到匹配的任何路由，路由引擎就不知道如何处理这个请求，就会返回 404 状态错误码。

ASP.NET MVC 路由负责确定由哪个控制器操作来处理特定的 URL 请求。它由以下属性组成：

(1) Unique name：路由唯一的名字。
(2) URL pattern：将 URL 解析成有意义词语的简单模式语法。
(3) Defaults：URL 模式里定义的参数变量的默认值。
(4) Constraints：为 URL 匹配模式定义更严格的约束规则。

默认的 ASP.NET MVC 项目添加了一个通用的路由，它使用以下 URL 习惯来解析特定的 URL 请求，即分为三个部分(包含在大括号内)：

　　{ controller } / { action } / {id}

注册路由使用的扩展方法是 MapRoute()，在程序启动的时候注册(在 APP_Start/RouteConfig.cs 文件里)：

　　routes.MapRoute ("Default",   // 路由名字
　　　"{ controller } / { action } / { id }",   // URL 参数
　　　new{ controller = "Home", action = " Index ", id = UrlParameter.Optional } // 默认参数
　　);

除了 name 和 URL pattern 外，路由器同样定义了模式匹配事件中使用的一系列默认参数，但实际上并没有给每个参数提供默认值。

例如，表 11-1 中就包含了匹配这个路由的所有 URL 及与之对应的值。

表 11-1　匹配路由的 URL 及对应值表

URL	Controller	Action	ID
/auctions/auction/1234	AuctionsController	Auction	1234
/auctions/recent	AuctionsController	Recent	
/auctions	AuctionsController	Index	
/	HomeController	Index	

表中的第一个 URL(/auctions/auction/1234)完美匹配了路由模式，它符合路由模式各个部分的定义。但是，如果继续往下看这个表，逐渐移除 URL 的各个部分，就会发现那些

URL 未提供的默认值。

这是 ASP.NET MVC 如何使用"惯例优先原则"的非常重要的例子之一。当应用程序启动时，ASP.NET MVC 会在程序集里查找所有可用的控制器，这些控制器类都继承自 System.Web.Mvc.IController 接口或它的子类，并且名字带有"Controller"后缀。当路由器框架确定需要访问的控制器以后，它就会去掉后缀，来获取控制器类的名称。所以，当需要使用控制器时，直接使用它的简称即可，比如 AuctionsController 指的控制器类是"Auctions"，而 HomeController 指的就是"Home"。另外要注意，路由中的控制器和操作设置不区分大小写。

所以现在可以知道，URL 路由包含了路由引擎可以提取的丰富信息。为了处理 ASP.NET MVC 请求，路由引擎必须能够确定两个关键信息：控制器和操作。在运行时，路由引擎会把这些值传递给 ASP.NET MVC 去创建和执行特定的控制器和操作。

11.7 控 制 器

在 MVC 架构模式的上下文里，控制器响应用户的输入(比如，用户点击"保存"按钮)，并协调模型、视图以及数据访问层。在 ASP.NET MVC 程序里，控制器就是包含被路由框架处理请求时调用的方法的类。

下面来看 ASP.NET MVC 控制器 HomeController 的例子，它位于 Controllers/HomeController.cs 里面，核心代码如下：

```
using System.Web.Mvc;
namespace Ebusiness.Website.Controllers
{
    public class HomeController : Controller
    {
        public ActionResult Index()
        {
            ViewBag.Message = "Your app description page.";
            return View();
        }
        public ActionResult About()
        {
            ViewBag.Message = "Your quintessential app description page. ";
            return View(); .
        }
        public ActionResult Contact()
        {
            ViewBag.Message = "Your quintessential contact page. ";
            return View();
```

            }
        }
    }

11.7.1 控制器操作

控制器类跟别的 .NET 类几乎是没什么区别的。事实上，控制器类里的方法(称为控制器的操作)做了处理请求过程中的主要工作。

例如，HomeController 类包含三个操作：Index、About 和 Contact。然而，假设默认的路由模式是 { controller} /{ action } /{ id } ，当一个请求的 URL 是 /Home/About 时，路由框架会决定由 HomeController 类中的 About 方法来处理这个请求。然后，ASP.NET MVC 框架会创建 HomeController 的实例，并执行 About()方法。

这个例子中，About()方法非常简单：它通过 ViewBag 属性把数据传递给视图(后面会详细介绍)，然后 ASP.NET MVC 框架通过调用 About()方法来显示名为 "About"的视图，这个操作返回一个 ViewResult 类型的操作结果。

11.7.2 操作结果

对于控制器来说，它的工作就是告诉 ASP.NET MVC 框架下一步应该做什么，而不是怎么做。例如，当控制器决定如何显示视图时，它就会告诉 ASP.NET MVC 框架通过返回 ViewResult 来展示视图，而不会自己渲染视图。这种松耦合的设计，也是操作中"分离关注点"原则的直接体现(应该干什么和怎么干)。

尽管每个控制器的操作都要返回 ActionResult，但是大部分时间不需要用户手动完成。相反地，只需要使用 System.Web.Mvc.Controller 基类提供的帮助方法即可，例如：

Content()：返回文本类型的 ContentResult，比如 "Hello, world!"。

File()：返回文件类型的内容 FileResult，比如 PDF。

HttpNotFound()：返回包含 404 HTTP 状态码的 HttpNotFoundResult。

JavaScript()：返回包含 JavaScript 内容的 JavaScriptResult，比如 "function hello(){alert(Hello, World!); }"。

Json()：返回 JSON 格式数据的 JsonResult，比如 "{"Message": Hello, World!}"。

PartialView()：返回包含部分视图内容的 PartialViewResult (例如，视图可能不包含全局)。

Redirect()：返回一个包含 302 跳转状态值 RedirectResult，跳转到给定的 URL 上。例如，"302http://www.Ebusiness.com/auctions/recent"。这个方法包含一个同级别的方法 RedirectPermanent()，它同样返回 RedirectResult，但是它使用的却是 301 状态码去指示一个永久的跳转地址，而不是临时地址。

RedirectToAction()和 RedirectToRoute()：与 Redirect()类似，只有框架可以动态查询路由引擎来确定外部的 URL 与 Redirect()一样，它们同样包含永久跳转方法：RedirectToActionPermanent()和 RedirectTo- RoutePermanent()。

View()：返回渲染视图的 ViewResult。

综上，MVC 框架提供了各种情况下需要的操作结果类型，可以根据自己的需求来选择相应的类型。(注意：虽然所有的操作都要求提供操作结果以决定下一步请求的处理操作，但并不是所有的控制器操作都需要指定它们的返回类型。控制器操作可以指定任何 ActionResult 子类作为返回类型，甚至别的任意类。当 ASP.NET MVC 框架遇到一个非 ActionResult 类型作为返回控制器操作结果时，会自动在 ContentResult 里进行包装并渲染原始的内容。）

11.7.3 操作参数

单独来看控制器操作和别的方法并没什么两样。事实上，执行操作时，控制器操作甚至可以使用 ASP.NET MVC 请求消息发送过来的参数。这种功能称为"模型绑定"，它同时也是 ASP.NET MVC 最强大最有用的特性。

在深入学习模型绑定之前，可以先来回顾一下传统的请求传值方式，主要的请求传值方式有 URL 传值、Session 传值、视图状态传值、文件传值等。

在下面这个特定的例子中，控制器的操作使用请求传递的值来实例化 Auction 对象。

```
public ActionResult Create()
{
    Var auction = new Auction()
    {
        Title = Request["title"],
        CurrentPrice = Decimal.Parse(Request["currentPrice"]),
        StartTime = DataTime.Parse(Request["endTime"]),
    };
    // ...
}
```

由于 Auction 的属性类型并非是基元类型 String，所以尽量还是进行一下类型转换。在这个例子中，虽然看起来比较简单，但是还存在很大的缺陷：要是任何一种类型解析失败，整个操作就会失败。如果使用 TryParse()方法也许可以避免大部分异常，但是这意味着要使用更多额外的代码。这个例子中只要增加一个新的 Auction 对象到系统里即可。

1. 模型绑定的基本概念

模型绑定不但可以避免使用大量显式代码，而且使用起来较为方便，例如之前的控制器操作，以下方法使用了模型绑定方法参数：

```
public ActionResult Create(
        String title, decimal currentPrice;
        DateTime startTime, DateTime endTime;)
{
    Var auction = new Auction()
    {
        Title = title,
        CurrentPrice = currentPrice,
        StartTime = endTime,
```

```
            };
        // ...
    }
```

现在，就不需要从 Request 对象里解析数据了，因为操作方法已经声明了这些值作为参数。当 ASP.NET MVC 框架执行这个方法时，它会自动给操作的方法赋值。尽管我们没有直接访问 Request 的字典，但这些参数仍然十分重要，因为它们仍然与 Request 对象里的值一一对应。Request 对象并不是 ASP.NET MVC 模型绑定器获取值的唯一方式。事实上，MVC 框架可从几个地方查找需要的值，比如路由数据、查询字符串参数、Post 提交的数据值，甚至一些序列化的 JSON 对象中。

由以上例子也能知道，模型绑定可以让 ASP.NET MVC 处理大量复杂的基础工作，让操作代码更专注于提供业务逻辑上，也让剩下的代码可读性更强。

2．模型绑定复杂对象

使用模型绑定的方法，无论是否是简单的基元类型，都可以让代码更直观简洁。但是一般来说，现实世界往往是一个复杂体，只有极其简单的场景才需要几个参数。所以，ASP.NET MVC 同样支持绑定复杂的数据类型。

11.7.4 操作过滤器

操作过滤器通过提供更加简单强大的机制去修改或者增强 ASP.NET MVC 管道，在特定的点注入逻辑，帮助处理贯穿程序中各个模块的横切关注点(cross-cutting concerns)问题。应用程序日志就是典型的横切关注点的例子——无论组件的主要职责是什么，日志贯穿于应用程序的任何模块。

操作过滤器在代码中体现为添加到 Action 上方的属性，MVC 框架包含了一些过滤器，如：

OutputCache：指示 Controller 在指定时间内缓存返回的结果。

HandleError：处理 Controller 中 Action 抛出的异常。

Authorize：约束特定用户或角色对 Action 的访问。

操作过滤器不仅可以控制单个 Action，也可以控制整个 Controller。同时，一个 Action 可以应用多个过滤器。比如：

```
public class DataController : Controller
{
    [OutputCache(Duration = 10)]
    public string Index()
    {
        return DateTime.Now.ToString("T");
    }
    [Authorize]
    public ActionResult Profile()
    {
```

```
            //为当前用户查询个人信息
            return View();
        }
    }
```

这个 Action 返回了当前时间,但是用户若在 10 s 内刷新界面,便会一直得到同一个值,因为这里使用了 OutputCache(Duration = 10)。而 Authorize 可以限制任何未授权的访问操作。

11.8 视　　图

在 ASP.NET MVC 框架中,想要返回给用户控制器操作的结果,就要返回 ActionResult 类型的 ViewResult 实例,ActionResult 知道如何渲染响应结果。当渲染视图时,ASP.NET MVC 将会使用控制器提供的名字。

以 HomeController 的 Index 操作为例,代码如下:

```
public ActionResult Index()
{
    ViewBag.Message = "Your app description page.";
    Return View();
}
```

这个操作将会使用 View()来创建 ViewResult。ASP.NET MVC 会找到一个和当前 Action 一样的视图名字。在这个例子里,ASP.NET MVC 将会查找名为"Index"的视图,但是问题来了,应该去哪里找它呢?

11.8.1 定位视图

ASP.NET MVC 依赖惯例是在网站根目录下面的 Views 文件夹中查找这个视图文件。更确切地说,ASP.NET MVC 希望视图文件放在以它们对应的控制器名字命名的文件夹中。因此,如果 MVC 框架想为 HomeController 的 Index 操作显示视图,那么它就要在/Views/Home 文件夹(/Views/Shared 文件夹是保存共享多个控制器视图的位置)下查找名为 Index 的文件。如图 11-11 显示了项目目录结构截图,已经包含了一个 Index.cshtml 的视图文件。如果在 Views 文件夹下没有找到对应的视图文件,ASP.NET MVC 框架就会继续在/Views/Shared 文件夹里查找。

图 11-11　项目目录结构截图

既然现在我们已经知道了操作请求的视图,那么接下来来看一下视图文件包含的内容:HTML 标签和代码,但是它不仅仅是标签和代码,还包括一些新的符号和关键字。

11.8.2 Razor

Razor 是一种允许把代码和内容进行集成的语法。尽管它引入了一些新的符号和关键字，但是 Razor 并不是一种新的语法。相反，Razor 允许用户使用已知的语言来编写代码，比如 C# 或者 VB.NET。

Razor 学习门槛很低，因为它允许使用已经具备的技能，而不要求学习一种新的语言。因此，如果知道如何编写 HTML 或者使用 C#、VB.NET 编写代码，就可以轻易编写下面类似的代码：

```
<div>This page rendered at @DataTime.Now</div>
```

这些代码会输出：

```
<div>This page rendered at 12/7/2017   7:35:00   AM</div>
```

这个例子以 HTML 标签(<div>)开头，然后是一些"硬编码"文本，接着就是动态内容，引用了 .NET 的时间类型(System.DateTime.Now)，最后是 HTML 结束符(</div>)。

Razor 智能感知解析器允许用户编写更复杂的逻辑代码，而且可以在代码和标签之间轻易转换。虽然 Razor 语法与其他的标记语法不同(比如 ASP.NET Web Form)，但是它们的目标是相同的，都是渲染 HTML。

下面举例来说明这一点：在 Razor 和 ASP.NET Web Form 标签里实现同样的功能。

这里是一个使用 if/else 语句的 Web Form 语法例子：

```
<% if(User.IsAuthenticated)   {   %>
        <span> Hello, <%:User.Username %>!</span>
<%   }   %>
<%   else   {   %>
        <span>Please<%:Html.ActionLink("Login") %></span>
<%   }   %>
```

而使用 Razor 语法的代码为：

```
@if(User.IsAuthenticated ) {
        < span > Hello, @User. Username! </span >
} else {
        < span > Please @Html. ActionLink("Login")</span>
}
```

以下这个 foreach 循环使用了 Web Form 的代码：

```
<ul>
<% foreach( var auction in auctions )    {    %>
<li><a href = "<% : auction.Href %>"><% : auction.Title %></a></li>
<%   }   %>
</ul>
```

使用 Razor 语法的代码如下：

```
<ul>
@foreach( var auction in auctions) {
<li>< a href = "@auction.Href">@auction.Title</a></li>
}
</ul>
```

虽然使用了不同的语法，但是两个例子的代码都是渲染相同的 HTML。

11.8.3 区分代码和标记语言

Razor 提供了两种不同的方式区分代码和标签：代码段和代码块。

1．代码段

代码段只是一些简单的表达式，它们可以在一行中进行渲染，也可以与文本混合，例如：

```
Not Logged In: @Html.ActionLink("Login", "Login")
```

表达式跟在@之后，Razor 能够智能确定左括号的结束部分。上面的例子将会渲染以下的输出结果：

```
Not Logged In:< a href = "/Login">Login</a>
```

但是需要注意的是，这行代码必须返回标记代码给视图渲染。如果编写的代码返回了 void，就会在执行视图的时候出错。

2．代码块

Razor 代码块起于@并用{}包围起来。不像代码段，代码块内的 C#代码不会被渲染到页面中。Razor 页面中的代码块和表达式将共享同一个作用域，并按顺序定义(也就是说，之前在代码块中声明的对象可以在之后的代码块与表达式中使用)。

一定要记住的是，代码块里的代码与代码段里的代码不同，前者是常规代码，必须符合当前语言的语法。例如，每行 C# 代码必须以；结尾，这与在 .CS 文件里编写 C# 类的代码一样。

下面是一个典型的代码块例子：

```
@{
    LayoutPage = "~/Views/Shared/_Layout.cshtml";
    View.Title = "Auction" + Model.Title;
}
```

代码块不能渲染任何东西。相反，它允许用户编写任意没有返回值的代码。

同样，代码块里定义的变量可能被同一个域中的代码段使用。像 foreach 循环体里定义的变量只能被容器内的代码访问，而定义在视图顶部的变量可以被同视图中的代码块和代码段访问。

为了更好地说明这个问题，下面来看一个包含多个变量的视图文件：

```
@{
    // 整个视图都可以访问 title 和 bids 变量
    var title = Model.Title;
```

```
            var bids = Model.Bids;
        }
<h1>@title<h1>
<div class = "items">
<!--遍历 bids 变量中的对象集合-->
@foreach(var bid in bids) {
        <!–bid 变量只有在 foreach 循环中可用-->
        <div class = "bid" >
                <spanclass = "bidder" >@bid.Username</span>
                <spanclass = "amount" >@bid. Amount </span>
        </div>
}
<!--将会抛出错误：当前范围内不存在 bid 变量-->
<div>Last Bid Amount: @bid.Amount</div>
</div>
```

代码块是一种可以在模板中执行代码但是又不会返回任何值给视图的方式。与代码段不同的是，它不需要返回值，视图会完全忽略代码块的返回值。

11.8.4 布局

Razor 通过 layouts 维护网站外观布局的一致性。使用布局，单个视图定义了整个网站的布局和样式，就可以像模板一样被其他视图使用。

布局模板包含基本的标签(Scripts、CSS 以及诸如导航和内容容器等 HTML 元素)，可以指定渲染视图内容的位置。网站中的每个视图可以引用这个布局，包括内容和位置。

Razor 的基本布局文件(_Layout.cshtml)如下：

```
<!DOCTYPE html>
<html lang = "en">
    <head>
        <meta charset = "utf-8" />
        <title>@View.Title</title>
    </head>
    <body>
        <div class = "header">
            @RenderSection ("Header")
        </div>
        @RenderBody()
        <div class = "footer">
            @RenderSection ("Footer")
        </div>
    </body>
```

</html>

布局文件包含 HTML 内容,它定义了整个网站的 HTML 结构。依赖于一些变量(如@View.Title)和帮助函数(如@ RenderSection([Section Name])和@RenderBody())来进行单个的视图交互。一旦 Razor 布局定义完成,视图引用当前布局以后就可以定义自己的段落内容。

下面的视图页面引用了前面的布局文件 _Layout.cshtml:

```
@{ Layout = "_Layout.cshtml"; }
@section Header {
    <h1>Ebusiness Online Auction Site</h1>
}
@section Footer    {
    Copyright @DateTime.Now.Year
}
<div class = "main">
     This is the main content.
</div>
```

Razor 布局和内容视图组合在一起,每一块定义了页面的特定部分。当所有的小块组合在一起时,就可以展示出一个完整的页面。

Razor 有如下三个非常有用的方法:

(1) @RenderBody:当创建基于_Layout.cshtml 布局页面的视图时,视图的内容会和布局页面合并,而合并新创建视图的内容会通过_Layout.cshtml 布局页面的@RenderBody()方法呈现在标签之间。

(2) @RenderPage:呈现一个页面。比如网页中固定的头部可以单独放在一个共享的视图文件中,然后在布局页面中通过这个方法调用,用法为:

@RenderPage("/Views/Shared/Header.cshtml")

(3) @RenderSection:布局页面还有节(Section)的概念,也就是说,如果某个视图模板中定义了一个节,那么可以把它单独呈现出来。

11.8.5 部分视图

尽管布局通过重用部分 HTML 代码来维护网站外观布局的一致性,但是仍旧需要一些特定的方法来处理一些特殊的场景,而其中最常见的就是在网站的多个位置显示高级别的信息。例如,Ebusiness 交易网站可能要显示一个交易列表——只显示交易的名称、当前价格和一段摘要,而且可能需要在网站的多个页面显示,如搜索页面、网站的主页。ASP.NET MVC 通过部分视图可以支持这些场景需要。

下面的这个代码就演示了上面提到的交易列表的部分视图代码结构:

```
@model Auction
<div class = "auction">
        < a href = "@Model.Url">
            <img src = "@Model.ImageUrl"/>
```

```
</a>
<h4>< a href = "@Model.Url">@Model.Title</a></h4>
<p>Current Price : @Model.CurrentPrice</p>
</div>
```

为了以后使用这个部分视图，可以直接将其保存为一个单独的视图文件(如 /Views/Shared/Auction.cshtml)，然后用 ASP.NET MVC 自带的 HTML 帮助方法(这个方法可以把部分视图作为另外一个视图的部分内容进行渲染)来调用它。

下面的代码会在 Auction 集合里进行迭代，然后使用部分视图渲染每个交易信息。

```
@model IEnumberable<Auction>
<h2>Search Results</h2>
@foreach(var auction in Model)    {
        @Html.Partial("Auction", auction)
}
```

注意：Html.Partial()帮助方法的第一个参数是一个视图的名字，并不包含扩展文件名后缀。这是因为 Html.Partial()帮助方法的基础是强大的 ASP.NET MVC 视图引擎。渲染部分视图的方式与控制器中的操作方法调用 View()方法返回视图结果的过程十分类似。引擎使用视图名称去查找并渲染特定的视图。两者唯一的区别就是部分视图表示的是大视图的一部分内容。

Html.Partial()帮助方法的第二个参数接受的是部分视图的模型。而这个参数并不是必需的，如果不指定，就使用调用 Html.Partial()的视图的模型。例如，如果第二个参数没传递，则 ASP.NET MVC 会传递原来 View 视图的 Model 属性。

11.8.6 显示数据

MVC 架构依赖于模型、视图和控制器，虽然彼此分离，但是确实三者工作在一起。这种关系中，控制器充当了"交警"的角色，协调系统的不同部分执行不同的应用处理逻辑。这些处理过程可能会返回一些特定的数据给用户。但是，显示数据的工作却不属于控制器，这是视图的职责。那么，控制器如何与视图进行交互呢？

ASP.NET MVC 提供了两种方式在 MVC 不同部分之间传递数据：ViewData 和 TempData。所以，从控制器向视图传递数据就变得非常简单，只需要在控制器里赋值即可。下面这段代码来自 HomeControllers.cs。

```
public ActionResult About()
{
    ViewData["Username"] = User.Identity.Username;
    ViewData["CompanyName"] = "Ebusiness: The ASP.NET MVC Demo Site "
    ViewData["CompanyDescription"] = "Ebusiness is the world leader in ASP. NET MVC ";
    return View("About");
}
```

在视图文件中使用这个值，如 About.cshtml 文件里的代码如下：

```
<h1>@ViewData ["CompanyName"] </h1>
```

```
<div>@ViewData ["CompanyDescription"]</div>
```

1. 通过 ViewBag 访问 ViewData 的值

ViewBag 只是把 ViewData 简单包装成一个 dynamic 的新类型，与 var 不同的是，它不会在编译时检查类型，而是绕过编译时的类型检查，改为在运行时解析这些操作的动态对象。

例如，任何引用 ViewData 字典取值的代码都可以修改成使用 ViewBag 对象的属性的方式。代码如下：

```
public ActionResult About()
{
    ViewBag.Username = User.Identity.Username;
    ViewBag.CompanyName = "Ebusiness: The ASP.NET MVC Demo Site ";
    ViewBag.CompanyDescription = "Ebusiness is Demo of ASP.NET MVC ";
    return View("About");
}
```

和：

```
<h1>@ViewBag .CompanyName </h1>
<div>@ViewBag.CompanyDescription</div>
```

2. 视图模型

除了基本的字典行为，ViewData 对象也提供了 Model 属性，这是请求的原始模型对象。虽然 viewData.Model 与 viewData["Model"]一样，但是它提升了模型对象的级别为一级，认为比其他数据更重要。

例如，前面两段代码里的 CompanyName 和 CompanyDescription 关系密切，完全可以封装在一个模型对象里。看以下 CompanyInfo.cs 文件代码：

```
public class CompanyInfo
{
    public string Name{get;set}
    public string Description{get;set}
}
```

HomeController.cs 中的 About 操作代码如下：

```
public ActionResult About()
{
    ViewBag.Username = User.Identity.Username;
    var company = new CompanyInfo{
        Name = "Ebusiness:The ASP.NET MVC Demo Site ",
        Description = " Ebusiness is Demo of ASP.NET MVC "
    };
    Return View("About", Company);
}
```

下面是 About.cshtml 中的代码：

```
@{ var company = (CompanyInfo)ViewData.Model;}
<h1>@company.Name</h1>
<div>@company.Description</div>
```

这段代码里，使用的 CompanyName 和 CompanyDescription 字典值都已经封装到一个名为 CompanyInfo 的新类中。HomeController.cs 的代码也在操作中使用了 View()的重载方法。重载方法保留了第一个参数视图名，第二个参数表示要赋值给 ViewData.Model 属性的对象。

现在，company 对象直接作为模型参数传递给 View()方法，视图(About.cshtml)可以从 company 对象里获取它的值。

3．强类型视图

在默认情况下，Model 属性可以在 Razor 视图里访问，并且是动态类型，这意味着可以直接访问这个类型，而不需要知道它的准确类型。但是，考虑到 C#语言的静态属性以及 Visual Studio 对 Razor 视图强大的智能感知支持，最好还是明确指定页面模型的具体类型。幸运的是，Razor 让一切变得简单，可以直接使用@model 就可以指定 Model 的类型：

```
@model Auction
<h1>@Model.Name</h1>
<div>@Model.Description</div>
```

这个例子修改了之前的"About.cshtml"例子，省略了添加 ViewData.Model 转换的中间过程。相反，第一行使用了@model 关键字告诉模型类型是 CompanyInfo，这让所有 ViewData.Model 模型引用变成强类型，而且可以直接访问。

11.8.7 使用 HtmlHelper

在使用 ASP.NET 中的 MVC 框架开发时，若使用 HTML 语言写前台码或设计 UI，有一个特殊的控制器类可以很大程度地帮助用户提高写代码的效率和提高数据绑定的稳定性，它就是 HtmlHelper 类。

HtmlHelper 类位于 System.Web.MVC.Html 命名空间下。它是 MVC 框架封装好的帮助类，主要用于前台的控件显示和数据绑定。

常见 HtmlHelper 方法如下：

1．@Html.TextBox

Razor 语句：

```
@model Student
//传递一个 null 值
@Html.TextBox("StudentName", null, new { @class = "form-control" })
//使用一个字符串，作为值
@Html.TextBox("StudentName", "this is value", new { @class = "form-control" }
//Controller:ViewBag.StudentName = "Janes";
//使用 ViewBag 获取数据
@Html.TextBox("StudentName", (string)ViewBag.StudentName, new { @class = "form-control" })
```

//Controller: StudentName = "Janes";
//使用 Model 获取数据
@Html.TextBox("StudentName", Model.StudentName, new { @class = "form-control" })

生成对应的 Html:

<input class = "form-control" id = "StudentName" name = "StudentName" type = "text" value = "" />

<input class = "form-control" id = "StudentName" name = "StudentName" type = "text" value = "this is value" />

<input class = "form-control" id = "StudentName" name = "StudentName" type = "text" value = "Janes" />

<input class = "form-control" id = "StudentName" name = "StudentName" type = "text" value = "Janes" />

2. @Html.TextBoxFor

Razor 语句：

@model Student

//Controller: StudentName = "Janes";

@Html.TextBoxFor(m => m.StudentName, new { @class = "form-control" })

生成对应的 Html:

<input class = "form-control" id = "StudentName" name = "StudentName" type = "text" value = "Janes" />

TextBox 和 TextBoxFor 的区别如下：

(1) @Html.TextBox 是一个弱类型，@Html.TextBoxFor()是一个强类型。

(2) @Html.TextBox 参数是一个字符串，@Html.TextBoxFor 参数是一个 lambda 表达式，可以从 lambda 表达式得到 input 标签的名称。

(3) @Html.TextBox 属性拼写错误在编译时不会报错，只能在运行时才会报错，而 @Html.TextBoxFor 在编译时会提示错误。

其他的方法也有相类似的用法。

3. @Html.TextArea

@Html.TextArea 方法是一种弱类型的方法，name 参数是一个字符串。name 参数可以是 Model 的属性名，它将指定的属性与 textarea 绑定在一起。因此，它会自动显示文本区域中的 Model 的属性值，反之亦然。

Razor 语句：

@Html.TextArea("Textarea1", "val", 5, 15, new { @class = "form-control" })

生成对应的 Html：

<textarea class = "form-control" cols = "15" id = "Textarea1" name = "Textarea1" rows = "5">val</textarea>

4. @Html.TextAreaFor

TextAreaFor 方法是一种强类型的扩展方法。它为使用 lambda 表达式指定的 Model 中的属性生成了一个多行的元素。TextAreaFor 方法将指定的 Model 属性绑定到 textarea 元素。

因此，它会自动显示文本区域中的 Model 属性值，反之亦然。

  Razor 语句：

    @model Student

    @Html.TextAreaFor(m => m.Description, new { @class = "form-control" })

  生成对应的 Html：

    <textarea class = "form-control" cols = "20" id = "Description" name = "Description" rows = "2"></textarea>

5．@Html.Password

  Razor 语句：

    @Html.Password("OnlinePassword")

  生成对应的 Html：

    <input id = "OnlinePassword" name = "OnlinePassword" type = "password" value = "" />

6．@Html.PasswordFor

  Razor 语句：

    @model Student

    @Html.PasswordFor(m => m.Password)

  生成对应的 Html：

    <input id = "Password" name = "Password" type = "password" value = "mypassword" />

7．@Html.Hidden

@Html.Hidden 生成一个包含指定名称、值和 Html 属性的输入隐藏字段元素。

  Razor 语句：

    @model Student

    //Controller:StudentId = 1;

    @Html.Hidden("StudentId")

  生成对应的 Html：

    <input id = "StudentId" name = "StudentId" type = "hidden" value = "1" />

8．@Html.HiddenFor

@Html.HiddenFor 是一种强类型扩展方法。它为使用 lambda 表达式指定的 Model 属性生成一个隐藏的输入元素。@Html.HiddenFor 方法将一个指定的 Model 属性绑定到一个指定的对象属性。因此，它自动将 Model 属性的值设置为隐藏字段，反之亦然。

  Razor 语句：

    @model Student

    @Html.HiddenFor(m => m.StudentId)

  生成对应的 Html：

    <input data-val = "true" id = "StudentId" name = "StudentId" type = "hidden" value = "1" />

9．@Html.CheckBox

  Razor 语句：

    @Html.CheckBox("isNewlyEnrolled", true)

生成对应的 Html：

<input checked = "checked" id = "isNewlyEnrolled" name = "isNewlyEnrolled" type = "checkbox" value = "true" />

10．@Html.CheckBoxFor

Razor 语句：

@model Student

@Html.CheckBoxFor(m => m.isNewlyEnrolled)

生成对应的 Html：

<input data-val = "true" data-val-required = "The isNewlyEnrolled field is required." id = "isNewlyEnrolled" name = "isNewlyEnrolled" type = "checkbox" value = "true" />

<input name = "isNewlyEnrolled" type = "hidden" value = "false" />

11．@Html.RadioButton

Razor 语句：

Male: @Html.RadioButton("Gender","Male")

Female: @Html.RadioButton("Gender","Female")

生成对应的 Html：

Male: <input checked = "checked" id = "Gender" name = "Gender" type = "radio" value = "Male" />

Female: <input id = "Gender" name = "Gender" type = "radio" value = "Female" />

12．@Html.RadioButtonFor

Razor 语句：

@model Student

@Html.RadioButtonFor(m => m.Gender,"Male")

@Html.RadioButtonFor(m => m.Gender,"Female")

生成对应的 Html：

<input checked = "checked" id = "Gender" name = "Gender" type = "radio" value = "Male" />

<input id = "Gender" name = "Gender" type = "radio" value = "Female" />

13．@Html.DropDownList

Razor 语句：

@model Student

@Html.DropDownList("StudentGender", new SelectList(Enum.GetValues(typeof(Gender))), "Select Gender", new { @class = "form-control" })

生成对应的 Html：

<select class = "form-control" id = "StudentGender" name = "StudentGender">

    <option>Select Gender</option>

    <option>Male</option>

    <option>Female</option>

</select>

14. @Html.DropDownListFor

Razor 语句：

@Html.DropDownListFor(m => m.StudentGender, new SelectList(Enum.GetValues(typeof(Gender))), "Select Gender")

生成对应的 Html：

```
<select class = "form-control" id = "StudentGender" name = "StudentGender">
    <option>Select Gender</option>
    <option>Male</option>
    <option>Female</option>
</select>
```

15. @Html.ListBox

Razor 语句：

@Html.ListBox("ListBox1", new MultiSelectList(new [] {"Cricket", "Chess"}))

生成对应的 Html：

```
<select id = "ListBox1" multiple = "multiple" name = "ListBox1"> <option>Cricket</option> <option>Chess</option> </select>
```

16. @Html.Display

Razor 语句：

@model Student

@Html.Display("StudentName")

生成对应的 Html：

Steve

17. @Html.DisplayFor

Razor 语句：

@Html.@model Student

@Html.DisplayFor(m => m.StudentName)

生成对应的 Html：

Steve

18. @Html.Label

Razor 语句：

@Html.Label("StudentName")

@Html.Label("StudentName", "Student-Name")

生成对应的 Html：

```
<label for = "StudentName">姓名</label>
<label for = "StudentName">Student-Name</label>
```

19. @Html.LabelFor

Razor 语句：

@model Student

@Html.LabelFor(m => m.StudentName)

生成对应的 Html：

<label for = "StudentName">姓名</label>

20. @Html.Form

Razor 语句：

@using (Html.BeginForm("ActionName", "ControllerName", FormMethod.Post, new { @class = "form" }))
{
}

生成对应的 Html：

<form action = "/ControllerName/ActionName" class = "form" method = "post">
</form>

21. @Html.Action()

@Html.Action()执行一个 Action，并返回 html 字符串。

22. @Html.ActionLink()

@Html.ActionLink()生成一个超链接。

Razor 语句：

@Html.ActionLink ("link text", "someaction", "somecontroller", new { id = "123" }, null)

生成对应的 Html：

<a href = "/somecontroller/someaction/123">link text</a>

11.9 模　型

从技术角度来看，模型由属性暴露数据和方法封装业务逻辑的类组成。这些类大小各异，最常见的例子就是"数据模型"或者"域模型"，它们的首要职责就是负责管理数据。在实际的编程过程中，可以简单认为模型就是要保存、创建、更新和删除的对象。

例如，下面的代码展示了 Auction 类这个模型：

```
public class Auction {
    public long Id { get; set; }
    public string Title { get; set; }
    public string Description { get; set; }
    public decimal StartPrice { get; set; }
    public decimal CurrentPrice { get; set; }
    public DateTime StartTime { get; set; }
```

```
public DateTime EndTime { get; set;)
}
```

11.10 访问控制

安全和身份验证是每个 Web 应用程序必须考虑的问题,有时候需要对某些页面进行身份验证,有时候需要对整个网站进行身份验证,有时候要对特定的用户(或者用户组)进行限制以阻止未授权的用户访问网站。

传统的 ASP.NET 网站添加身份验证的方式就是在 web.config 中添加设置。但是 ASP.NET MVC 不支持这种方式。ASP.NET MVC 程序依赖于控制器操作,而不是物理页面。相反,ASP.NET MVC 框架提供了 AuthorizeAttribute 标记属性,它可以直接应用到每个控制器操作(或者所有的控制器)上,允许只有验证通过的用户、特定的用户或者用户角色才可以访问。

下面创建的是 UsersController 的 Profile 操作,它会显示当前用户的信息,代码如下:

```
public class UsersControllers
{
    public ActionResult Profile()
    {
        var user = _repository.GetUserByUsername(User.Identity.Name);
        return View("Profile", user);
    }
}
```

显然,如果用户没有登录(没有通过网站程序的身份验证),这个操作就会失败。如果使用了 AuthorizeAttribute 标记属性的操作,任何未验证通过的请求都会被拒绝。下面的代码展示 AuthorizeAttribute 标记属性的使用:

```
public class UsersController
{
    [Authorize]
    public ActionResult Profile()
    {
        var user = _repository.GetUserByUsername(User.Identity.Name);
        return View("Profile", user);
    }
}
```

如果想指定具体哪些用户可以访问这些操作,AuthorizeAttribute 提供了 User 属性,以用来设置访问的白名单和用户名,当然也可以通过 Role 属性设置用户角色。当未验证的用户访问这些地址时,页面会重定向到登录 URL: AccountController 的 Login 操作。

为了帮助用户提升开发应用程序的效率,ASP.NET MVC 互联网模板包含了账号控制器 AccountController，也包含了使用 ASP.NET 成员提供者的操作方法。

AccountController 提供了现成的功能，与视图一起支持每个操作。这意味着新建的 ASP.NET MVC 网站已经包含账号的所有相关功能，就不需要再编写代码了。包含账号的相关功能主要有：登录、退出、注册和修改密码。

因此，当在每个操作上标记 AuthorizeAttribute 时，用户就会重定向到现有的登录页面。

ASP.NET MVC 框架不仅可以轻易实现每个操作的验证功能，而且默认的项目模板也能实现用户验证需要的全部功能。

11.11 案 例 分 析

本案例为创建一个简单的电子商务网站，网站的基本功能包含会员的注册及登录、商品分类查询以及完成订单等。按照功能要求，本网站需要通过 SQL Server 数据库来保存相关的数据，因为篇幅关系，数据库的设计在此处不做描述。

本网站依据需求简单地设计以下数据模型的实体(Entities)：
(1) 商品类别(ProductCategory)；
(2) 商品信息(Product)；
(3) 会员信息(Member)；
(4) 购物车(Cart)；
(5) 订单主文件(OrderHeader)；
(6) 订单明细(OrderDetail)。

在开始设计数据模型之前，先创建一个基本的 ASP.NET MVC 4 项目。创建项目时，以 MvcShopping 为项目名称，并选择"基本"项目模板即可。

项目创建完成后，将会在 MvcShopping 的 Models 目录下创建相关的数据模型相关文件。

11.11.1 模型设计

1. 商品分类信息模型

在 Models 文件夹下创建一个 ProductCategory 类，相关程序代码如下：

```
using System;
using System.Collections.Generic;
using System.Linq;
using System.Web;
using System.ComponentModel;
using System.ComponentModel.DataAnnotations;
namespace MvcShopping.Models
{
    public class ProductCategory
    {
```

```
        public int Id { get; set; }              //商品分类 ID
        public string Name { get; set; }         //商品分类名称
    }
}
```

2. 商品信息模型

在 Models 文件夹下创建一个 Product 类，相关程序代码如下：

```
using System;
using System.Collections.Generic;
using System.Linq;
using System.Web;
using System.ComponentModel;
using System.ComponentModel.DataAnnotations;
using System.Drawing;
namespace MvcShopping.Models
{
    public class Product
    {
        public int Id { get; set; }                                  //商品 ID
        public int ProductCategoryID { get; set; }                   //商品分类 ID
        public string ProductCategoryName { get; set; }              //商品分类名称
        public string Name { get; set; }                             //商品名称
        public string Description { get; set; }                      //商品描述
        public decimal Price { get; set; }                           //商品价格
    }
}
```

3. 会员信息模型

在 Models 文件夹下创建一个 Member 类，相关程序代码如下：

```
using System;
using System.Collections.Generic;
using System.Linq;
using System.Web;
using System.ComponentModel;
using System.ComponentModel.DataAnnotations;
using System.Drawing;
namespace MvcShopping.Models
{
    public class Member
    {
```

```csharp
        public string Email { get; set; }              //会员邮件地址，主键
        public string Password { get; set; }           //会员密码
        public string Name { get; set; }               //会员名称
        public DateTime RegisterOn { get; set; }       //会员注册时间
    }
}
```

4．购物车模型

在 Models 文件夹下创建一个 Cart 类，相关程序代码如下：

```csharp
using System.ComponentModel;
using System.ComponentModel.DataAnnotations;
namespace MvcShopping.Models
{
    public class Cart
    {
        public string MemberEmail { get; set; }        //会员邮件地址
        public Product ProductId { get; set; }         //会员选购的商品 Id
        public decimal Price { get; set; }             //会员选购商品价格
        public int Amount { get; set; }                //会员选购商品数量
    }
}
```

5．订单主文件模型

在 Models 文件夹下创建一个 OrderHeader 类，相关程序代码如下：

```csharp
using System;
using System.Collections.Generic;
using System.Linq;
using System.Web;
using System.ComponentModel;
using System.ComponentModel.DataAnnotations;
using System.ComponentModel.DataAnnotations.Schema;
namespace MvcShopping.Models
{
    public class OrderHeader
    {
        public int Id { get; set; }                        //订单 Id
        public string MemberEmail { get; set; }            //订单会员邮件地址
        public string ContactName { get; set; }            //订单联系人
        public string ContactPhoneNo { get; set; }         //订单联系电话
        public string ContactAddress { get; set; }         //订单联系地址
```

```
        public decimal TotalPrice { get; set; }     //订单总金额
        public string Memo { get; set; }            //订单备注
        public DateTime BuyOn { get; set; }         //订单时间
    }
}
```

6. 订单明细信息模型

在 Models 文件夹下创建一个 OrderDetail 类，相关程序代码如下：

```
using System;
using System.Collections.Generic;
using System.Linq;
using System.Web;
using System.ComponentModel;
using System.ComponentModel.DataAnnotations;
using System.Drawing;
namespace MvcShopping.Models
{
    public class OrderDetail
    {
        public int Id { get; set; }                      //订单详情项 Id
        public int OrderHeaderId { get; set; }           //订单 Id
        public int ProductId { get; set; }               //订单中商品 Id
        public decimal Price { get; set; }               //订单中商品价格
        public int Amount { get; set; }                  //订单中商品数量
    }
}
```

此时便建好了所有的数据模型类型，如图 11-12 所示。

图 11-12 项目所有数据模型类型

有了这些数据模型的存在，就可以开发 ASP.NET MVC 的 Controller 和 View 部分。

11.11.2 控制器设计

1. 商品功能控制器

在项目的 Controller 文件夹下面创建控制器，新增控制器时，控制器的模板选择"空 MVC 控制器"，如图 11-13 所示。

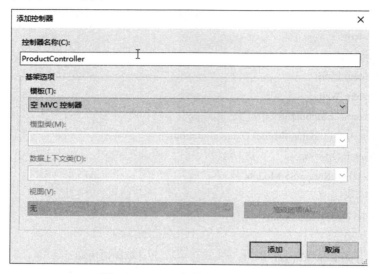

图 11-13 "添加控制器"对话框

商品功能控制器(ProductController.cs)程序代码如下：

```
using System;
using System.Collections.Generic;
using System.Linq;
using System.Web;
using System.Web.Mvc;
using MvcShopping.Models;
using System.Data.SqlClient;
using System.Data;
namespace MvcShopping.Controllers
{
    public class ProductController : Controller
    {
        // 首页
        public ActionResult Index()
        {
            //生成指定的商品分类信息
            var lstData = new List<ProductCategory>
```

```csharp
    {
        new ProductCategory() { Id = 1, Name = "家电" },
        new ProductCategory() { Id = 2, Name = "办公用品" },
        new ProductCategory() { Id = 3, Name = "电子产品" },
        new ProductCategory() { Id = 4, Name = "衣服" }
    };
    //将数据 lstData 传给视图 Index
    return View("Index", lstData);
}
// 获得商品列表,id 为从请求中得到的参数信息
public ActionResult ProductList(int id)
{
    List<Product> lstProductData = new List<Product>();
    //数据库连接字符串
    string strConnection = "Data Source =.; Initial Catalog = MvcShopping;Integrated Security = True";
    //查询语句:从 Product 表中查询指定分类的商品
    string strSql = "select * from Product where ProductCategoryID = " + id.ToString();
    DataSet dsProduct = new DataSet();
    SqlConnection conMain = new SqlConnection(strConnection);
    SqlDataAdapter dadProduct = new SqlDataAdapter(strSql, conMain);
    conMain.Open();
    dadProduct.Fill(dsProduct);
    conMain.Close();
    //通过循环访问 DataSet 中的查询结果,并生成 List<Product>
    //lstProductData
    for (int i = 0; i < dsProduct.Tables[0].Rows.Count; i++)
    {
        Product p = new Product();
        p.Id = Int16.Parse(
            dsProduct.Tables[0].Rows[i]["Id"].ToString());
        p.Name = dsProduct.Tables[0].Rows[i]["Name"].ToString();
        p.ProductCategoryName = dsProduct.Tables[0]
            .Rows[i]["ProductCategoryName"].ToString();
        p.Price = Decimal.Parse(
            dsProduct.Tables[0].Rows[i]["Price"].ToString());
        p.Description = dsProduct.Tables[0]
            .Rows[i]["Description"].ToString();
        lstProductData.Add(p);
```

            }
            //将 lstProductData 传给视图 ProductList
            return View(lstProductData);
        }
    }
}

2. 会员功能控制器

会员功能控制器(MemberController.cs)的程序代码如下：

```csharp
using MvcShopping.Models;
using System;
using System.Collections.Generic;
using System.Linq;
using System.Web;
using System.Web.Mvc;
using System.Web.Security;
using System.Data;
using System.Data.SqlClient;
namespace Mvcshopping.Controllers
{
    public class MemberController : Controller
    {
        //会员注册页面
        public ActionResult Register()
        {
            return View();
        }
        //会员注册成功页面
        public ActionResult RegisterOK()
        {
            return View();
        }
        //写入会员信息
        //HttpPost 表示仅处理 Http Post 请求
        //通过模型绑定，得到 member 的信息，并保存到数据库中
        [HttpPost]
        public ActionResult Register(Member member)
        {
            //数据库连接字符串
```

```
        string strConn = "Data Source = .;Initial Catalog = MvcShopping;Integrated
        Security = True";
        //插入数据库的 sql 语句：向 Member 表中插入数据
        string strSql = "insert into Member(Email, Password, Name, RegisterOn)
        values(@p1, @p2, @p3, @p4)";
        SqlConnection conMain = new SqlConnection(strConn);
        SqlCommand cmdMember = new SqlCommand();
        cmdMember.Connection = conMain;
        cmdMember.CommandText = strSql;
        //插入的数据来自 member 对象的属性
        cmdMember.Parameters.Add(new SqlParameter("@p1", member.Email));
        cmdMember.Parameters.Add(new SqlParameter("@p2",
        member.Password));
        cmdMember.Parameters.Add(new SqlParameter("@p3", member.Name));
        cmdMember.Parameters.Add(new SqlParameter("@p4",
        DateTime.Now));
        conMain.Open();
        //执行插入操作
        cmdMember.ExecuteNonQuery();
        conMain.Close();
        return RedirectToAction("RegisterOK", "Member");
    }


    //显示会员登录页面
    public ActionResult Login(string returnUrl)
    {
        //记录用户在未登录之前访问的地址
        ViewBag.ReturnUrl = returnUrl;
        return View();
    }
    //运行会员登录
    [HttpPost]
    public ActionResult Login(string email, string password, string returnUrl)
    {
        if (ValidateUser(email, password))
        {
            //创建用户身份验证票，表示用户验证成功
            FormsAuthentication.SetAuthCookie(email, false);
            //记录用户的会话信息(Email)
```

```csharp
            Session["Email"] = email;
            if (String.IsNullOrEmpty(returnUrl))
            {
                //根据 Action 名称和 Controller 名称，重新跳转到指定的
                    //Action
                return RedirectToAction("Index", "Product");
            }
            else
            {
                //跳转到指定的地址
                return Redirect(returnUrl);
            }
        }
        ModelState.AddModelError("", "输入的邮件地址或密码错误");
        return View();
    }
    private bool ValidateUser(string email, string password)
    {
        //数据库连接字符串
        string strConn = "Data Source = .;Initial Catalog = MvcShopping;Integrated Security = True";
        //查询语句：从 Member 表中查询
        string strSql = "select * from Member where Email = '" + email + "' and Password = '"+password + "'";
        DataSet dsMember = new DataSet();
        SqlConnection conMain = new SqlConnection(strConn);
        SqlDataAdapter sdaMember = new SqlDataAdapter(strSql, conMain);
        conMain.Open();
        sdaMember.Fill(dsMember);
        conMain.Close();
        //判断是否查询得到指定 Email 和 Password 的用户
        if (dsMember.Tables[0].Rows.Count > 0)
        { return true; }
        else
        { return false; }
    }

    //清除会员注册
    public ActionResult Logout()
```

```csharp
            {
                //清除窗体验证的 Cookies
                FormsAuthentication.SignOut();
                //清除所有曾经写入过的 Session 信息
                Session.Clear();
                return RedirectToAction("Index", "Product");
            }
        }
    }
```

3. 订单控制器

订单功能控制器（OrderController.cs）的程序代码如下：

```csharp
using MvcShopping.Models;
using System;
using System.Collections.Generic;
using System.Linq;
using System.Web;
using System.Web.Mvc;
using System.Data;
using System.Data.SqlClient;
namespace Mvcshopping.Controllers
{
    [Authorize] //必须登录会员(用户通过了身份验证，生成了身份验证票据)才能
                //使用订单结账功能
    public class OrderController : Controller
    {
        //显示完成订单的窗体页面
        //从购物车表中查询用户选择的商品
        public ActionResult Complete()
        {
            List<Cart> lstCartData = new List<Cart>();
            //数据库连接字符串
            string strConn = "Data Source = .;Initial Catalog = MvcShopping;Integrated Security = True";
            //查询语句：从购物车 Cart 表和商品 Product 表中关联查询用户选择
            //的商品信息
            string strSql = @"select a.MemberEmail, a.productId, a.price as ProductPrice, a.Amount, b.*  from Cart as a inner join Product as b
            on a.ProductId = b.Id where a.MemberEmail = '" + Session["Email"] + "'";
```

```csharp
SqlConnection conMain = new SqlConnection(strConn);
DataSet dsCart = new DataSet();
SqlDataAdapter sdaCart = new SqlDataAdapter(strSql, conMain);
conMain.Open();
sdaCart.Fill(dsCart);
conMain.Close();
//通过循环访问 DataSet 中的查询结果，并生成 List<Cart> lstCartData
for (int i = 0; i < dsCart.Tables[0].Rows.Count; i++)
{
    Cart c = new Cart();
    //创建购物车中包含的商品 Product 对象
    c.Product = new Product();
    c.Product.Id =
        Int16.Parse(dsCart.Tables[0].Rows[i]["Id"].ToString());
    c.Product.Name = dsCart.Tables[0].Rows[i]["Name"].ToString();
    c.Product.ProductCategoryName =
        dsCart.Tables[0].Rows[i]["ProductCategoryName"].ToString();
    c.Product.Price =
        Decimal.Parse(dsCart.Tables[0].Rows[i]["Price"].ToString());
    c.Product.Description =
        dsCart.Tables[0].Rows[i]["Description"].ToString();
    c.MemberEmail =
        dsCart.Tables[0].Rows[i]["MemberEmail"].ToString();
    c.Price = Decimal.Parse(
        dsCart.Tables[0].Rows[i]["ProductPrice"].ToString());
    c.Amount =
        Int16.Parse(dsCart.Tables[0].Rows[i]["Amount"].ToString());
    lstCartData.Add(c);
}
//将 lstCartData 传给视图 Complete
return View(lstCartData);
}
//将订单信息与购物车信息写入数据库
[HttpPost]
public ActionResult Complete(FormCollection form)
{
    //数据库连接字符串
    string strConn = "Data Source = .;Initial Catalog = MvcShopping;Integrated Security = True";
```

```csharp
//插入数据库的 sql 语句: 向 OrderHeader 表中插入数据
string strSql = "insert into OrderHeader(MemberEmail, ContactName, ContactPhoneNo, ContactAddress, TotalPrice, Memo, BuyOn) values(@p1, @p2, @p3, @p4, @p5, @p6, @p7)";
SqlConnection conMain = new SqlConnection(strConn);
SqlCommand cmdOrder = new SqlCommand();
cmdOrder.Connection = conMain;
cmdOrder.CommandText = strSql;
//插入的数据来自 Form 表单的提交
cmdOrder.Parameters.Add(new SqlParameter("@p1", Session["Email"]));
cmdOrder.Parameters.Add(new SqlParameter("@p2", form["ContactName"]));
cmdOrder.Parameters.Add(new SqlParameter("@p3", form["ContactPhoneNo"]));
cmdOrder.Parameters.Add(new SqlParameter("@p4", form["ContactAddress"]));
cmdOrder.Parameters.Add(new SqlParameter("@p5", form["TotalPrice"]));
cmdOrder.Parameters.Add(new SqlParameter("@p6", form["Memo"]));
cmdOrder.Parameters.Add(new SqlParameter("@p7", DateTime.Now));
conMain.Open();
//执行插入操作
cmdOrder.ExecuteNonQuery();
conMain.Close();
//查询得到创建的订单 Id
string strSqlMaxId = "select max(Id) from OrderHeader";
cmdOrder.CommandText = strSqlMaxId;
conMain.Open();
int intOrderId = Int32.Parse(conMain.ExecuteScalar().ToString());
conMain.Close();
//从购物车表中查询用户选择的商品，并保存到 OrderDetail 表中
//查询语句: 从购物车 Cart 表中查询用户选择的商品信息
string strSqlCartProduct = "select * from Cart where MemberEmail = '" + Session["Email"] + "'";
DataSet dsCartProduct = new DataSet();
SqlDataAdapter sdaCartProduct = new SqlDataAdapter(strSqlCartProduct, conMain);
conMain.Open();
sdaCartProduct.Fill(dsCartProduct);
```

```
            conMain.Close();
            string strSqlOrderDetail = "insert into OrderDetail(
            OrderHeaderId, ProductId, Price, Amount) values(@p1, @p2, @p3, @p4)";
            //通过循环访问 DataSet 中的查询结果，插入到 OrderDetail 表中
            for (int i = 0; i < dsCartProduct.Tables[0].Rows.Count; i++)
            {
                SqlCommand cmdInsert = new SqlCommand();
                cmdInsert.Connection = conMain;
                cmdInsert.CommandText = strSqlOrderDetail;
                cmdInsert.Parameters.Clear();
                cmdInsert.Parameters.Add(new SqlParameter("@p1", strSqlMaxId));
                cmdInsert.Parameters.Add(new SqlParameter("@p2", Int32.Parse(
                dsCartProduct.Tables[0].Rows[i]["ProductId"].ToString())));
                cmdInsert.Parameters.Add(new SqlParameter("@p3",
                Decimal.Parse(dsCartProduct.Tables[0].Rows[i]["Price"]
                .ToString())));
                cmdInsert.Parameters.Add(new SqlParameter("@p4",
                Int16.Parse(dsCartProduct.Tables[0].Rows[i]["Amount"]
                .ToString())));
                conMain.Open();
                cmdInsert.ExecuteNonQuery();
                conMain.Close();
            }
            //订单完成后必须清空用户购物车信息
            //删除数据的语句：从购物车 Cart 表中删除用户选购的商品信息
            string strSqlDel = "delete from Cart where MemberEmail = '" +
            Session["Email"] + "'";
            cmdOrder.CommandText = strSqlDel;
            conMain.Open();
            cmdOrder.ExecuteNonQuery();
            conMain.Close();
            //订单完成后回到网站首页
            return RedirectToAction("Index", "Product");
        }
    }
}
```

11.11.3 创建视图页面

要根据每个控制器中的不同 Action 来创建不同的视图。比如对于 ProductController 来

说，里面有 Index 和 ProductList 两个 Action，就需要创建对应的两个视图。

1．对应商品功能控制器的视图

1）Index 视图

在项目的 View 目录下新建 Product 文件夹，在 Product 文件夹中添加 Index.cshtml，如图 11-14 所示。

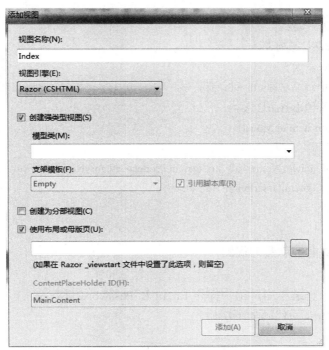

图 11-14 "添加视图"对话框

视图 Index.cshtml 的代码如下所示：

```
<!--强类型视图，指定 Model 的类型-->
@model List<MvcShopping.Models.ProductCategory>
<h2>Index</h2>
<ul>
<!--循环访问 Model 中的 ProductCategory 对象-->
@foreach (var item in Model)
{
    <li>
        @Html.ActionLink(item.Name, "ProductList", new {id = item.Id})
    </li>
}
</ul>
```

2）ProductList 视图

ProductList 视图显示根据商品分类 Id 查询得到的商品列表。

视图 ProductList.cshtml 的代码如下所示：

```
<!--从 Controller 中接收到的 model 为 List 类型-->
@model List<MvcShopping.Models.Product>
@{
    ViewBag.Title = "ProductList";
}
<h2>商品列表</h2>
<!--形成商品信息列表-->
<table border = "8">
    <tr><th>商品名称</th><th>商品分类</th><th>商品价格</th><th>说明信息</th></tr>
    <!--循环输出商品信息-->
@foreach (var item in Model)
{
    <tr><td>@item.Name</td><td>@item.ProductCategoryName</td><td>@item.Price</td> <td>
        @item.Description</td></tr>
}
</table>
```

2. 对应会员功能控制器的视图

1) Login 视图

Login 视图显示登录界面，用户提交 Email 和 Password 进行登录。

视图 Login.cshtml 的代码如下所示：

```
<html>
<head>
    <meta name = "viewport" content = "width = device-width" />
    <title>Index</title>
</head>
<body>
    <div>
        <!--提交到 Member 控制器中的 Login 方法中-->
        <form action = "~/Member/Login" method = "post">
            <table>
                <tr>
                    <!--必须给每一个字段取一个唯一的 email,后台控制器通过 email 来识别-->
                    <td>用户名：<input type = "text" name = "email" /></td>
                </tr>
                <tr>
                    <td>密　码：<input type = "text" name = "password" /></td>
                </tr>
```

```html
                <tr>
                    <td><input type = "submit" value = "提交" /></td>
                </tr>
            </table>
        </form>
    </div>
</body>
</html>
```

2) Register 视图

Register 视图显示用户注册界面,用户在本视图中提交注册信息。

视图 Register.cshtml 的代码如下所示:

```
@model MvcShopping.Models.Member
@{
    ViewBag.Title = "Register";
}
<!--通过 HtmlHelper 方法进行表单的提交,提交的地址是/Member/Register-->
@using (Html.BeginForm("Register", "Member", FormMethod.Post))
{
    <h2>注册新的用户</h2>
    <p><label>Email 地址:</label>@Html.TextBoxFor(m => m.Email)</p>
    <p><label>登录密码:</label>@Html.PasswordFor(m => m.Password)</p>
    <p><label>用户名称:</label>@Html.TextBoxFor(m => m.Name)</p>
    <p><input type = "submit" value = "注册" /></p>
}
```

3) RegisterOK 视图

RegisterOK 视图显示用户注册成功,给用户一个提示信息。

视图 RegisterOK.cshtml 的代码如下所示:

```
@{
    ViewBag.Title = "RegisterOK";
}
<h2>注册成功</h2>
```

3. 对应订单功能控制器的视图

对应订单功能控制器的视图只有一个 Complete 视图,Complete 视图的主要功能包括:从购物车表中读取显示当前用户选择的商品信息,并显示订单提交界面,能够让用户进行订单信息的提交。其代码如下:

```
<!--从 Controller 中接收到的 model 为 List 类型-->
@{ var cart = (List<MvcShopping.Models.Cart>)ViewData.Model;}
@{
```

```
        ViewBag.Title = "Complete";
    }
    @{
        int OrderTotal = 0;
    }
    <!--用户将订单信息提交到/Order/Complete-->
    @using (Html.BeginForm("Complete", "Order", FormMethod.Post))
    {
        <h1>我的订单</h1>
        <h2>选购的商品</h2>
        <table border = "8">
        <tr><th>商品名称</th><th>商品分类</th><th>商品价格</th><th>购买数量</th><th>总价</th><th>说明信息</th></tr>
         <!--循环显示用户购物车里选择的商品信息-->
        @foreach (var item in Cart)
        {
            var total = item.Price * item.Amount;
            OrderTotal += total;

<tr><td>@item.Product.Name</td><td>@item.Product.ProductCategoryName</td><td>@item.Price</td><td>@item.Amount</td><td>@total</td><td>
    @item.Product.Description</td></tr>
        }
        </table>
        <!--要提交的订单表单-->
<h2>订单总金额:
<input type = "text" name = "TotalPrice" value = @OrderTotal />
</h2>
<p>
<label>收件人姓名:</label><input type = "text" name = "ContactName" />
</p>
<p>
<label>联系电话: </label><input type = "text" name = "ContactPhoneNo" />
</p>
<p>
<label>递送地址: </label><input type = "text" name = "ContactAddress"
    style = "width:300px"/>
</p>
<p>
```

```
        <label 备注：</label>
        <input type = "text" name = "Memo"    style = "width:300px"/>
        </p>
            <p><input type = "submit" value = "提交订单" /></p>
        }
```

本 章 小 结

本章内容以介绍 ASP.NET MVC 架构为主，要求对 ASP.NET MVC 架构进行基本的认识，掌握 MVC 架构的组成和相互关系，理解基于 MVC 的 ASP.NET 程序的特点、原理和实现过程。

路由是 ASP.NET MVC 模型请求的核心，要求掌握请求 URL 匹配路由模式的原则和处理过程。

在程序代码设计的过程中，要求按照 MVC 架构的设计要求，使用 C#语言实现模型类型、控制器类型以及基于 Razor 引擎的视图，并完成三者之间的调用。对控制器操作参数的获取以及视图中数据的显示要掌握其实现过程。

练 习 题

1．什么是 MVC 模式？MVC 模式的特点是什么？
2．简述 ASP.NET MVC 的路由及路由配置。
3．什么是模型绑定？试举例说明。
4．试比较 Razor 提供的两种不同的代码方式。
5．如何在视图中显示数据？试举例说明。
6．如何在 ASP.NET MVC 程序中对控制器操作进行访问控制？
7．基于 ASP.NET MVC 模式，编写一个简单的学生信息管理系统，实现学生信息的登记、修改、查询以及分班显示。

参 考 文 献

[1] 李萍. ASP.NET(C#)动态网站开发案例教程[M]. 2 版. 北京：机械工业出版社，2016.
[2] 李华. ASP.NET(C#)程序设计[M]. 北京：清华大学出版，2014.
[3] 张正礼. ASP.NET MVC4 架构实现与项目实战[M]. 北京：清华大学出版社，2014.
[4] 黄保翕. ASP.NET MVC4 开发指南[M]. 北京：清华大学出版社，2013.
[5] 李刚. 疯狂 Ajax 讲义[M]. 3 版. 北京：电子工业出版社，2013.
[6] 崔连和. ASP.NET 程序设计教程[M]. 北京：机械工业出版社，2012.
[7] 张正礼. ASP.NET4.0 从入门到精通[M]. 北京：清华大学出版社，2011.
[8] Walther S. ASP.NET4 揭秘第 2 卷[M]. 北京：人民邮电出版社，2011.
[9] MacDonald M，Freeman A，Szpuszta M. ASP.NET 高级程序设计[M]. 4 版. 北京：人民邮电出版社，2011.
[10] 马伟. ASP.NET 4 权威指南[M]. 北京：机械工业出版社，2010.
[11] 微软. MSDN Library for Visual Studio 2010[CP/DK]，2010.
[12] 周红安. 21 天学通 C# [M]. 北京：电子工业出版社，2009.
[13] Sharp J. Visual C# 2008 从入门到精通[M]. 周靖，译. 北京：清华大学出版社，2009.
[14] 张跃廷，许文武，王小科. C# 数据库系统开发完全手册[M]. 北京：人民邮电出版社，2006.
[15] Payne C. ASP.NET 从入门到精通[M]. 北京：人民邮电出版社，2002.